工业设计程序与方法

刘九庆　杨洪泽　主编

東北林業大學出版社
·哈尔滨·

图书在版编目（CIP）数据

工业设计程序与方法 / 刘九庆，杨洪泽主编. --2版. --哈尔滨：东北林业大学出版社，2016. 7（2024.8重印）

ISBN 978-7-5674-0795-4

Ⅰ. ①工… Ⅱ. ①刘… ②杨… Ⅲ. ①工业设计-高等学校-教材 Ⅳ. ①TB47

中国版本图书馆 CIP 数据核字（2016）第 149582 号

责任编辑：冯 琪

封面设计：刘长友

出版发行：东北林业大学出版社（哈尔滨市香坊区哈平六道街 6 号 邮编：150040）

印 装：三河市佳星印装有限公司

开 本：787mm×960mm 1/16

印 张：16

字 数：285 千字

版 次：2016 年 8 月第 2 版

印 次：2024 年 8 月第 3 次印刷

定 价：62.00 元

前　言

工业设计程序与方法是工业设计专业学生必修的一门专业课程。本书编者总结了多年来从事设计教学与实践的经验，并参阅了国内外大量相关教材和成功的设计案例，在书中展现了目前通用的创新设计方法，介绍了产品从设计到实施的过程和步骤，包括创新设计的思维方法、产品调研和定位、创意展开、设计表现和实施等，配合大量案例以及分析，便于学生更好地理解和掌握相关内容。

本教材基于主讲教师丰富的教学与设计经验，系统讲解了工业产品设计的程序、设计理念、设计调查与方法、设计思维方法、设计表达等，为学生提供一个行之有效的学习体系。书中还对大量国内外优秀工业设计实例、优秀学生设计作品进行了深入解读，对设计过程的精华进行了分析。

工业设计是一个复杂的系统，是多种因素的交流和对话。现在的设计已不是凭工业设计师自身的直觉经验，而是通过设计师将系统的多重功能和多重限制联系起来。其中有人的因素、经济的因素、工程的因素等，需要系统地将设计、创造、工艺、生产结合成整体。设计师在面对各种具体的设计课题时，需要对设计全过程进行整体考虑，整合各方面的资源，依靠所在团队和相关领域专家的配合，灵活运用一定的设计程序与方法，才能让创意更好地融入到产品之中。

本书不仅可以作为普通高等学校工业设计专业的教材，还可供广大从事工业产品设计的人员阅读参考。

作　者

2016 年 6 月

目 录

1 绪 论

设计是一种把人类愿望变成现实的创造性行为。

工业设计是以人的需求为出发点，通过对批量生产的工业产品的造型、结构、构造、材料、工艺等各方面要素进行综合，以创造出形象而有效的功能载体，来满足需求的行为。

产品设计是工业设计的核心，广义的产品设计包括一切人类的造物活动，涉及人类生活的各个方面。从个人生活用品、家用电器、小型数码产品到大型生产设备、公共环境设施产品，都是产品设计的领域。(见图 1-1)

随着信息化社会的到来，当代产品设计的领域还在不断扩大，产品设计的范围和方式也产生了相应的延展和变化。

图 1-1　产品设计领域的变化

1.1 工业设计溯源

1.1.1 工业设计的发生与发展

设计是一门古老而年轻的学科，作为人类设计活动的延续和发展，它有悠久的历史渊源。作为一门独立完整的现代学科，它经历了长期的酝酿阶段，直到 20 世纪 20 年代才开始确立。

工业设计产生的条件是批量生产的现代化大工业生产和激烈的市场竞争，其设计对象是以工业化方法批量生产的产品。通过形形色色的工业产品，工业设计对现代社会的人类生活产生了巨大的影响，并构成了一种广泛的物质文化，提高了人民的生活水平。

工业设计是商品经济的产物，它具有刺激消费的作用。工业设计使商品与使用者之间存在一种除单纯使用功能以外的新关系，这种消费刺激，成为现代社会经济运转必不可少的重要因素之一，从而推动了社会的前进。

研究工业设计发生和发展的历史是一个极为复杂的课题。由于工业设计所具有的文化特征，它的变化反映着时代的物质生产和科学技术的水平，也体现了一定的社会意识形态的状况，并与社会的政治、经济、文化、艺术等方面有密切关系。因此，为了了解工业设计历史演化的特点，就必须研究工业设计发展的社会背景，并把握工业设计的真正动力与源泉。这样做并不是否认设计师工作的重要性，优秀的设计师正是将各种先决的社会经济和文化条件，与个人的信念、天赋和技巧相结合，创造出富于个性的成功作品，从而推动了工业设计的进步。

在工业设计发展的进程中，继承和变革这两个孪生的主题一直在以不同的形式交替出现，并不时产生激烈的交锋。由于工业设计与传统设计文明的渊源关系，工业革命后，传统的设计风格被作为某种特定文化的符号，不断影响到工业设计。手工艺设计的一些基本原则也在工业设计中得到升华。为了较全面地了解工业设计史，有必要考察工业革命前的设计及其对现代化工业设计的影响。

1.1.2 工业设计的三个阶段

人类设计活动的历史大体可以划分为三个阶段，即设计的萌芽阶段、手工艺设计阶段和工业设计阶段。设计的萌芽阶段可以追溯到旧石器时代，原始人类制作石器时已有了明确的目的性和一定程度的标准化，人类的设计概念便由此萌发了。到了新石器时期，陶器的发明标志着人类开始了通过化学变化改变材料特性的创造性活动，也标志着人类手工艺设计阶段的开端。工业革命兴起后，人类开始用机械大批量地生产各种产品，设计活动便进入了一个崭新的阶段——工业设计阶段。工业革命后出现了机器生产、劳动分工和商业的发展，同时也促成了社会和文化的重大变化，这些对于此后的工业设计有着深刻影响。随着商品经济的发展，市场竞争日益激烈，制造商们一方面大量引进机器生产，以降低成本增强竞争力，另一方面又把设计作为迎合消费者趣味从而扩大市场的重要手段。但制造商们并没有对新的制造方式生产出来的产品进行重新思考，他们并不理解，机器实际上已经将一个全新的概念引入了设计问题。他们坚信产品的艺术性是某种可以从市场上买到，并运用到工业上去的东西，即把装饰与设计等同起来，而不是将艺术与技术紧密结合，形成一个有机的整体。为了满足新兴资产阶级显示其财富和社会地位的需要，许多家用产品往往借助新古典主义或折中主义的风格来附庸风雅并提高身价，不惜损害产品的使用功能。例如，在1851年伦敦“水晶宫”国际工业博览会上，大多数展品极尽装饰之能事而近乎夸张。这种功能与形式的分离，缺乏整体设计的状况，从反面激发了一些思想家，如英国的拉斯金和莫里斯等对设计进行探讨，从而拉开了从19世纪下半叶到20世纪初设计改革浪潮的序幕。莫里斯身体力行，倡导工艺美术运动，试图建立一种新的设计标准来拯救设计的危机，提出了“美与技术结合”的原则，主张忠实于材料，反对过分装饰。但是，由于时代的局限，他们把设计水准的下降归罪于工业化本身，鼓吹回归到中世纪手工艺产品对于质量的尊重，这显然是违背历史潮流的。

19世纪末一场名为“新艺术”的设计运动在欧洲兴起，设计师力图用从自然界中抽象出来的形式代替程式化的古典装饰。尽管他们的设计仍是形式主义的，但毕竟打破了古典的传统，为20世纪现代工业设计的兴起开辟了道路。

1900年以来，由于科学技术的发展，新产品不断涌现，传统的概念、传统的形式无法适应新的功能要求，而新的技术和材料则为实现新功能提供了可能性。与此同时，以颂扬机器及其产品、强调几何构图为特征的未来主义、风格派和构成主义等现代艺术流派兴起，机器美学作为一种时代风格也应运而生。在这种情况下，以柯布西埃、格罗皮乌斯等人为代表的现代设计先驱开始努力探索新的设计道路，以适应现代社会对设计的要求。于是以主张功能第一、突出现代感和扬弃传统式样的现代设计蓬勃发展起来，奠定了现代工业设计的基础。1919年德国“包豪斯”成立，进一步从理论、实践和教育体制上推动了工业设计的发展。(见图1-2)

图1-2　格罗皮乌斯与包豪斯建筑

工业设计是在欧洲发展起来的，但工业设计确立其在工业界的地位却是在美国。1929年，华尔街股票市场的大崩溃和紧接而来的经济大萧条，在幸存的企业中产生了激烈的竞争压力。当时的国家复兴法冻结了物价，使厂家无法在价格上进行竞争，而只能在商品的外观质量和实际使用性能上吸引消费者，因此工业设计成了企业生存的必要手段。以雷蒙德·罗维为代表的第一代职业工业设计师正是在这种背景下出现的。由于他们的努力，工业设计作为一门独立的现代学科得到了社会的广泛认可。(见图1-3)

图1-3　雷蒙德·罗维设计的产品

第二次世界大战后，美国工业设计的方法广泛影响了欧洲及其他地区。无论是在欧洲老牌工业技术国家，还是在苏联、日本等新兴工业化的国家，工业设计都受到高度重视。日本在国际市场上竞争的成功，很大程度上得益于对于设计的关注。日本的工业设计由战后初期的模仿，发展到了目前具有自己特点的高水平，在世界上享有较高的声誉和地位。在印度、韩国等亚洲国家和地区，设计也深受重视。美国著名设计师拉瑟尔·赖特于1956年应邀到台湾地区讲学，在一定程度上推动了台湾地区的工业设计的发展，从而增强了台湾地区产品在国际市场的竞争力。

20世纪70年代末以来，工业设计在我国大陆开始受到重视。1987年中国工业设计协会成立，进一步促进了工业设计在我国的发展。

综上所述，工业设计可大致划分为三个发展时期。第一个时期是自18世纪下半叶至20世纪初期，这是工业设计的酝酿和探索阶段。在此期间，新旧设计思想开始交锋，设计改革运动使传统的手工艺设计逐步向工业设计过渡，并为现代工业设计的发展探索出道路。第二个时期是在第一次和第二次世界大战之间，这是现代工业设计形成与发展的时期。这一期间工业设计已有了系统的理论，并在世界范围内得到传播。第三个时期是在第二次世界大战之后，这一时期工业设计与工业生产和科学技术紧密结合，因而取得了重大成就。与此同时，西方工业设计思潮却极为混乱，出现了众多的设计流派，多元化的格局也在20世纪60年代后开始形成。

1.2 工业设计现状

工业设计自诞生之日起，其发展一直与政治、经济、文化及科学技术水平密切相关，它与新材料的发现、新工艺的采用相互依存，也受到不同时代、不同艺术风格及人们审美取向与爱好的直接影响。从20世纪初期德意志工业联盟对于标准化、大批量生产方式的探索，到20世纪20年代包豪斯设计学校现代设计教育体系的确立，又经过了20世纪50年代功能主义和国际主义风格的流行阶段，再到60年代的波普设计及80年代的后现代设计，如今，工业设计在经历百余年的发展后，正呈现出一种多元化的发展态势。在当今以经济、文化全球化为背景的时代，设计同质化的现象日渐突出。以往各国、各地区力图表现本国、本民族设计特色的努力在全球化大潮的冲击下已日渐消解，取而代之的是诸如生态设计、信息设计、体验设计、整合设计、情感设计等各种新的理论、观念或思潮在世界范围内的不断更迭。

值得一提的是，20世纪80年代以后，随着计算机技术和互联网的普及，人类进入了一个信息爆炸的新时代。在这个以信息化、数字化、视觉化为主要特征的时代，工业设计的产品也呈现出了崭新的面貌，表现出了与以往不同的特点，这些特点可归纳为以下几个方面。

第一，改变了以往产品的形式由于技术的限制而不得不服从于功能的要求的局面，由于微电子技术突飞猛进的发展而得以改观。技术的进步给产品形态设计带来了更大的自由空间。微电子技术的日新月异，使得“人们正失去对‘如何使用’的直觉判断，面对这异已、陌生的现代化‘用品’而无所适从，这是用品对人的征服”。因此，如何帮助用户克服“技术恐惧”带来的对新产品的抵触心理，成为企业、设计师需要面对的现实问题。换而言之，对“人”特别是对最终消费者的“使用性”的人类学与心理学研究已成为设计研究的重点。

第二，设计的去物质性渐现端倪，设计的重点开始由硬件设计转向软件设计，交互设计和界面设计成为设计的重要领域。这是因为进入信息时代以来，“不管是‘功能’，还是‘形式’，也都经历了一种从物质性到非物质性的过程”。今天的高科技产品极有可能只是小小的电子芯片，甚至是“非物质化”的数据流或电子流。更重要的是，现在设计的重心已经不再仅仅是有形的物质产品，而“越来越重视产品信息及意义的呈现，运用各种手法加强产品与使用者之间的交流，使之从产品的形态中获取信息，以期创造信息价值”。在产品与使用者的“对话”过程中，设计师与产品的使用者之间是一种互动的信息交流过程，设计师通过对工业设计方法、技巧的理解和运用来不断影响使用者对产品的认识和评价，从而影响和塑造我们的社会。(见图 1-4)

图 1-4 苹果品牌产品的界面设计

第三，进入 20 世纪 90 年代后，各行业之间的界限日渐模糊。这个现象所受到的最大刺激是设计师遇到问题不能按照产品的类别进行硬性分类。在设计时，他们必须注意设计对象与其他产品之间的关系，必须跨出设计对象的设计范围来考虑问题。如设计杯子，不是单纯地以是否符合人体工程学或以优美的造型为标准，而要考虑它在什么场合使用，要让杯子能与周围的环境相适应。随着设计师考虑的设计范围日趋增大，出现了以品种分类的边缘的模糊化问题，各类学科也有了互相兼容的现象，即学科的交叉化，这也是现代设计的重要趋势。

学科交叉化和电脑的冲击对当今的设计是积极因素，它们促进设计在新的时代面前更快地向好的一面发展。当然，现代设计也存在一些问题，国际主义风格的产品可以批量生产，并且价格低廉，适合广大民众的需求，但它在设计过程中牺牲了民族性、地方性、个性，一心追求共性。现在是工业化向信息化转型的一个过渡阶段，从长远利益来看，产品必须有个性才能在激烈的市场竞争之中占有一席之地。

第四，在设计中，从国家、地区的实际情况出发，把民族审美情绪同现代设计的某些因素结合起来，形成独特的设计体系，是设计的一个发展趋势。后现代主义由建筑设计产生，对严肃的现代设计的负面冲击却是难以估量的。20 世纪 80 年代后期以来，极少主义从近乎混沌的众多流派中脱颖而出，它较之现代主义表现出更为强烈的感性精神追求，它不仅是一种设计风格，更是一种生活方式，以物质享受为中心的价值观被抛弃了，物欲被淡化了。极少主义追求清心寡欲以换取精神上的高雅与富足。这种思想与靠消费支撑起来的资本主义经济秩序是格格不入的。极少主义以极少的直线语言来表现丰富的空间形式，它与“兼收并蓄”的后现代主义仍是水火不相容的。工业设计产生以来不变的话题“简洁美”又有了一个新的诠释。

第五，个人计算机的应用普及给设计行业的思维方式和工作方式带来巨大的影响。电脑的应用极大地改变了工业设计的技术手段，改变了工业设计的程序与方法，与此相适应，设计师的工作观念和思维方式也有了很大的转变。以 Photoshop，Coreldraw，3DMAX，ALIAS，PRO-E，UG 等为代表的二维、三维设计软件在企业、设计公司和院校得到广泛运用，使设计师有更充裕的时间来考虑设计的各种细节问题，大大提高了设计的效率。

近几年，基于虚拟现实技术的工业设计方法已成为设计艺术学的前沿热点之一。在传统的工业设计中，我们一直使用二维的半面图来表达设计思想，即使是使用计算机三维软件，最终也只能得到某个视角的立体图，不能完整地去表达设计者的意图。而基于虚拟现实技术的工业设计方法是数字化 Web 3D 模型作为设计思想的载体，能全面表达设计师的设计意图，是人机接口技术的重大突破，它将设计师的理念和作品以平常人可以理解的方式加以传达，并且通过网络交流设计师、制造者和使用者的信息，使信息交互的深度、广度和速度都得到了很大的提高，体现了现代设计技术发展的大趋势。

第六，2012 年 4 月英国《经济学人》杂志专题论述了以 3D 打印为代表的数字化、智能化制造以及新型材料的应用，将推动实现全球“第三次工业革命”。3D 打印技术将改变生产行业的传统模式，这对工业设计领域也将产生巨大的变革和挑战。

1.3 工业设计的程序与方法

1.3.1 设计方法学

设计方法学也被称为“设计哲学”“设计科学”“设计方法论”。设计方法学兴起于 20 世纪 60 年代，是研究产品设计规律、设计程序及设计中思维和工作方法的一门综合性学科。

设计方法学以系统工程的观点分析设计的战略进程和设计方法、手段的战术问题，在总结设计规律、启发创造性的基础上促进研究现代设计理论、科学方法、先进手段和工具在设计中的综合运用，对开发新产品，改造旧产品和提高产品的市场竞争能力有积极的作用。

设计方法学的研究内容包括以下几方面：

(1) 分析设计过程及各设计阶段的任务，寻求符合科学规律的设计程序。设计方法学将设计过程分为设计规划（明确设计任务）、方案设计、技术设计和施工设计四个阶段，明确各阶段的主要工作任务和目标，在此基础上建立产品开发的进程模式，探讨产品生命周期的优化设计及一体化开发策略。

(2) 研究解决设计问题的逻辑步骤和应遵循的工作原则。设计方法学以系统工程分析、综合、评价、决策的解题步骤贯彻于设计各阶段，使问题逐步深入扩展，多方案求优。

(3) 强调产品设计中设计人员创新能力的重要性，分析创新思维规律，研究并促进各种创新技法在设计中的运用。

(4) 分析各种现代设计理论和方法如系统工程、创造工程、价值工程、优化工程、相似工程、人机工程、工业美学等在设计中的应用，实现产品的科学合理设计，提高产品的竞争能力。

(5) 深入分析各种类型设计如开发型设计、扩展型设计、变参数设计、反求设计等的特点，以便按规律更有针对性地进行设计。

(6) 研究设计信息库的建立。设计方法学用系统工程方法编制设计目录——设计信息库，把设计过程中所需的大量信息规律地加以分类、排列、储存，便于设计者查找和调用，便于计算机辅助设计的应用。

(7) 研究产品的计算机辅助设计。设计方法学运用先进理论，建立知识库系统，利用智能化手段使设计自动化逐步实现。

1.3.2　工业设计的程序与方法

工业设计不是一种孤立的设计活动，它和整个企业的营销、开发、生产、销售、服务过程有着紧密的联系，也就是说工业设计活动贯穿于企业营销—开发—生产—销售的始终。从这一意义上讲，工业设计不仅仅是实现某一物质的创造，而更重要的是创造企业无形的生命——市场。

当然每个企业对工业设计运作方式的认识不尽相同，因此，工业设计活动在企业中所起的作用也不可一概而论，在图 1-5 中可以看到，工业设计在企业中是一个涉及全方位、多层面的系统工程。它是以产品的开发设计为最终目的的设计活动，它的核心就是最大限度地创造产品的商品价值，提高产品的竞争力。

企业中新产品开发设计的一般流程如图 1-6 所示。

在工业设计的实践中，设计任务往往需要经过许多步骤和阶段才能完

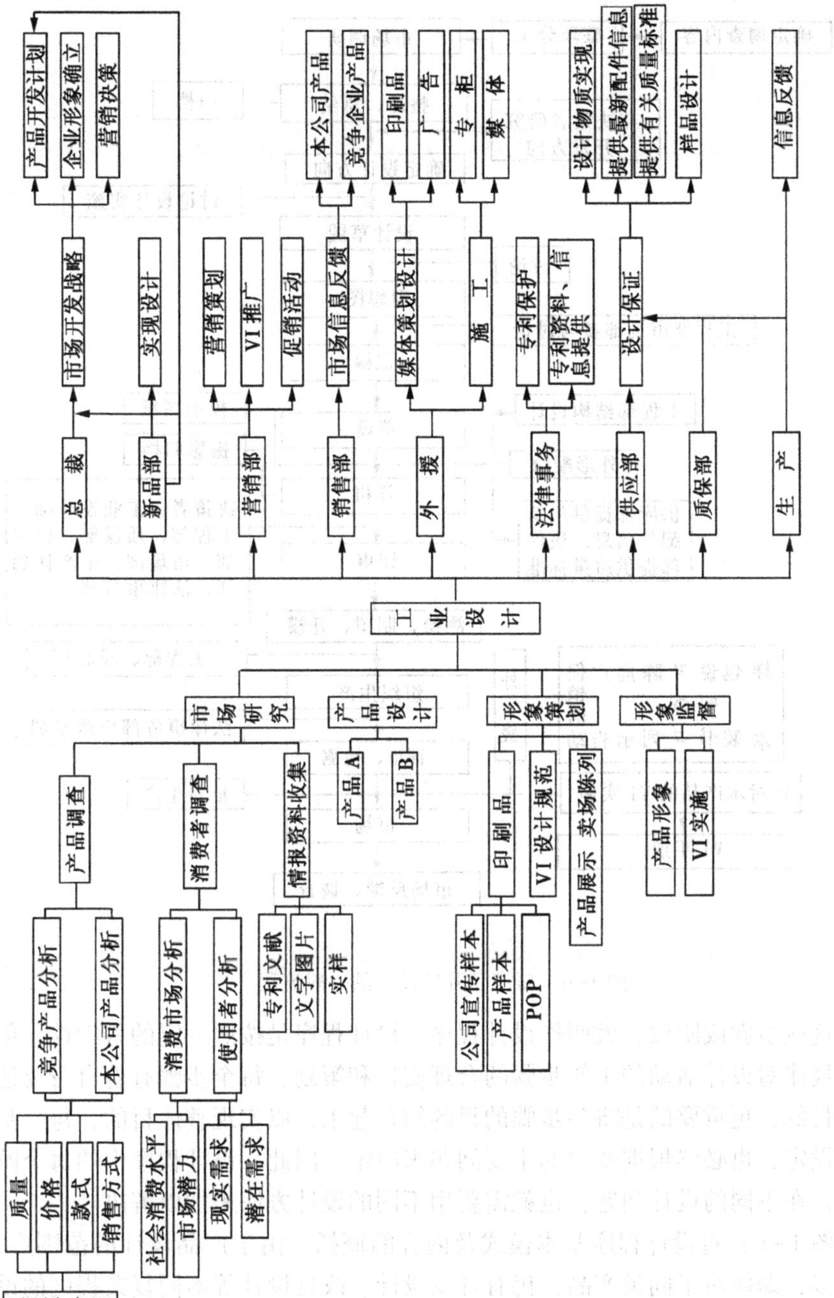

图1-5 工业设计活动的范围及与企业部门的关系

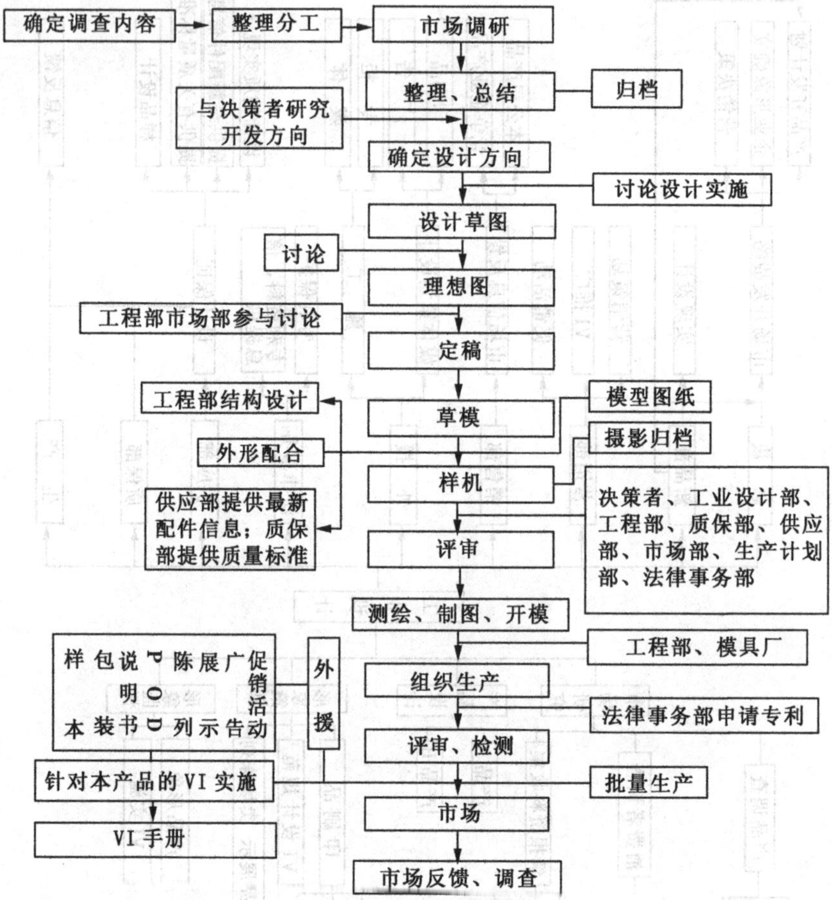

图 1-6 新产品开发设计的一般流程

成，这些步骤或阶段，就叫作设计程序。设计程序是按照一定的科学性、创造性规律对设计活动的工作步骤的合理安排和策划。每个步骤有着自身要达到的目的，更重要的是将各步骤的目的结合起来，以实现整体目的；每一步骤的设定，也必然根据解决的主要问题来决定。因此，设计程序中的每个阶段都存在不同的设计问题，也就需要用不同的设计方法来加以解决。

图 1-7 是对设计程序基本模式及内容的概括。由于产品设计的范围广、种类多，即使对于同类产品，仍有开发设计、改良设计等不同复杂程度的设计方法。所以，产品设计的程序也不尽相同，针对设计要求合理安排、调整设计程序方能达到既定目标。

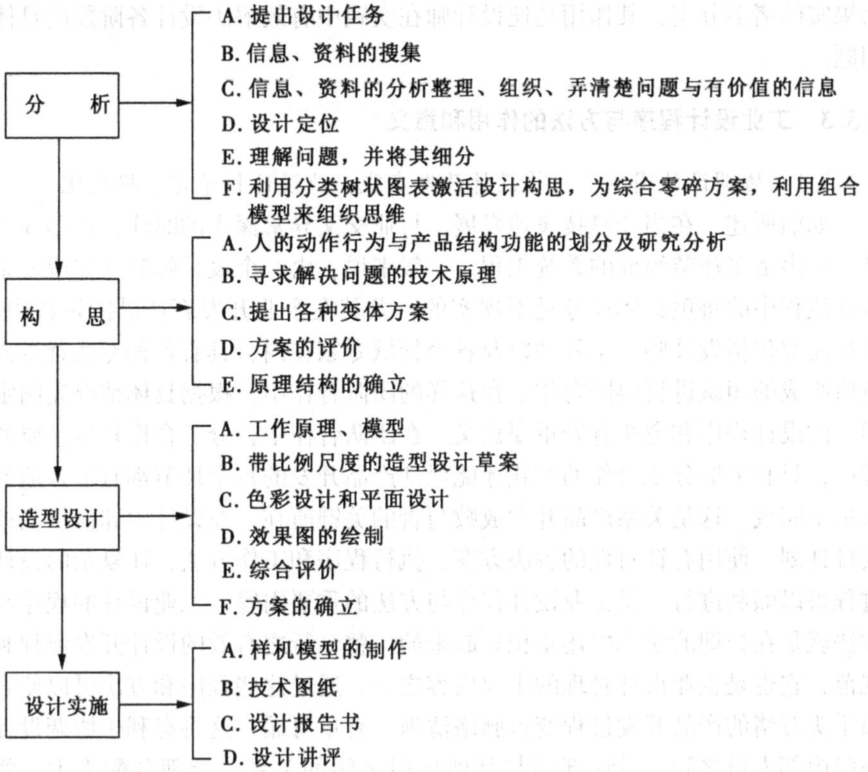

图 1-7 设计程序的基本模式及内容

"方法"一词最早见于《墨子·天志》："中吾矩者，谓之方，不中吾矩者，谓之不方。是以方与不方皆可得而知之，此其何故？则方法明也。"此处的方法是指度量方形之法。而我们通常所说的方法泛指在任何领域中的行为方式，它是用以达到某一目的的手段的总和。所谓程序，一般指开展某项工作或实施某项工程的步骤和阶段；所谓设计方法，简而言之就是解决设计问题的方法。设计方法包括计划、调查、分析、构想、表达、评价等各个阶段所应用的各种具体方法。计划就是从长远的观点出发，全面规划对工业产品的设计；调查，即对设计目标依次进行比较、分析、论证；构想即构思设想，是指为解决问题，不断提出多种创意方案；表达，即用各种文字的、图形的、模型的手法将计划中的产品概念付诸实现；评价，即为了将设计的误差降至最低点而采取的评估、比较、批评等发现问题的手段。我们可以这样来理解设计程序与设计方法之间的关系：设计程序是工业设计这棵大树的主干，它的作用在于建立基础和实践指南；而设计方法则是这棵大树上面衍生出果实的诸多分支，其作用是使设计师在实践中有效解决设计各阶段的具体问题。

1.3.3 工业设计程序与方法的作用和意义

1.3.3.1 协调设计团队，指导设计开发实践，使设计科学化、规范化

如前所述，在当今科技飞速发展，行业交叉异常深入的时代，产品开发是一项由诸多环节组成的系统工程。一般来说，由一个设计师独立完成复杂设计流程中的每项具体任务是不现实的，尤其在企业开发新产品的过程中，往往需要包括设计师、工程师以及各个领域专家在内，具有各种专业背景人员所组成的团队进行协同合作。在这样的团队合作中，根据具体情况先制定相应的设计程序和方法有着重要意义。在团队合作中，分工合作是最主要的特征，只有采取分工合作的方式才能保证产品开发的每个环节都有最合适的人员来完成，这是关系产品开发成败与否的关键所在。在设计中如何恰当地安排计划，使用有针对性的解决方案、执行程序和工作方法，让复杂的设计过程得以顺利进行，是工业设计程序与方法的重要内容。工业设计的程序与方法就是在长期的实践中逐步积累起来的一整套行之有效的设计开发流程和规范，它也是企业设计管理的主要内容之一。通过这些程序和方法可以使看似千头万绪的产品开发过程变得脉络清晰、有章可循。这将有利于协调设计部门内部人员之间、设计部门与其他部门之间的关系，合理分配人力、物力、财力资源，对于指导设计人员在开发过程中将产品的整个生命周期从产品投放市场到报废处理的所有因素加以综合考虑，并充分利用企业内的一切资源，以保证产品开发的顺利进行。

1.3.3.2 整合不同领域知识，在实际的设计环境下检验和完善设计程序与方法

工业设计中的程序与方法不应是设计理论家们守在书斋里冥思苦想出来的空洞理论，而是从长期实践过程中逐渐积累起来的具体设计方法与程序的总结和概括。这些方法和程序整合了不同学科的知识，凝聚了不同领域专家的智慧结晶。正如前面所言，现在企业的产品开发问题变得日益复杂，在产品开发中不存在两个完全相同的设计问题。工业设计程序与方法作为指导设计实践的一般原理和基本方法，不可能对设计开发中的诸多具体而细微的问题做出一一解答。如果我们幻想用有限的设计方法去解决无限的设计问题，是注定要失败的。这就要求我们在运用设计程序和方法去指导实践时必须考虑到各国的国情和企业的实际，在具体的设计环境中检验和论证程序与方法

的合理性、有效性，并不断地在实践的基础上加以充实和完善。

1.3.4 如何学习工业设计的程序与方法

工业设计在我国已有二十多年的历史，虽然经过几代人的不懈努力，已经取得了可喜的成果，同时工业设计的重要性也已引起社会各界，特别是各级政府的重视，但是毋庸讳言，我国的工业设计的发展与发达国家的发展水平相比还有不小的差距。这差距与我国工业基础相对薄弱、工业设计起步较晚的国情有关，但其中一个重要原因是我国的工业设计发展至今仍然存在着设计教育与产业界的设计实践相互脱节、缺乏有效沟通的现象。一方面设计教育界热衷于对各种设计理念、设计方法的引进和宣扬，但对于这些理念方法的本土化“改造”下工夫不够，这就造成了原本在国外已被证明确实可行的好的理念和方法，由于没有考虑国内企业的实际，因此未能在企业产品开发中发挥其应有的作用。另一方面，相当多的国内产业界人士对于工业设计在产品开发中的重要性认识不足，特别是许多企业的产品开发还停留在“一抄二改三跟风”的低层次状态。另外，一些设计公司在完成企业设计委托业务的过程中，或出于经济效益的考虑或迫于企业在提交设计方案时间上的要求，常常不能按照设计程序规范地开展设计工作，因而导致设计质量不高。这显然无法适应经济全球化带来的市场竞争日趋激烈的形势。

由于上述原因，在设计院校中不少学生对工业设计方法和程序的学习存在以下两种错误的认识：①没有认识到工业设计是一个系统工程，学习中仅对工业设计专业课中的徒手表达、计算机辅助设计等视觉型、技能型知识感兴趣，而对设计程序、方法之类的理论性知识的专业认识不足。②将工业设计的程序和方法当作僵死和同化的教条，学习中生搬硬套、囫囵吞枣，仅满足于对具体方法与程序的死记硬背。

我们在工业设计程序与方法的学习中，应该做到如下两点。第一，端正态度、系统学习、全面把握。学习工业设计的程序与方法首先必须明确工业设计在产品开发中的位置和重要作用。系统化、规范化的工业设计程序和方法的目的是为了应对日益复杂、艰巨的产品开发与设计任务。当今的产品开发与设计面临的最大问题是，随着社会成员个性化需求的出现，以往一个产品可以一成不变地生产销售多年的历史已不复存在，产品的生产呈现出“小批量、多品种”的特点，产品生命周期也变得越来越短，这就对产品开发造成巨大的压力。它迫使企业不得不将产品开发的时间缩短，于是以往由一个或几个设计师就可以从容应对的产品开发全部项目的传统模式在当下不再行之有效。人们越来越深刻地认识到，工业设计的精髓在于它是一种解决问题的方法，而不是一种装饰技巧。工业设计作为产品开发全过程的创新活动之一，工业设计师也只有与企业中的决策部门、工程技术部门、市场营销部门中的人员开展良好有效的合作才能发挥其作用。对工业设计的程序和方法的学习，将有助于学生在日后的设计实践中更快地适应企业快节奏的产品开发活动，让他们在较短的时间内成为本部门的行家、精英，有更多的机会参与到企业的产品开发的决策活动中，提升工业设计师在企业产品开发决策中的发言权，以促进工业设计的良性发展。第二，坚持在实践中深化和完善对工业设计程序与方法的认识和理解。工业设计是一门实用科学，它的所有原理、方法、程序都来源于人们的生产、生活的实践。我们学习工业设计的程序与方法不能满足于对书本知识的一般性概念理解，更重要的是通过实践掌握贯穿这些概念的原理和规律，这些原理和规律才是工业设计的程序和方法的精华所在。另外，任何学科的程序和方法都不是僵化的教条，这一点在工业设计这样一门以创新为灵魂的学科上体现得尤为明显。这就要求我们坚持理论联系实际，对书本上的知识加以灵活运用和变通，以便更好地发挥工业设计在产品开发中的作用。

2 产品设计程序

任何一项工作从开始到结束必然会有一定的发展规律，根据工作内容和程序层层递进，确保工作的顺利完成。产品设计工作也是如此，有自身的规律性，并且依靠这个规律性能够更好地完成设计任务和提高工作效率，而这个规律就是人们常说的产品设计程序。

产品设计程序从结构上看，首先反映了产品设计工作中不同的设计行为、不同的环节；其次显示了在各个环节中阶段性的工作目标；再次，从总的产品设计工作进程关系上体现了递进频率和因果关系。剖析产品设计的程序，就是为了揭示设计活动的规律性，认清设计活动运行中关键环节的作用和意义。产品设计活动不同于偶然的灵感创作，因此不可能一蹴而就，产品设计需要有计划，有次序，并且按照一定的规律才能顺利完成。

本章将首先介绍和分析已有的不同种类的产品设计程序，之后介绍目前通用的产品设计程序，最后具体介绍产品设计风险管理程序模型。

需要说明的是：第一，不管哪一种设计程序都不是放之四海而皆准的程序，所谓的通用程序是指该程序代表了设计活动的一般规律。在具体的设计实践中，应根据实际情况灵活使用。第二，设计程序的目的是对设计活动的管理和控制，因此必须进行阶段性检查，否则便会流于形式。

2.1 产品设计程序的类型

由于产品设计涉及因素相当复杂，即使目标是相同的，设计程序也是多种多样的。在具体的实践中，许多企业和学者根据自己的经验总结出了种种不同类型的新产品设计程序模型。如果先对这些模型做一个初步的了解，对更好地理解设计过程会有一定的帮助。

20 世纪 80 年代，管理学家萨伦（Saran M.）对各种企业新产品开发设计程序模型或者叫产品创新程序进行了系统性研究，他将其归纳为下列五种。

2.1.1 部门阶段模型

部门阶段模型（图 2-1）是一种从产品设想到新产品上市，按企业所设置的相关部门根据自己的职责层层提交式的管理程序。企业相关的职能部门有：研发（R&D）部门、设计部门、生产部门、销售部门。

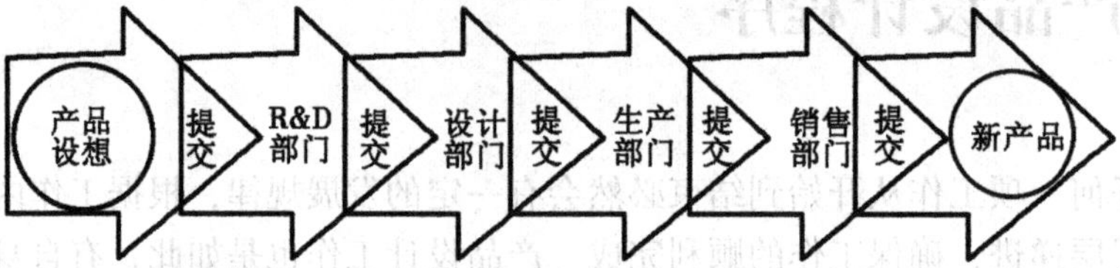

图 2-1 部门阶段模型

罗伯逊（Robertson）在 1974 年提出了一个类似的模型。在这一个模型中，他试图说明社会、经济和技术诸因素对设计过程的影响，并把产品设计过程看作是一个从各个部门进出的系统，如图 2-2 所示。

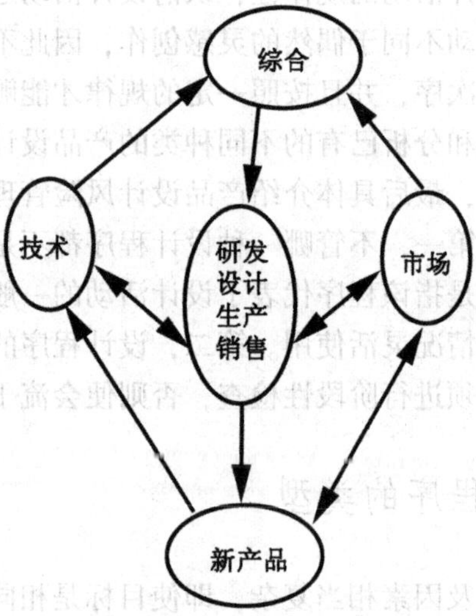

图 2-2 罗伯逊部门阶段模型

这种模型的优点是直观、简单的，但也存在缺陷。它不能对产品设计不同阶段的性质和各部门所从事的设计内容做出明确说明，它也没有指出新产品设计在各个部门之间如何衔接、交流、反馈。

2.1.2 活动阶段模型

活动阶段模型是人们研究得最多的一种模型。活动阶段模型力图确定产品设计过程中所包含的不同的特定活动或设计行为，并把产品设计程序看作是一组设计活动的序列。

美国学者厄特巴克（J. M. Utterback）把产品设计分为以下三个活动阶段：

（1）设想形成阶段；

（2）解决问题阶段或创意发展阶段，即发明阶段；

（3）实现阶段，指把解决方法或发明推向市场。

罗斯韦尔和罗伯逊在1973年提出了一个企业产品设计活动阶段模型，如图2-3所示。

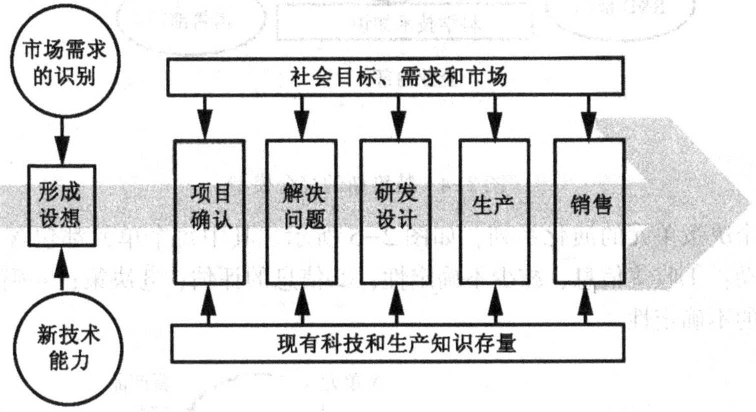

图2-3 新产品设计活动阶段模型

在罗斯韦尔等人看来，产品设计是一个逻辑的序列过程，虽然这一过程并非是必然连续的。

活动阶段模型的优点在于它表明了设计各阶段的任务，潜在新产品在不同阶段下的形式，这是一个对设计过程更准确、更一般化的概括。这种模型的缺点在于没有指出在产品设计过程的各点上存在着其他方法的可能性。

此后，一些学者提出了把多种活动模型相结合的综合模型。这些模型一方面把产品开发看作是企业的一系列活动，另一方面又认为科学知识和市场需求的影响是通过部门实现的。图2-4是特维斯（B. Twiss）于1980年提出的综合模型。

2.1.3 决策阶段模型

决策阶段模型抓住了产品设计管理中关键的实际问题：有一系列备选的方案、信息不完全。库珀（Cooper）和莫尔（Moors）把产品设计过程看作

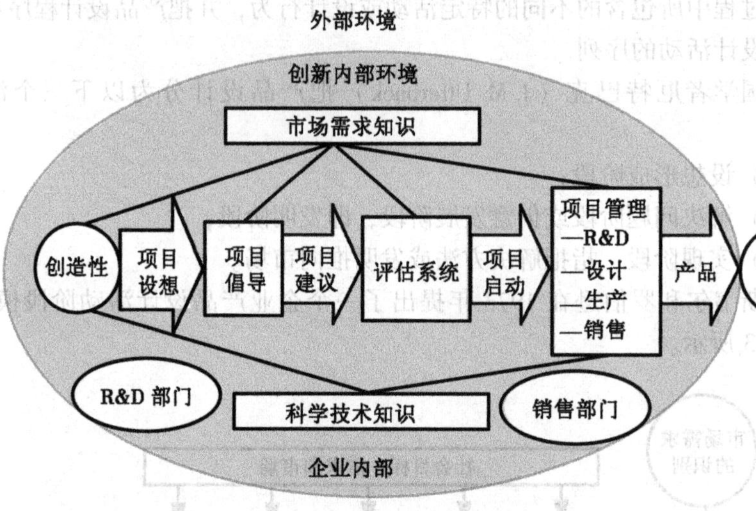

图 2-4　特维斯的综合模型

是一个决策单元的演化系列，如图 2-5 所示。其中每个单元都包含下列四种活动：①收集信息，减少不确定性；②信息的评估；③决策；④确定依然存在的不确定性。

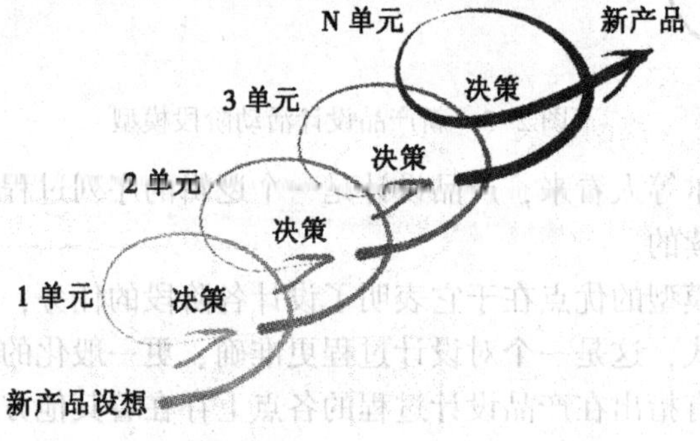

图 2-5　决策阶段模型

每一单元都有两类决策，一类是停止还是继续下去；一类是下一单元的内容是什么。比利时学者勒梅特（Lemaitre）和斯托尼（Stenier）在 1988 年提出了一个类似系统，那是将活动阶段和决策阶段相结合的综合模型，如图 2-6 所示。

第一个阶段是感性阶段。新产品在此时只是一个设想。

第二个阶段是概念化的阶段。在这一阶段创新设想的可行性按照技术、

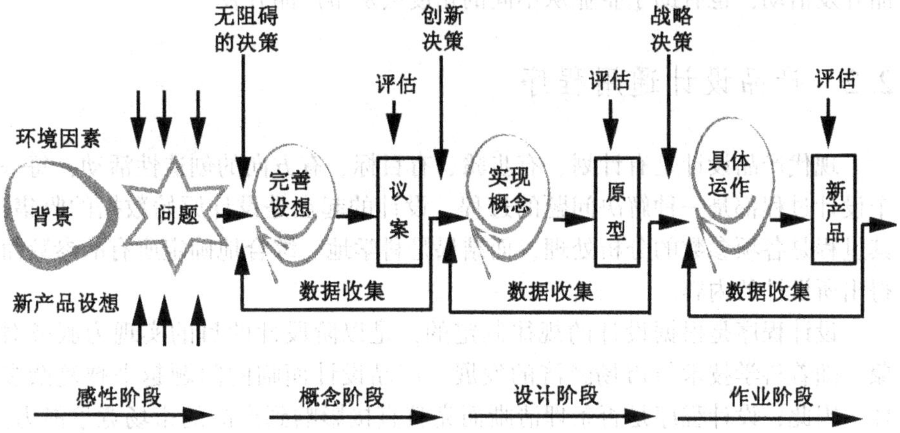

图 2-6 综合模型

商业和组织领域方面的条件加以论证。同时，新产品设计的技术、商业和组织方面都已确定；一个正式的可行性报告已拟好，该报告陈述了新思想的可行性依据、实现方法等，这一报告将提交给经理。

第三个阶段是设计阶段。此时，纸上的原型成为实验的原型。最后，将面临这样一个决策：是否要进行投资，以便大规模地生产新产品。

第四个阶段是作业阶段。此前几个阶段的工作都是在不打断企业原有的生产程序下进行的，现在，企业要进行组织创新，使新产品设计与企业日常活动衔接起来。

决策模型的优点是富有灵活性，可以利用决策理论、计算机模拟等方法，更好地检验创新过程的可行性。

2.1.4 转化过程模型和响应模型

转化过程模型是把新产品设计看作是一个将各种要素，如原材料、科学知识和人力资源等转化为新产品的过程。该模型的缺点是较少考虑设计创新活动的实践情况，也许比较适合设计研究，但并不适合产品开发。

响应模型则把新产品设计看作是企业在受到外部因素和内部因素的刺激下，所产生的产品创新设计的响应的设计程序。此程序应用范围较小，适合产品开发的初级阶段。

通过以上模型，专家学者们从不同的角度总结了企业产品开发过程。这些模型，大多基于对企业开发经验的提炼、概括，在某种程度上，是企业产品开发过程的再现，因此，它们有助于设计师从不同的角度去理解企业的产品开发活动，也有助于企业从不同的角度去从事产品开发。

2.2 产品设计通用程序

现代产品设计是有计划、有步骤、有目标、有方向的创造性活动，每一个设计过程都是一种解决问题的过程。设计的起点是设计原始数据的收集，其过程是各项参数的分析处理，而结果是科学地、综合地确定所有的参数而得出所设计的内容。

设计程序是根据设计的规律制定的，是以阶段性的目的实现为服务对象。随着科学技术与市场经济的发展，产品设计面临的问题越来越复杂多样，因此，设计程序是否条理清晰而完整直接影响到产品的市场竞争能力。一般而言，产品设计包括设计准备阶段、设计初步阶段、设计深入阶段、设计完善阶段、设计完成阶段五个阶段。完成这五个阶段后，产品设计就基本告一段落，进入产品生产开发阶段和市场开发阶段，后两个环节不在本教材的讲授内容之内。

2.2.1 设计准备阶段

产品设计的目标是将产品的功能特征以最恰当的感知方式反映出来，因此，产品的生命力与竞争力最终还是取决于所设计的产品是否真正解决了设计需解决的问题，而不仅仅是形状的千变万化。任何一个产品设计，都是起源于人们的需求。需求动机是最基本的内动力，所以，发现人在生活、工作中的需求和问题，才是产品设计活动的起点。

产品设计任务是根据实际需求决定的。作为设计师，首先应该明确人们到底需要什么，其次才是设计什么样的东西及怎样生产出来。人们的需求是呈金字塔状不断上升的，当低层次的需求满足以后，又会萌发出高层次的需求，如当“生存需求”满足后就会萌发出“享受需求”和“发展需求”。人类需求发展的无止境促使产品开发的无止境和生产发展的无限性。设计准备阶段需解决的第一个问题，也是最重要最困难的任务就是确定需求。

调研是有效把握设计需求的一条重要途径。作为满足需求而设计的产品必须是能带给人们生活上的便利，有利于社会的进步发展的产品，同时它本身还必须是功能与形象的最佳结合，与使用环境相协调。因此，在设计准备阶段进行的广泛的调查研究，一方面包括对该产品有影响的各种人文社会因素的调研，同时还要进行关于产品本身的调研，即产品调研。通过调研应基本掌握以下情况。

（1）同类产品市场销售情况、流行情况以及市场对新产品的要求，图2-7为各品牌冰箱的功能调查分布图；

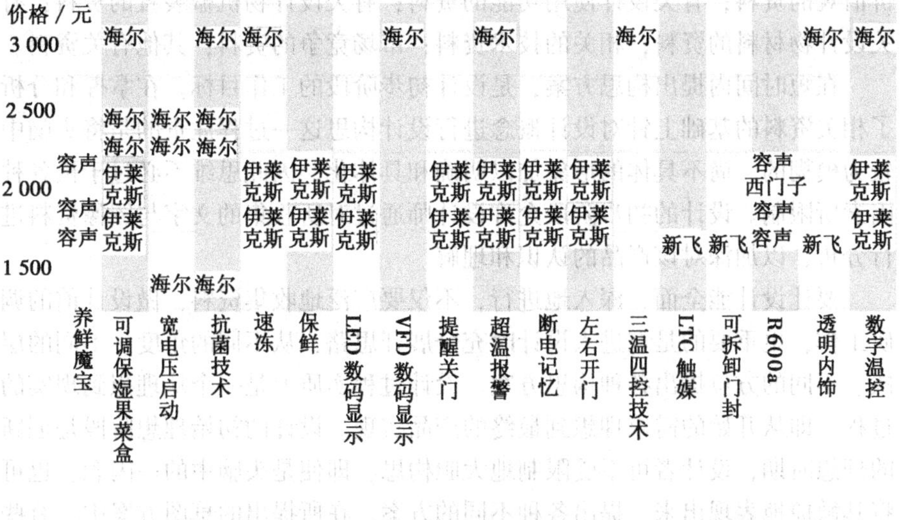

图2-7 各品牌冰箱的功能分布图

（2）现有产品存在的内在与外在质量问题；

（3）不同年龄层次、不同地域消费者的购买力，以及对产品形态的喜好程度；

（4）竞争对手的产品策略和设计方向，如产品的规格品种、质量目标、价格策略、技术升级、售后服务等；

（5）国内外的相关期刊资料上对同类产品的报道，包括产品的最新发展动向、相关厂家的生产销售情况以及使用者对产品的期望等。

在这一系列的调研基础上，再去发现问题所在，对问题进行进一步的分解与综合，就能找到设计的方向。设计者站在产品为人服务的基点上，确立明确的产品定位：该产品的主要功能，使用者（男人、女人、老年人、小孩、专业人员），使用的场所环境，使用的时间，该产品的基本结构原理、价格档次、外观造型风格（庄重的、浑厚的、简洁的、有趣的、轻快的……）。在新的产品概念的指导下，继续制定、开展设计工作。

大体说来，设计准备阶段的主要目标是：接受设计任务，领会设计意图，明确设计目的，确定设计方向。

2.2.2 设计初步阶段

设计初步阶段主要是针对产品概念，收集关于解决问题的资料，并对这些资料进行系统的整理、消化、吸收。这些资料包括：关于使用者的资料；关于使用环境的资料；关于人体工程学的资料；关于使用者的动机、需求、价值观的资料；有关设计使用功能的资料；有关设计物机械装置的资料；有关设计物材料的资料；相关的技术资料；市场竞争的资料；其他有关资料。

在短时间内提出构思方案，是设计初步阶段的工作目标。在掌握和分析了相关资料的基础上针对设计概念进行设计构思这一过程注重的是将头脑中较为模糊的、尚不具体的形象加以明确和具体化，因此思维不必过于被各种因素所限制。设计的初步阶段允许设计师通过对所收集的文字与图像资料进行分析，以加深对该产品的认识和理解。

要让设计能全面、深入地进行，不仅要广泛地收集资料，做设计前的调研工作，更重要的是在进入设计时充分展开思路，从不同的角度、不同的层次、不同的方位提出各种构思方案。设计过程实质上是一个从理想到现实的过程，即从开始的需求理想到最终的产品实现。设计的初始理想阶段是创新的理想时期，设计者可不受限制地大胆构思，即使是头脑中的一闪念，也可将其敏捷地表现出来，提出各种不同的方案。在所提出的草图方案中，有些当时看来可能是不切实际的，但只要把它们记录下来，经过一段时间的酝酿往往会变成可行和有创新的方案。即使不能成为有用的方案，但对开拓思路、激发创造也是有益的。需要指出的是，头脑中每出现一个新念头、新想法时，不必深入考虑该方案在结构上是否可行，有没有合适的材料，能否加工、怎样加工等，否则容易使思维受到约束，构思总停留在一两个方案上，导致设计无法取得突破。此外，想象一下我们自己逐渐远离或接近甚至进入这个物体。尽量用宏观的和微观的角度看待它，这会让我们对这个物体有一个宏观或微观的认识。要放飞想象，让它带我们到未知的领域。

设计草图是设计师将自己的想法由抽象变为具象的过程。它是设计师对其设计对象进行推敲的过程，也是在综合、展开后决定设计、综合结果阶段的有效设计手段。

在设计草图的画面上往往会出现文字的注释、尺寸的标注、色彩的推敲、结构的展示等，这种理解和确定过程涉及草图的主要功能，一般分为以下两种。

2.2.2.1　记录草图

如图 2-8 所示，记录草图往往是对实物、照片的写生和局部放大图，以记录一些比较特殊和复杂的结构形态，这种积累过程对于设计师的经验和灵感来源十分重要。

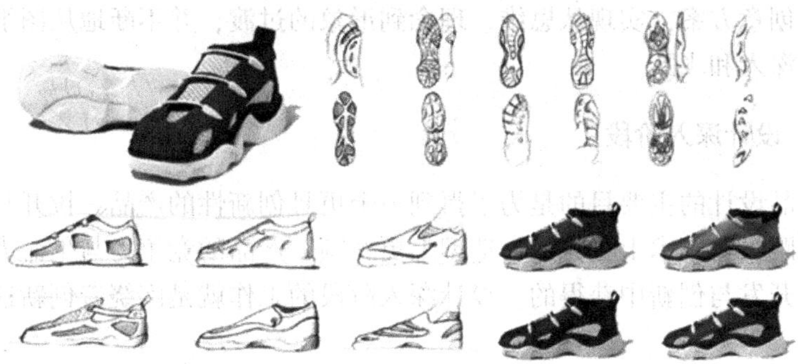

图 2-8 运动鞋的记录草图

2.2.2.2 思考草图

思考草图表达思考的过程，以便再构思和深入推敲，经常以一系列的组合图来表示，从不同透视、不同角度来反复展示一个部件的形态、结构用以检验其是否合理，如图 2-9 所示。

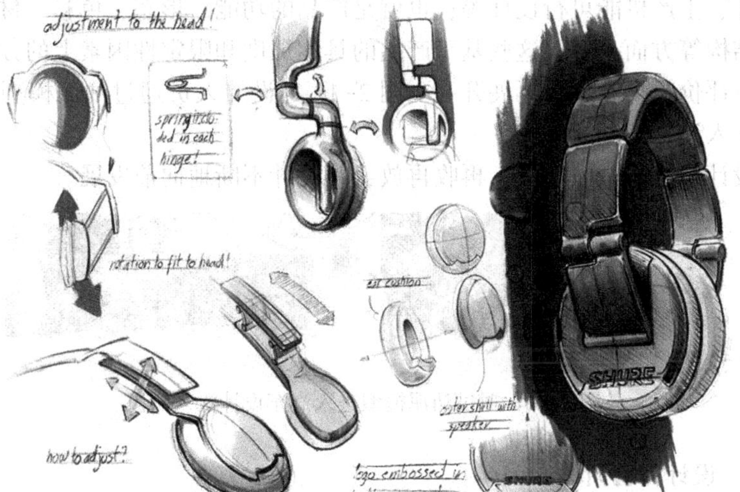

图 2-9 耳机的思考草图

针对用户特点突出使用环境的自由度以及使用方式的灵活、便利、可组合性，可自定义思考草图的诉求点。

设计构思通常是在发现了某一个有价值的创意点之后通过各种各样反映思维过程的草图而具体化和明朗化的。多个构思在这一过程中逐步建立起关联，相互启发、相互综合从而使设计的概念借助图形化的表达成为几类轮廓分明的创意方案，实现从思维、理念到形象的过渡，并不断地从图纸上得到反思、深入和飞跃。

2.2.3 设计深入阶段

产品设计的主要目的是为了得到一个更具创新性的产品，拉开与现有产品的差距，在技术上更先进、造型上更新颖。产品的竞争力与生命力就是在不断地开发与创新中获得的。设计深入阶段的工作就是围绕着创新这一目的进行的。

思路放开到一定的程度，即提出了一定数量的方案之后，就要进行适当的收敛，请工程技术人员及有关领导对方案进行综合评价，从技术可行性、社会因素、审美要求等多方面进行分析、比较、调整，筛选出有发展前途的方案，这也就是一个收敛过程。

而后，设计人员在这些选出的方案基础上再展开，这次提出的新方案比上一次更接近实际、更理性。这时的设计主要包括基本功能的设计、使用性的设计、生产机能可行设计等，也就是产品的功能、形态、色彩、材质、加工、结构等方面。对于这些基于产品的具体尺度和限定性因素上的方案，可进行再评价、再收敛、再展开……图 2-10 为设计人员通过油泥模型反复调整、深入设计某品牌汽车。

设计思路的一收一放，再收再放，使设计不断地向前发展。

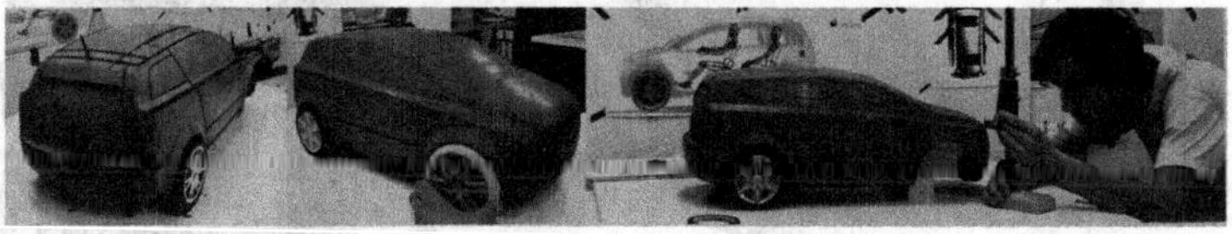

图 2-10 通过油泥模型进入汽车设计深入阶段

2.2.4 设计完善阶段

经过深入的设计，产品的基本样式已经明确，但还需要通过设计完善阶段进行细节的调整以及技术的可行性研究。好的产品，一方面要整体协调、统一，另一方面要有特色、有创新。设计深入阶段所做的工作重点在创新上，得到的是设计对象的一个雏形。在设计完善阶段，着重对产品整体进行协调、统一，进行局部完善和各部分之间的协调。作为产品设计的基本要求，整体的协调、统一反映了产品的以下特性。

(1) 产品的适用性：产品与人的统一，符合人的特征，适合于人使用。

(2) 产品的时代性：产品与环境统一，与使用环境协调，适应社会文明、时代意识。

(3) 产品的科学性：技术与艺术的统一（即科学与美学、技术与艺术两者的融会贯通）、感性和理性的统一、物质功能与精神功能的协调等在产品设计中综合地表现出来。

(4) 产品的艺术性：从艺术、审美的角度，依照美学法则处理产品内部与外部、各局部之间、局部与整体、形体与色彩、产品与包装等的整体统一。

(5) 产品的经济性：经济性综合统一，各部分的低消耗、高质量，以及整体的低成本、多功能、高质量。

在设计完善阶段，设计方案可通过立体的模型表达出来，前期的设计往往是以平面草图与效果图的形式进行形态的推敲，而立体模型则能够将产品从总体到细节上全方位地展现。这时，许多在平面上发现不了的问题，都可通过立体的模型显现出来。因此，模型制作不仅是对设计图纸的检验，也为最后的定型设计提供依据，同时仿真的模型还可以作为先期市场推广的实物形象加以运用。

目前，计算机辅助设计的广泛介入，在某种程度上已经实现了从平面到三维乃至虚拟现实和快速成型的全过程，这无疑将大大缩短以上设计各阶段的周期，压缩前期投入，并使设计更为高效。图 2-11 为某品牌手机通过计算机虚拟三维模型的方式进行手机各部分材质和加工工艺的设计完善。

在设计完善阶段，随着设计的进一步展开，设计与生产实际更加接近，因此，设计要加强与工程技术人员的交流与合作，使设计更加具体实际。

2.2.5 设计完成阶段

设计完成阶段需完成的主要工作是将设计转变为具体的工程尺寸图纸，为进一步的结构设计提供依据。工程尺寸图纸主要是指按照投影法绘制的产品主视图、俯视图、左视图（右视图）等多角度视图。在这个阶段，设计人员要将前面各阶段进行的定性分析转变为定量分析，将造型效果转变为具体的工程尺寸图纸。在样机的试制过程中，根据材料、工艺等具体条件进一步修改、调整设计，使之适应实际需要，直到完成样机制造。

与此同时还应制作出简洁而全面的设计报告书，供决策者评价。报告书的主要内容包括：设计任务简介、设计进度规划表、产品的综合调查以及产品的市场分析、功能分析、使用分析、材料与结构分析、设计定位、设计构思和方案的展开、方案的确定、综合评价等。

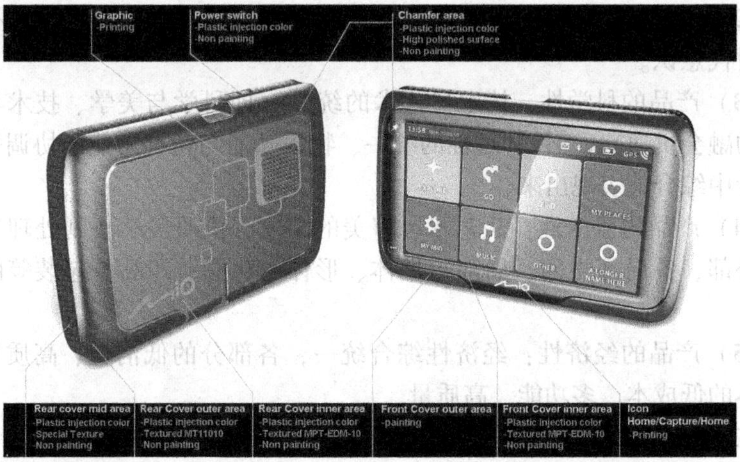

图 2-11　某手机设计的材料和加工工艺完善研究

2.3 产品设计风险管理程序模型

产品设计风险管理程序模型是英国设计教育家麦克·博克斯特（Mike Boxter）于 20 世纪 90 年代提出的产品设计程序。该程序模型从新的视角重新认识了产品设计程序，它强调随着产品设计的不断深入，产品的风险和不确定因素在不断缩小。实际上，它是通过动态阶段性裁决来降低投资风险的过程。模型中方形格子表示工作选项，圆形的格子表示对这些选项结果做出的裁决，如图 2 12 所示。

2.3.1 产品策略

产品策略是产品设计的第一项决定。它是对企业创新还是不创新研究工作的结论性裁决。它将明确表明企业的产品策略：是否要创新？创新的程度？创新的范围？或不要创新等。

企业为了应付日益增加的、来自竞争对手的、要快速更新产品的巨大压力，必须采取产品创新才能得以生存。大多数企业都已经这样做了，但不是所有的创新都必须是原创性创新。在大多数情况下，改良型创新是多数企业的法宝。特别是拥有一些老字号传统产品的企业，创新就更有讲究，因为企业在特定的市场范围内有稳定销售量。对这类企业而言，如果创新不当，不仅不会带来利润的增加，而且还可能带来利润的减少。因此，不管对什么样的企业，创新带有很大的风险和不确定性是不争的事实，但同时创新也有创

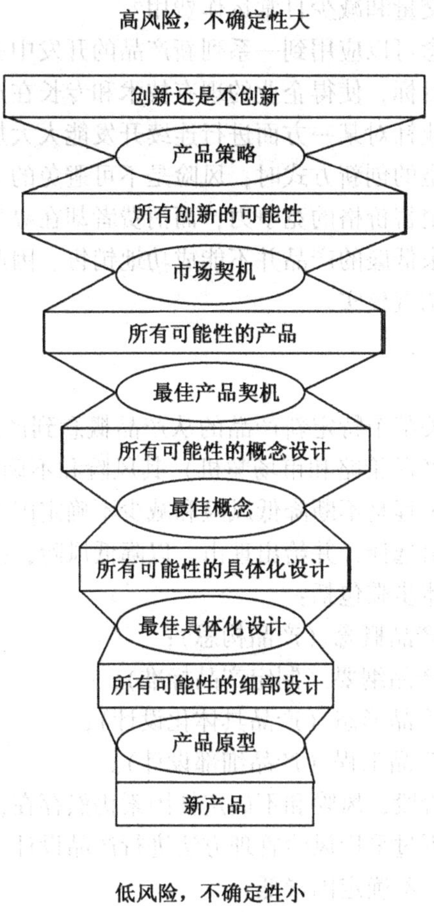

图 2-12 风险管理程序模型

造丰厚回报的机会。决定创新其实是一种挑战，一种投资。但是在当今竞争如此激烈的环境中，对许多企业而言，不创新只能代表倒退，并且会面临倒闭或兼并的风险。

2.3.2 市场契机

当创新被选定为公司的策略后，下一步就要通过调查研究来挖掘所有创新的可能性，并通过可能性的创新为企业选择最佳的商机。这里的创新不是指具体的某件产品，而是指哪种类型的创新最适合该企业。

例如，是采用降低成本的方式来提升产品销售价格的竞争力？是采用款式风格的改进或新材料、新工艺来提高产品的价值？还是通过对现有产品的扩展延伸，扩大成交量和减少日常运作费用？

这些创新的意念可以应用到一系列新产品的开发中去。它能为企业建立起一个相对长期的目标，使得企业的现有技术和专长在选定的创新方式中能充分发挥作用。企业针对某一方面进行连续开发能大大加快开发的效率。

当锁定某一类型的创新方式时，风险是不可避免的。例如，当决定用降低成本来提升产品销售价格的竞争力，而消费者却在寻找更高价值和更新的产品特征，这样一来低廉的产品并不能成功地销售。因此，在锁定之前必须要进行认真细致的调查核实。

2.3.3 产品设计

这个阶段是有关某个特定新产品的从产品概念到产品方案的具体设计。比较前面的阶段（产品策略和市场契机）其风险和不确定性因素要少得多。新产品设计开发的过程是不断降低风险和减少不确定因素的过程，它的每一步都需要设计师做出选择，并给出理由，以降低风险，排除不确定因素。

产品设计的具体步骤包括：

（1）挖掘研究产品概念（产品构思）；

（2）制定审查产品纲要（制定产品标准）；

（3）探讨求证产品形态（产品具体化设计）；

（4）调整确定产品工程（产品细部设计）。

当然通过这些阶段，风险和不确定性因素仍然存在，即便新产品已到了销售商的货架上。不过采用风险管理方法进行产品设计，要比采用一般的产品设计方法风险小，不确定因素低。

2.3.4 风险管理程序模型的诸阶段

风险管理程序模型的诸阶段提供了一个实用的、感性的、将新产品开发设计分割成不同阶段来认识的方法，其重要性在于把风险管理模型作为一个完整的系统，在新产品设计开发过程中，循序渐进地、系统地对新产品的风险进行有效的监控。

从产品策略、产品计划、产品创新到产品问世，风险管理程序模型将伴随设计活动的全过程与时俱进。

可以说产品设计是一个相对漫长和复杂的过程，对它的细分，有利于对设计工作制订计划和进行质量监控。很明显，当面对不同阶段进行质量监控时就相对简单许多，并且也方便了新产品开发费用的控制。对开发费用的控制通常可以分4个阶段，以降低投入的风险，如图2-13所示。

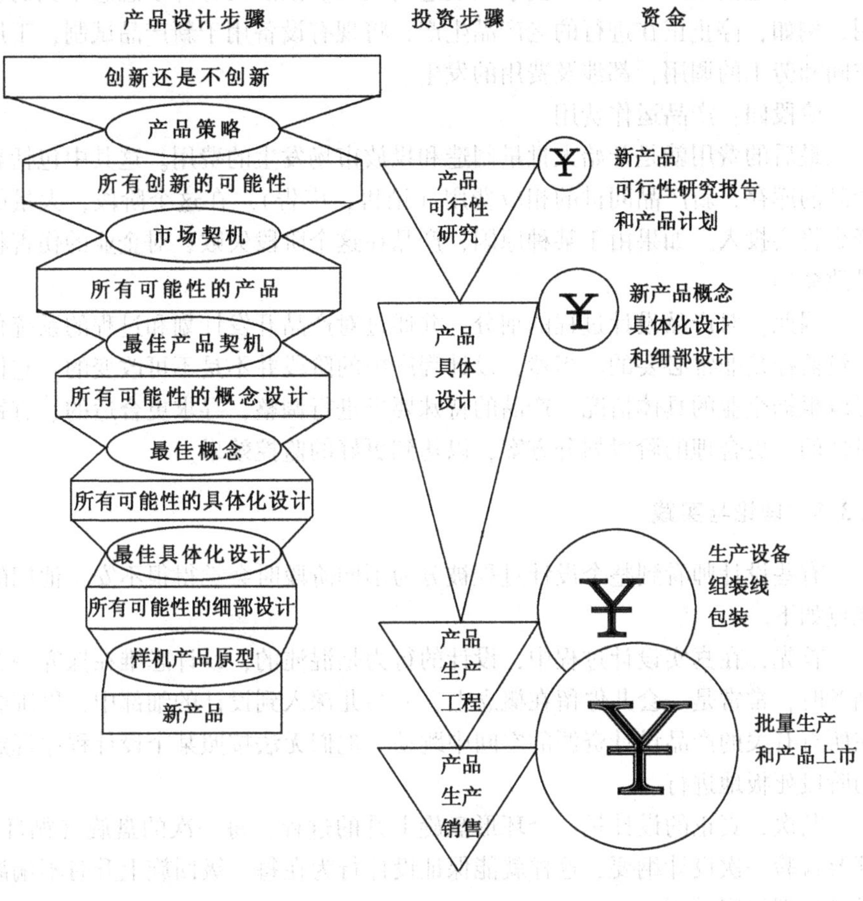

图 2-13 产品设计过程中资金风险管理

阶段一：最初启动费用。

最初启动费用（该阶段的费用相对比较低）是指用于新产品构思、可行性分析、产品设计目标确立和设计纲要编写的相关费用。

阶段二：产品设计费用。

产品设计费用是指产品设计目标确立后，具体产品设计的费用。其中包括产品方案、产品款风、产品工程、产品原型等的设计制作费用。该阶段的费用比较上一阶段的费用要高些，但是从整个开发费用来看，它仍是个小数字。

阶段三：工程技术费用。

一旦产品设计完成并经过产品原型测试后，下一个费用即工程技术费用，其中包括工具、设备、流水线改造的投入。该阶段有许多意想不到的费用，例如，停止正在进行的老产品生产，将现有设备用于新产品试制，工厂空间和劳工的调用，都涉及费用的发生。

阶段四：产品运作费用。

最后的费用就是开始大批量制造和投放市场发生的费用。这其中包括新产品的库存，新产品问世的相应费用（销售，广告）。在这个阶段，大量的资金将会投入。如果由于某种原因，产品在这个阶段失败，对企业的伤害将是致命的。

因此，对产品设计过程的细分，并通过对产品开发计划和过程的系统化质量监控是非常必要的。当然，设计程序中的阶段并不是不可改变的，它们可以根据企业的具体情况、产品的特殊要求进行调整，寻求更合适的、有针对性的、更合理的阶段划分方案，以达到更好的监控效果。

2.3.5 理论与实践

有些设计师看到整个设计过程被分为不同阶段时会觉得很不安，他们的观点如下。

首先，在真实设计过程中，设计的行为是混沌的，设计思维在探究一个创意时，常常是一会儿停留在概念上，一会儿深入到设计的细部中，思维会在所有有关的产品设计资源的空间中跳动，他们无法按照某个设计程序规定的阶段死板地进行。

其次，真正的设计是一个环形盘旋上升的过程，每一次的盘旋（循环）都要检验一次设计纲要，这样就能保证设计行为在每一级回旋上升时不偏离风险管理程序模型。

风险管理程序模型的关键点是对设计过程中的每一次决策加以控制。它是因选择行为的存在而存在，与具体的设计方法没有冲突。前面已谈到过，在整个设计过程中，产品的解决方案是多态的形式，没有绝对正确的方案，也没有绝对错误的方案。因此，风险管理程序模型是遵循产品设计的客观规律，帮助设计师对每一次的、不同阶段的产品方案做出决策。它的价值在于以降低商业风险为准绳对设计的不同阶段严格把关。它不需要等到产品被导入市场后才知道新产品是否能取得商业上的成功。

风险管理程序模型提供了一个有关对新产品决策的管理框架。它不是、也从不能代替具体的设计活动。

比较同时发生在风险管理程序模型中，不同阶段的产品设计开发活动，也许能有助于正确理解风险管理程序模型与具体设计开发活动的区别。

图 2-14 全方位地展示了经营、销售、设计和工程等设计活动平行发生在风险管理程序模型不同阶段的情形。值得注意的是：首先，设计活动跨越在风险管理程序模型的几个阶段之间，这意味着它们在质量管理的监控下一步一个脚印地摆脱风险。其次，设计开发活动不遵循“移交式”或“接力式”程序规律。

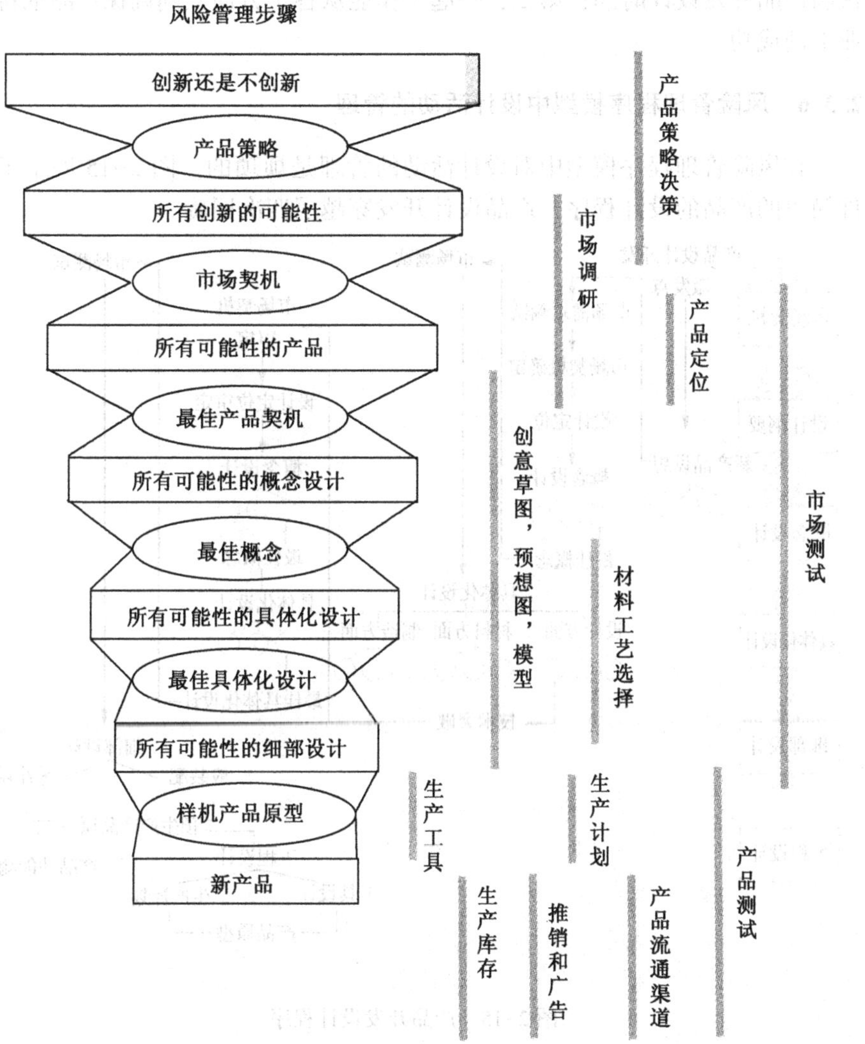

图 2-14 风险管理步骤与产品开发设计活动同步对比

20 世纪 60 年代，新产品开发设计被分为三个阶段：阶段一，销售部门把新产品需求“移交”给设计开发部门；阶段二，设计开发部门把开发设计出的新产品及工作原型“移交”给工程部门；阶段三，工程部门把如何制造产品的技术和工具“移交”给制造部进行批量生产。

自那以后，人们经过长期的设计实践，由成功和失败的经验可知：营销人员、设计师和制造工程师必须一起工作。理由有二：第一，协同工作能加快新产品开发设计时间；第二，一起工作能从各个方面共同确保产品取得商业上的成功。

2.3.6 风险管理程序模型中设计活动的管理

在风险管理程序模型中对设计活动的管理是烦琐的。图 2-15 展示了一件简单的产品的设计程序，产品设计开发穿越了四次回旋。

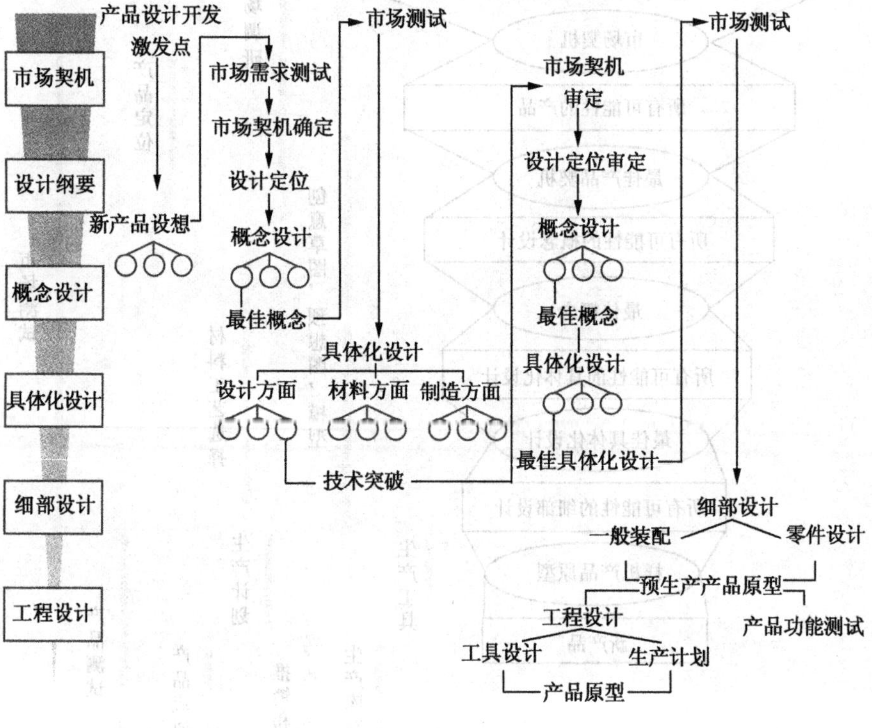

图 2-15　产品开发设计程序

第一次回旋：从探研产品商机到概念设计。为了探研测试产品创意是否符合企业策略锁定的市场需求，在这一阶段设计师或相关人员通常会采用简单的语言和原理图来表现产品概念，并在小范围内展示给潜在客户或销售人员，以征求意见。如果反馈是肯定的，将进入第二次回旋。

第二次回旋：从确定商机、制订设计纲要、概念深化设计、概念择优到市场测试。如果市场测试反馈是肯定的，将进入第三次回旋。

第三回旋：产品具体化设计到检查产品是否符合锁定的商机。如果符合，将进入第四次回旋。

第四次回旋：检查设计纲要，对照产品概念、产品方案择优到细部设计、工程设计、产品原型到原型测试。如测试满意，产品设计结束，可以进入产品的制造和销售阶段。

由此可见，设计活动模式是循环回旋上升的模式。在最终接近设计结果之前，设计程序将有四次回旋。

回旋的目的有以下两点。

第一是为了确保新产品在发展过程中以最优化的状态连续性推进。从用文字描绘产品概念的雏形，通过市场的初步测试，进而回旋重复程序，将产品推向细节设计，优化的产品概念，再次进行市场测试，最后逐渐完善产品方案的最终设计。

第二是回旋重复的过程能使隐晦的、无法预料的商机和问题充分暴露出来，使设计师能及时把握机会和解决问题，并且使它能有机地融入整个设计程序中。在产品发展过程中新的契机和问题的出现是非常诱惑人的，只要认真把握机会，并将其纳入整体设计思维中，将有助于实现设计的初衷。

对任何设计活动而言有一个因素是不可缺少的，那就是一条贯穿于产品设计过程中的主线。它可以是技术方面，也可以是资金方面，例如，以资金为主线，就必须要求提交一份整个新产品项目的费用预算，让企业的领导裁决。其中包括设计费用、制造费用、推广费用等。如果新产品的开发计划被接纳，费用预算将是约束整个设计过程的主线，必须严格控制费用。

当然主线可以因产品的不同而不同，因企业的不同而不同，因产品策略的不同而不同，但它们的共同点就是限制性，产品设计离不开限制性，好的设计就是在限制中寻找到最佳平衡点。

所以说，产品设计过程是一个在一定框架约束下的运作程序。程序中每个阶段都包含着一个创意生成和评估择优的小循环，设计活动就是这样经过多次小循环盘旋上升，逐级寻找出相对低风险的产品解决方案。

在具体的设计活动中，有时设计者会产生跳跃性的设计思维，把设计者直接指向最终产品。但它必须在一定的框架约束下通过检验才有价值。当然这种框架、这种约束是为了帮助设计者更好地做出正确判断，并不是为了束缚设计者的创新思维活动。

2.3.7 产品设计中的质量控制

如何将质量控制应用到产品设计中是本部分讨论的话题。

人们普遍认为对制造工作或管理工作而言比较容易进行质量控制，因为制造工作或管理工作的目标比较清晰，检验工作结果是否达标有标准可循。

而产品工作的质量控制标准就不那么简单直接。因为，一件新产品的目标被确定时，该产品并不存在，当你还不清楚产品是什么样的情况下，你很难确定质量控制的目标。因此，很难用传统的质量控制方法来对待产品设计过程的质量控制问题。

如何才能做到这一点呢？首先来分析一下什么是质量控制的基本原则。

质量控制基本原则就是：先告诉我，你将要做什么？然后你把它做出来？最后我检查你做到了没有？

毫无疑问，新产品在完成之前，不可能确定新产品是什么样的，但是可以确定为了实现该产品的目标可以做的事。例如，产品的目标是在价格上更有竞争力，那么降低成本将是质量控制目标，产品的创意将会在围绕如何最有效地降低成本上展开。

现在，回到风险管理程序模型。

首先要知道如何确立质量控制目标。其次要明白在风险管理模型下，如何将质量控制目标与要完成的新产品目标锁定，如图 2-16 所示。这样一来，产品设计过程中的质量控制就变得清晰多了。

商机或切入点及可行性报告是最早的质量控制文件，它包含了所有新产品最基本的商业目标，其核心目标并非针对某一个竞争产品，而是消费者的购买欲、开发费用预算、新产品制造费和促销费预算、产品的生命周期、销售规模、回报率等。

而产品设计纲要是在产品设计过程中最重要的质量控制文件。它对新产品的技术目标、款式风格目标和商业目标都有明确的要求。

产品设计纲要几乎包含了产品的全部特征要求，从产品的外表、物质功能、包装方式、运输途径、售卖手段和维护方法等方面提出了详细要求。从作用来看，它就是产品设计过程中的质量控制标准。因此可以用它对方案设计，款式风格设计、工程设计、细节设计及产品工作原型来进行阶段性评估。

值得注意的是，在细节设计阶段，在不影响产品大目标的情况下，有可能会根据实际情况，对设计纲要文件进行调整。因为，纲要具有预测性质，会带有时间上的局限性，与时俱进是必须的。

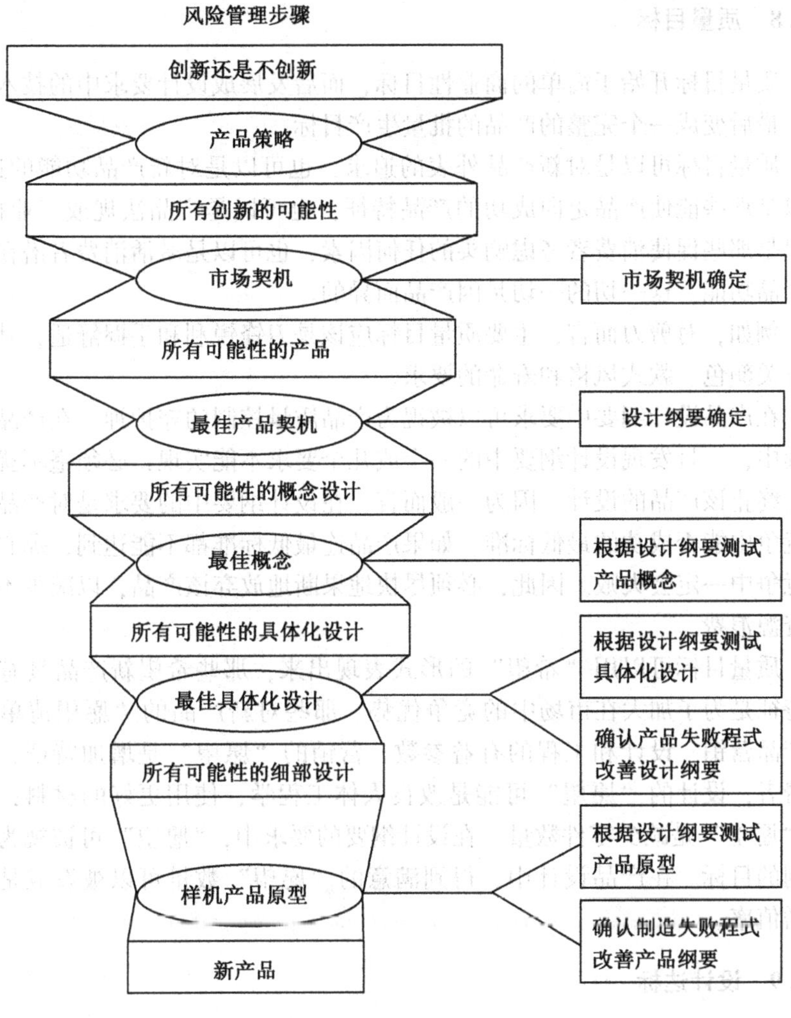

图 2-16　风险管理中的质量控制

对产品开发设计而言，产品设计纲要太重要了，以至于设计人员承受不起它的任何错误。设想一下，一旦标准错了，即使新产品完全符合产品设计纲要的要求，产品也不可能在市场上取得成功。因此，产品设计纲要必须是一份由公司各部门（销售人员、设计开发人员及工程制造人员）达成共识的文件，以保证评估标准的全面性。

2.3.8 质量目标

质量目标开始于简单的商业性目标，而后发展成设计要求中的技术性目标，最后变成一个完整的产品的批量生产目标。

质量目标可以是对新产品外表的追求，也可以是对新产品功能的追求；可以是那些能使产品走向成功的产品特征，也可以是产品法规或工业标准；可以是那些促使消费者考虑购买的任何因素，也可以是激活消费者潜在需求的产品功能。这一切的一切是因产品而异的。

例如，对剪刀而言，主要质量目标应该是刀锋锐利和手握舒适，其次才是有关颜色、款式风格和寿命的要求。

在产品设计纲要中要求可以被视为产品质量控制的守护神。在产品设计过程中，一旦发现设计纲要中的一个或几个要求不能实现，必须毫不犹豫地马上终止该产品的设计。因为一般而言，在设计纲要中的要求是对产品在商业竞争中能否成功的最低标准。如果产品连最低标准都不能达到，那它在市场竞争中一定会失败。因此，必须尽快地果断地放弃该产品，以减少不必要的资源浪费。

质量目标可以用“希望”的形式表现出来，那些希望新产品具有的某些特征是为了加大在市场中的竞争优势。那些对新产品的“愿望清单”是对产品营销、设计和工程的有益参数。营销的“愿望”是增加特征，利于消费者；设计的“愿望”可能是改良人体工程学，使用更好的材料；工程的“愿望”是减少零件数量。在设计纲要的要求中，“愿望”可被视为质量控制的目标。在产品设计中，得到满意的“愿望”数量可以被看成是产品的增值率。

2.3.9 设计达标

为新产品设计设定目标，其前提是必须有适当的途径可以实现这些目标，也就是说有达标的可能。

实现达标可分为两个阶段：第一，考虑通向目标的所有可能性的方案；第二，在这些可能性方案中选择最佳方案。

在具体的设计实践中，创意的不断产生是由于采用了系统创意选择法，设计纲要的要求便是选择创意的基准。当然，在风险管理程序模型中，每个步骤将会重复择优过程。要选择相对的最佳概念，必须牢记以下两点：第一，考虑产品的所有行为原则和工作性能；第二，以设计纲要为基准，选择其中最接近的。

随后，在设计程序中，要选择相对最佳具体化的设计，也必须牢记以下两点：第一，考虑产品如何制造的所有方法；第二，以设计纲要为基准，选择其中最接近的。

如此循环回旋，贯穿整个产品的设计程序。

设计纲要在择优中扮演了重要的角色，它指导新产品设计不断向前推进和发展，担负着从所有可选择的设计方案中选择出最佳解决方案的责任。

另外，设计纲要还扮演着与产品设计过程中质量控制同样重要的角色，就是当产品不能满足设计纲要里的一些“要求”时，它提醒设计开发负责人应该立即终止该项设计。由此可见，设计纲要还掌管着新产品的生死大权。

3 设计创新的思维与方法

思维是人脑对客观事物间接的和概括的反映，它既能动地反映客观世界，又能动地反作用于客观世界。思维是人类智力活动的主要表现方式，是精神、化学、物理、生物现象的混合物。思维通常指两个方面，一指理性认识，即“思想”；二指理性认识的过程，即“思考”。思维具有再现性、逻辑性和创造性，主要包括抽象思维与形象思维两大类。

3.1 创新思维

3.1.1 创新思维的一般含义

创新思维（Creative Thinking）是一种具有开创意义的思维活动，即开拓人类认识新领域，开创人类认识新成果的思维活动。从狭义上讲，它往往表现为发明新技术，形成新观念，提出新方案和决策，创建新理论。从广义上讲，创新思维不仅表现为做出了完整的新发现和新发明的思维过程，而且还表现为在思考的方法和技巧上，在某些局部的结论和见解上具有新奇、独到之处的思维活动。创新思维广泛存在于政治、军事决策中和生产、教育、艺术及科学研究活动中。

创新思维又称变革型思维，是反映事物本质和内在、外在有机联系，具有新颖的广义模式的一种可以物化的思维活动，是指有创见的思维过程。创新思维不是单一的思维形式，而是以各种智力与非智力因素为基础，在创造活动中表现出来的具有独创的、产生新成果的、高级的、复杂的思维活动，是整个创造活动的实质和核心。但是，它绝不是神秘莫测和高不可攀的，其物质基础在于人的大脑。

创新思维的结果是实现了知识即信息的增殖，它或者是以新的知识（如观点、理论、发现）来增加知识的积累，从而增加了知识的数量即信息量；或者是在方法上的突破，对已有知识进行新的分解与组合，实现了知识即信息的新的功能，由此便实现了知识即信息的结构量的增加。所以从信息活动的角度看，创新思维是一种实现了知识即信息量增值的思维活动。

创新思维的实质，表现为“选择”“突破”“重新建构”这三者的关系与统一。所谓选择，就是找资料、调研、充分地思索，让各方面的问题都充分暴露出来，从中去粗取精、去伪存真，特别强调有意识的选择。法国科学家H·彭加勒认为："所谓发明，实际上就是鉴别，简单说来，也就是选择。"所以，选择是创新思维得以展开的第一个要素，也是创新思维各个环节上的制约因素。选题、选材、选方案等，均属于此。

创新思维决不是盲目选择，重点在于突破、在于创新。而问题的突破往往表现为从"逻辑的中断"到"思想上的飞跃"，从而孕育出新观点、新理论、新方案，使问题豁然开朗。

选择、突破是重新建构的基础。因为创造性的新成果、新理论、新思想并不包括在现有的知识体系之中。所以，创新思维最关键之点是善于进行"重新建构"，有效而及时地抓住新的本质，筑起新的思维支架。

总之，创新思维需要人们付出艰苦的脑力劳动。一项创新思维成果往往需要经过长期的探索、刻苦的钻研，甚至多次的挫折之后才能取得，而创新思维能力也要经过长期的知识积累、智能训练、素质提升才能具备。创新思维过程还离不开推理、想象、联想、直觉等思维活动。所以，从主体活动的角度来看，创新思维又是一种需要人们，包括组织者、创造者付出较大代价，运用高超能力的一种思维活动。

产品创新设计离不开创新思维活动，设计的内涵就是创造，设计思维的内涵就是创新思维。

3.1.2 创新思维的形式

创新思维在本质上高于抽象思维和形象思维，是人类思维的高级阶段。它是抽象思维、形象思维、想象思维、联想思维、横向思维、求异思维、逆向思维、发散思维、立体思维、收敛思维、直觉思维、灵感思维等多种思维形式的协调统一，是高效综合运用、反复辩证发展的过程。而且与情感、意志、创造动机、理想、信念、个性等非智力因素密切相关，是智力与非智力因素的和谐统一。

3.1.2.1 抽象思维

抽象思维亦称逻辑思维，是认识过程中用反映事物共同属性和本质属性的概念作为基本思维形式，在概念的基础上进行判断、推理，反映现实的一种思维方式。其使认识由感性个别到理性一般再到理性个别。一切科学的抽象，都更深刻、更正确、更完全地反映客观事物的面貌。随着社会的进步，科学技术的发展，现代设计方法的确立，抽象思维的作用更显重要。

德·伊·门捷列夫发现元素周期律，完成了科学上的一个勋业。当时大多数科学家均热衷于研究物质的化学成分，尤其醉心于发现新元素，却无人去探索化学中的“哲学原理”。而门捷列夫却在寻求庞杂的化合物、元素间的相互关系，寻求能反映内在、本质属性的规律。他不但把所有的化学元素按相对原子质量的递增及化学性质的变化排成合乎自然规律、具有内在联系的一个个周期，而且还在表中留下了空位，预言了这些空位中的新元素，也大胆地修改了某些当时已被公认了的化学元素的相对原子质量。这是抽象思维十分典型的实例。

归纳和演绎、分析和综合、抽象和具体等，是抽象思维中常用的方法。所谓归纳的方法，即从特殊、个别事实推向一般概念、原理的方法。而演绎的方法，则是由一般概念、原理推出特殊、个别结论的方法。所谓分析的方法，是在思想中把事物分解为各个属性、部分、方面，分别加以研究。而综合则是在头脑中把事物的各个属性、部分、方面结合成整体。作为思维方法的抽象，是指由感性具体到理性抽象的方法，具体则指由理性抽象到理性具体的方法。它们都是相互依存、相互促进、相互转化的，彼此相反而又相互联系。

3.1.2.2　形象思维

形象思维是指用直观形象或表象来进行思维活动、解决问题。它是用表象来进行分析、综合、抽象、概括的过程。当人利用已有的表象解决问题时，或借助于表象进行联想、想象，通过抽象概括构成一幅新形象时，这种思维过程就是形象思维。

所谓表象，是通过视觉、听觉、触觉等感觉、知觉，在头脑里形成所感知的外界事物的感知形象——映象。通过有意识、有指向地对有关表象进行选择和重新排列组合的运动过程，产生能形成有新质的、渗透着理性内容的新象，则称意象。

“协和”飞机的外形设计，是对鹰的仿生。但其设计构思，既不是鹰外形表象的简单再现，也不是以往所有飞机外形的照搬，而是设计师根据“协和”飞机的各种功能要求，在上述“鹰”等表象的基础上，有意识、有指向地进行选择、组合、加工后所形成的新象，既渗透着设计师的主观意图，又是一种与原有表象既似又不似的新象——意象。尤其是机首部分，为改善不同航速、起落时的航行性能，机首可以转动调节，十分富有新意，如图 3-1 所示。

形象思维在每个人的思维活动和人类所有实践活动中，均广泛存在，具有普遍性。许多设计，许多科学的发明创造，往往是从对形象的观察、思维受到启发而产生的，有时还会取得抽象思维难以取得的成果。爱因斯坦特别

图 3-1 “协和”飞机

强调想象力的作用，他说：“想象力比知识更重要，因为知识是有限的，而想象力概括着世界上的一切，推动着进步，并且是知识进化的源泉。严格地说，想象力是科学研究中的实在因素。”钱学森认为：“人们对抽象思维的研究成果曾经大大地推进了科学文化的发展。”那么，我们一旦掌握形象思维学，会不会用它来掀起又一次新的技术革命呢？这是值得玩味的设想。

3.1.2.3 想象思维

想象思维也是创新思维的主要表现形式之一。法国思想家伏尔泰曾精辟地说：“想象是每个有感觉的人都能切身体会的一种能力，是在脑子里想象出可以感觉到的事物的能力。”德国著名哲学家黑格尔认为，最杰出的艺术本领就是想象。

古希腊哲学家亚里士多德认为，想象力是发明、发现等一切创造性活动的源泉。德国古典哲学家康德指出：“想象力作为一种创造性的认识能力，是一种强大的创造力量，它从实际自然所提供的材料中创造出第二自然。”

想象思维大体上是心理学家称之为“意识流”之类的东西，即把一个人的正常思维行程打乱，让其沿着任何可能的思想方向拓展。睡觉时的梦境时常会出现一些荒唐的场面，但也可能产生一些有价值的想象思维成果。梦幻中所产生的各种思想和图像，都有可能生成解决某一个现实难题的创意胚胎。

从科学思维史的意义看，想象思维是原创性科学理论形成的重要酵素。爱因斯坦的相对论、魏格纳的大陆漂移说、沃森和克里克提出的 DNA 双螺旋结构等，都是借助于想象思维而完成的。许多伟大的科学家试图解决问题时，总是习惯于用形象化符号代替语言符号。某些科学家甚至把自己想象成是问题的要素之一，如原子核中的一个粒子，或者人体中同进犯的细菌搏斗的一个细胞等。人们不仅应当仔细地去寻求事物间的联系和类同，还应让思想自由驰骋，以引导他们的思想超越现实的种种局限，沿着某些先前尚未探索过的路径前进。

想象思维也是技术发明和技术创新的重要推动力量。美国克莱斯勒飞机制造公司的设计人员认为，想象是“照亮通往未来大道，通往未来线索的指针，并为计划走此路线的人提供了最佳的指导方法”。

想象是人在有意识的和清醒的状态下产生或再现多种符号功能的能力，但又不是有意组织的功能，如清醒的意象、意念，有顺序的词语、句子和感受等。想象与精神分析学所称的“自由联想”有些相似，但是自由联想主要涉及的是可以用语词来表达的内容，而想象则能够呈现为非语词的形式。

在对想象的解释中，符号是一个非常重要的概念。有没有符号的特征，这是人的心理功能与其他动物的心理功能的主要区别，并且还是创造力的基础。一个符号代表某物，即使这个“某物”完全不在场。日常生活中最常见的符号就是语词。心理学家曾经用这样的方法来检验一个人产生思想的能力即创造力：用给定的三个语词，如湖、月亮、小孩这三个词语，造一个有意义的句子。当然不同的受试者会造出不同的句子来。有的可能说“月亮下孩子在湖中游泳”，也有人可能说“小孩在湖中看到月亮的影子”等。这是运用符号对想象进行加工解释的最简单的例子。

符号的使用在想象思维中很普遍，如果我说“这美丽的风景”，听到我说话的人就清楚地知道语言“美丽”代表了什么，“风景”代表了什么。在普通语言里，我们按照特定目的选择词语并把它们按特殊的顺序排列成句，而在纯粹的想象中，词语可以像联想那样自由地浮现出来。

美国数学家维纳根据自己的切身经验，在《我是一个数学家》中写下了这样一段话：“事实上，如果说一种品质标志着一个数学家比任何别的数学家更有能力，那我认为这就是能够运用暂时的情感符号，以及能够把情感符号组成一种半永久的可以回忆的语言。如果一个数学家做不到这点，那他很可能会发现，他的思想由于很难用一个还没有塑成的形态保存起来而消失。”

创造心理学家阿提瑞指出，创造过程由于运用各种符号因而不同于人脑的普通功能，并且它还按照不同的前后关系或不同的比例配合使用符号，从而构造出某些从未被表征过的事物的符号，或者构造出某些在以前是用不同方式来表征的事物的符号。这种符号化过程就是创造创新的基本过程。

3.1.2.4 联想思维

联想思维是人们在头脑中把一事物与另一事物联系起来，将关于一事物的思想或表象推移到另一事物上去的一种思维方法，并由此形成创造构想和方案。其实质是一种简单的、最基本的想象。

大发明家爱迪生说过："在发明道路上如果想有所成就，就要看我们是否有对各种思路进行联想和组合的能力。"联想在创意过程中起着催化剂和导火索的作用，许多奇妙的新观念和创意，常常由联想的火花点燃。事实上，任何创造发明都离不开联想，是联想思维把人引导到创意思维上去的。

联想是人与生俱来的天赋。不过，作为一种创造能力，它有赖于我们的后天发展。这种能力越强，就越会把在意义上差距很大的两件事物串联在一起，为创造发明另辟蹊径。无疑，这有赖于经验和知识的积累，也就是把它们记忆在头脑中。这样，人们在联想时就能够左右逢源、得心应手。总的归纳起来，联想思维有下列几种类型：

（1）相似联想：由于事物间性质上或形式上有相似点或比较接近而形成的联想。如看到苍鹰想到飞机，看到电灯想到火把等。

（2）强制联想：把看起来毫不相关的事物强制地糅合在一起而形成的联想，有时可能会产生意想不到的创意。如法国卢米埃尔兄弟硬是把缝纫机缝纫时的压脚一动一停的动作与活动电影机的间歇运动联想在一起，解决了银幕上的影片模糊不清的一大难题。

（3）离奇联想：有些人会从某些奇特的不合情理的思路上突发出一种创意的联想。如美国一位工程师把炸药与油漆离奇地联想在一起，从而发明出具有活化性的油漆添加剂，数年后可使油漆轻而易举地从墙上剥落下来。

（4）质疑联想：这是对旧事物、旧理论进行质疑，并因此构思新事物和新理论的联想。如美国华裔物理学家李政道和杨振宁大胆怀疑牛顿三大定律的一条，并把它推翻而另外创造了一条新定理，从而获得 1957 年诺贝尔物理学奖。

（5）审美联想：这是指对创意对象的形态、结构、色彩等进行美感和美学的联想。如麦克斯韦尔方程就是对电磁原理的公式表述进行审美追求而获得的新成果。此外还有文学艺术创作中的"美的联想原理"等。

（6）情景联想：这是指围绕与思维对象可能关联的诸多因素和情境而展开的联想思维活动。

要使联想创新获得成功，思维过程必定不是那种随心所欲的自由联想，而是一种定向的联想。那么，这种联想靠什么来定方向呢？观察表明，决定联想的方向并且使它转变成思维的动力是目的。对于创新思维来说，其目的就是解决问题的新创意、新思路，即使是大胆的离奇联想思维也是围绕着目的来展开的。

我国东汉末医学家华佗，有一次看到蜘蛛被马蜂蜇后落在一片绿苔上打了几个滚，肿便消失了。他联想到绿苔可用来为人治病。通过试验，消肿解毒良药便问世了。美国工程师斯潘塞在做雷达起振实验时，发现口袋里的巧克力熔化了，原来是雷达电波造成的。由此，他联想到用它来加热食品，进而发明了微波炉。

军事学家们常常用棕色或绿色的斑点来伪装飞机和舰艇，正是利用蝴蝶翅膀上色彩斑斓的纹饰伪装联想的结果。不仅如此，航天专家们还利用彩蝶体表鳞片抗高温的原理为卫星与其他太空飞行器的外表专门设置了这种能控制温度的“鳞片”——高温瓦，从而在高温下保护了卫星星体。

联想思维方法不仅应用于科学创造、技术发明，而且也广泛应用于文艺创作、经营管理等方面。联想思维是建立在逻辑思维之上的正确想象的必然结果。联想思维要遵守三条法则：

①有接近才能联想，即联想的事物之间必须有某些方面的接近与联系，能在时间或空间上使人脑与外界刺激联系起来。

②有相似才能联想，即联想事物对大脑产生刺激后，大脑能很快做出反应，回想起与同一刺激或环境相似之经验。

③有对比才能联想，即大脑能想起与这一刺激完全相反的经验。

联想思维是最基本也是最重要的一种思维方式。联想思维说白了无非是在事物之间搭上关系，就是寻求、发现、评价、组合事物之间的相关关系。如艺术设计创意常用的“詹姆斯式思维”方法，这种思维方式就是在根本没有联系的事物之间找到相似之处。具有詹姆斯式思维能力的人，有着敏锐深邃的洞察力，能在混杂的表面事物中抓住本质特征去联想，能从不相似处察觉到相似，然后进行逻辑联系，把风马牛不相及的事物联系在一起。

联想与想象思维方法的训练，较常采用综摄类比法。这是由美国创造学家、麻省理工学院教授威廉·J. 戈登首创的一种从已知推向未知的一种创造技法。综摄法有两个基本原则，即异质同化——运用熟悉的方法和已有的知识，提出新设想；同质异化——运用新方法“处理”熟悉的知识，从而提出新的设想。

3.1.2.5　横向思维

英国剑桥大学的爱德华·德·博诺在一系列论著中首先引入横向思维这个概念，并将其作为纵向思维的对立方式加以概括和总结。在博诺的理论体系中，纵向思维是指科学活动和日常生活中的一般思维方式，它是直线性的、传统的思维方式，需要一步一步地推理，思想的每一个环节都沿着最大可能性的路线前进。在多数情况下，这是一种自然的心理活动方式，特别对受过训练的头脑，更是如此，而且在大多数情况下它也是最有效的方式。横向思维则不同，它是一种完全不同的思维方式，其中每一步正确性的概率都很低，但它能使我们摆脱旧有的思维模式和思维习惯，有助于我们寻找尽可能多的不同的解题途径和思路。纵向思维选择最可能的探索思路而排斥其他的思维方式，横向思维则并不企图使每一步都正确，意在寻找更新、更好的解题思路。人们开拓一些未必靠得住的途径，希望从中发现始所未料的新概念，然后再用纵向思维来检验它们。纵向思维是由一种想法从始至终地贯穿下来，直到解决问题为止；横向思维则是在探讨解决方案之前，考虑对问题的各种解法。

博诺曾用挖井做比喻来说明纵向思维和横向思维的差异，他说："逻辑好比是用来挖掘又深又大的井的工具，是为了挖出更理想的井而使用的。但是，如果井的位置不适当的话，无论如何努力，也是挖不好的。有一点谁都清楚，比起重新选址从头开始，在原来的位置上继续挖下去总是比较容易些。纵向思维是要把同一口井继续挖深，横向思维则是要试试其他位置。"继续在同一位置挖掘具有重要的意义，他说："挖了一半的井对我们确定下一步努力的方向是更有效的，确实有许多井挖到了不适用的深度，而且有不少井存在选址不正确的问题，但是，创新思维火花的闪现往往发生在中途放弃已挖成一半的井，另外寻找其他位置重新开始的时候。"

博诺还把大脑看作是一个机械系统，它以某种特定模式对其接收的各种信息进行加工。人的记忆可以比作一块冻肉的表面，在这块冻肉的表面浇上了热水而形成许多沟壑。这些沟壑又会影响到后来浇上去的水的行为。模式一经形成，就会随着使用而越来越多地走向习惯化，因而其后只需要一点暗示，思想机器就会沿着相同的路线自动运转。这种积习是颇难克服的，但也存在一些有助于改掉这种积习思维的技巧和方式，这就是横向思维的技巧和方式。

在《横向思维：关于创造性的教科书》一书中，博诺曾总结了若干个横向思维方法的要诀，它们是：

(1) 要养成寻求尽可能多地探讨问题的不同方法的习惯，而不要死抱住显得好像最有希望解决问题的某种办法不放。你可以给自己提出一个可供选择的方法的限额，这可能起一种刺激作用，从而使你的头脑不断地寻求观察问题的其他办法，寻求类比和可能的联系。只要坚持不懈地探求，你总能找到一些可供选择的新解题方案。

(2) 要对各种假定提出质疑和诘难。通常情况下，人们在思考某件事情时，总会做出几种假定——它们往往看来是如此明显，以致我们会无意识地把它们视若当然。但当我们抱着怀疑的态度仔细追究时，它们就可能被证明是不可靠的或不恰当的，这就要求我们重新界定问题或选择解题思路，将思想上的障碍扫清。

(3) 不要急于对头脑中涌现出的想法或创意加以判断。许多科学发现都曾以假线索作为先导，在没有探究某种想法会引导出什么结果之前，不要草草地将其放弃。也许它会孕育出更进一步的种种想法，目的在于发现一种新的有意义的思想组合，而不问其是通过何种途径来实现的。

(4) 使问题具体化，使之在头脑中构成一幅图像。这幅图像可以通过改变各个组成部分，或对它们进行重新组合与构思而得以形成。注意到各个组成部分的分歧点，发现相互间的关联性，考虑到各组的功能以及对其整合的限度。

(5) 要把问题分成独立的几部分，其目的在于对各部分做出鉴别，以便将它们重新排列。在重新组合时，应该尽量使各部分颠倒和混合。显然，这不同于传统的分析法，传统的分析法是一种系统的、完全的分解法，其意图在于对问题做出解释，而这里的目的在于获得新的变化和解题思路。

(6) 要从问题之外寻求偶然的刺激。有几种办法可以做到这一点，例如，逛商场或书店，并不刻意寻找与问题直接有关的东西，这会强化已有的想法。一个人应该在头脑中留有空白处，随时等待着接受某种值得注意的东西。偶然碰到的事件或现象都可能引发一些有关的想法，进而使某些问题迎刃而解。

(7) 要参加各种可能产生新观念的启发性集会。博诺说，冲突是改变观念的唯一方法。为了对抗和打破观察事物的现存方式，横向思维值得审慎地使用。人的记忆和传统的思维习惯对于引导他的思想路线具有强烈的选择性影响，如果要克服各种障碍，开拓出新的线索，就必须抑制传统的思维习惯。各种激烈交锋的思想集会最有助于人们解放思想，摆脱思维的枷锁。

一对美国夫妇在乡间公路旁开了一家药店，为了招揽生意，他们需要做一些广告宣传。通常的情况是在公路边打出“××药店开业”或“××药店几折优惠”一类的招牌，可这对夫妇却从顾客的角度进行了思考和策划，他们在路旁竖起了“本店免费供应冷水——××药店”的牌子，结果引起不少人的好奇心，许多乘车过往的人都不由得停车去看。这对夫妇不计得失地把冷水送给来店的人，客人不好意思拿到冷水扭身就走，总要在这家药店转转，买点什么才走。就这样，这家店铺很快就发达起来。高桥浩先生对此案例分析说："只要没有相当严重的疾病患者，即使在公路旁打出售药广告，也不会有有意停车前去光顾的人。但是，以顾客的视角来考虑问题：'他们是不是要喝水呢？'这一考虑却成了这家药店获得成功的原因。"

3.1.2.6 求异思维与逆向思维

求异思维是相对于常规思维来说的，其思维活动的要诀在于不受任何框架、模式的约束，从而突破传统观念和习惯势力的禁锢，从新的角度认识问题，以新的思路、新的方法解决现实难题或创造更好、更美的东西。逆向思维是求异思维的一种重要形式，也是众多创新思维成果诞生的重要运思策略。

顾名思义，逆向思维就是反过来想一想，不采用人们通常思考问题的思路，而是从相反的方向去思考问题。逆向思维具有挑战性，常能出奇制胜，取得突破性解决问题的方法。

人类的思维具有方向性，存在着正向与反向之差异，由此产生了正向思维与反向思维两种形式。

正向思维与反向思维只是相对而言的。一般认为，正向思维是指沿着人们的习惯性思考路线去思考，而反向思维则是指悖逆人们的习惯路线去思考。

正反向思维起源于事物的方向性。客观世界存在着互为逆向的事物，由于事物的正反向，才产生思维的正反向，两者是密切相关的。人们解决问题时，习惯于按照熟悉的常规的思维路径去思考，即采用正向思维，有时能找到解决问题的方法，收到令人满意的效果。然而，实践中也有很多事例，对某些问题利用正向思维却不易找到正确答案，一旦运用反向思维，常常会取得意想不到的效果。这说明反向思维是摆脱常规思维羁绊的一种具有创造性的思维方式。

为了修建一个动物园，决策者举行了一个专家会议，讨论怎样才能捉住老虎。会上有一位拓扑学家发言说："不必再谈了，老虎已经捉到了！我采用一个拓扑变换，可以把笼子内部变成外部，把外部变成内部，不管哪里有老虎，都可以用这种办法捉到。"荒谬吧？但决策人却从中受到了启发，建立了天然动物园。在这种动物园中，老虎和其他野兽在自然环境下生活，参观者却被关进笼子——在密封的汽车中游览，正所谓"把笼子的内部变成外部"。目前在世界上，这样的天然动物园已不止一个，而且因为体现环保精神，让动物有尊严地生存，非常受游客和国际绿色组织的欢迎。

把人关进"笼子"，而把老虎放出来，这样一种逆向思考，确实会产生奇妙的解决方案。你会因此看到通常正向思考所不能看到的东西，并从根深蒂固的框框中解脱出来。日本丰田汽车公司独具一格的“看板”管理模式，就来源于当时的副总经理大野耐一的逆向思考。当时，大野在考察汽车组装流水作业线时，发现由于零部件送交不及时，经常造成流水线各环节脱料停车，而仓库为了防止零部件跟不上，往往储备大量暂时不用的零件，导致资产积压。怎样解决这个问题呢？按常规思维，人们在考虑改进流水线工作时，往往是从前一工序向后一工序逐步下推，这样很难发现积压浪费、互不衔接的停工待料现象。大野采用逆向思考，从后一工序往前一工序推，让后一工序去前一工序取正好需要数量的那些工件，前一工序只要生产后道工序所需要的数量的那部分工件就可以了。这样，只要各工序之间明确了“某种东西需要多少”，便可衔接起来，既消除了零部件积压造成的浪费，又根除了缺料误工的现象。

如果你偶尔打破平时的行动常规和思考模式，从相反方向走一走、想一想，往往可以获得意想不到的新感受、新思路。有一位作家每天早上沿固定路线散步一圈，天天如此，从无变化。有一天，因修路他只好沿反方向散步，结果刚拐弯就看到一排盛开着月季花的墙，心里一阵激动，“好漂亮的月季花，谁家栽的呢？”再往前，有家卖烟的小店，往里一瞧，里面坐着一位漂亮的姑娘，“想不到附近还有这么漂亮的卖烟姑娘。”他边走边回头看，突然发现，根本不是那么回事，还是天天路过的烟店，坐在里面的还是原来那个姑娘。再顺着刚才的路往回走，刚才还觉得漂亮无比的月季花墙也变得平淡无奇了。

逆向思维法可分为反转型逆向思维法、转换型逆向思维法、缺点逆用思维法三大类型。也可分为原理反转、功能反转、属性反转、状态反转、结构反转等几种类型。

(1) 原理反转。即从已有事物间的因果关系和已有的原理规律，有意识地颠倒，反过来由“果”去发现新的“因”(现象、规律)，寻找解决问题的方法。这种思维程式的积极成果常常会引出新的科学发现和技术发明成果。

丹麦物理学家奥斯特发现电流能产生磁场的电磁效应现象，英国物理学家法拉第便进一步设想：“磁场能否产生电流？”此后，经过多次试验，他在1831年发现了电磁感应定律，并发现了发电机的基本原理和构型。

电影的原理一直都是观众不动而电影胶片的画面在银幕上移动，从而产生影片图像的连续动作。将这一原理逆反过去如何？让影片画面不动而观众迅速移动，这是否很荒唐而无法实现？德国一位青年摄影师研究了这个原理，并计划在地铁中加以实施。他设想在车窗等高处的地铁墙壁上挂出一幅幅连续变化的图画，当车辆运行时，图画正好以 24 幅 s 的速度映入乘客眼帘，这样乘客就可以坐在地铁里看见墙壁上的“活电影了。”想想看，生活中还有没有这种原理逆反的例子？

（2）功能反转。即从现存事物的相反功能去设想和寻求解决问题的新途径，获得新的创造发明的思维方式。这种思维程式常常诱发许多具有商业价值的技术创新成果。

德国某一工厂生产的一种纸严重化水无法使用，按常规只能打浆返工。有个工程师考虑到化水原因是吸水性太强，能否专门用这种纸来吸水呢？经过进一步“扩大缺点”制成了专用吸水纸，并申请了专利，增加了工厂收益。

彩电制造，屏幕越来越大，功能越来越强，按键越来越多，成本越来越高，使用越来越复杂，有厂家及时推出功能少、使用方便、价格低廉的大屏幕电视，结果销售量大增，这同样是求异思维的结果。

一位建筑师设计了位于中央绿地四周的办公楼群。大楼竣工后园林管理局的人来问他，人行道应该修在哪里？“在大楼之间的空地上全种上草。”这位设计师别出心裁地回答。夏天过后，在大楼之间的草地上踩出了许多小道。这些踩出来的小道优雅自然，走的人多就宽，走的人少就窄。秋天，这位建筑师就让工人沿着这些踩出来的痕迹铺设人行道。这些道路的设计相当优美，同时完全可以满足行人的需要。

（3）状态反转。即将事物的现存状态反转过来，去发现或创造一种新的状态以获得新颖的解题思路。

大家都在小学课本中学过“司马光砸缸”的故事。小孩落水会淹死，要救出落入水缸的小孩，常规方法是把人拉出水面。把一个小孩拉出水缸，对大人不成问题，但对还是少年的司马光来说，要把同伴从水缸中拉出来却不是一件易事，弄不好自己还可能被对方拉下水。司马光考虑的不是常人想的“人离水能活”这一状态，而是反过来想“水离人，人也能活”的逆反状态，结果砸破水缸救出小孩。

诸葛亮的“空城计”，就是最绝妙的一招御敌之策。面对司马懿的突然袭击和寡不敌众的严峻形势，他巧用司马懿的多疑心理采用逆向思维，不费一兵一卒就吓退前来围城的数万魏兵，保全了小城百姓的性命和财产。

（4）属性反转。即有意识地用某一属性相反的属性去取代已有的属性，逆化已有的属性，进而做出新的创造发明成果。

1924 年，德国青年谢·布鲁尔提出用空心材料替代实心材料制作家具的创意，并率先用空心钢管制成了名叫“瓦西里”的椅子，如图 3-2 所示，在社会上引起轰动。后来，他又采用这一属性逆反的原理完成了包括日内瓦联合国教科文组织大厦在内的许多著名设计，成为当时最富有创新精神的建筑设计师。

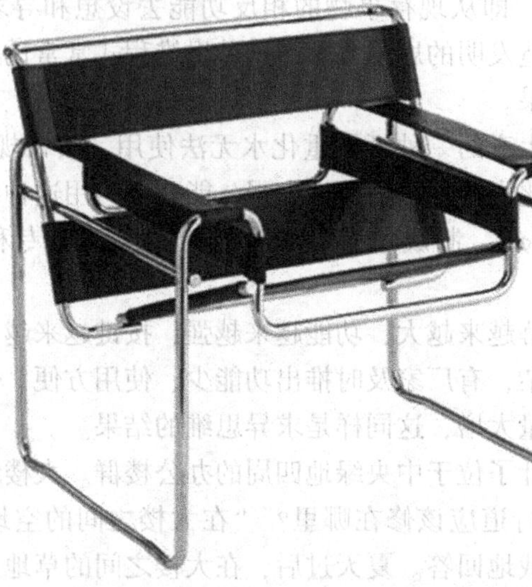

图 3-2 “瓦西里”椅子

当然，这些逆反思维的程式只是提供一种解题的可能思路，其最终结果怎样还得靠事实和各种现实条件确定。比如说将水泵的叶轮固定而使壳体旋转，就抽水这一特定功能来说，目前还很难实现，它只具备抽象思维的可能性。尽管如此，打破常规，巧用智慧，我们终会因此找到创造性地解决问题的好办法，发现实现理想的好途径和好方法。

(5) 结构反转。比如，市场上出售的无烟煎鱼锅就是把原有煎鱼锅的热源由锅的下面安装到锅的上面。这是利用逆向思维对结构进行反转型思考的产物。

缺点逆用思维法，这是一种利用事物的缺点，将缺点变为可利用的东西，化被动为主动，化不利为有利的创造发明方法。这种方法并不以克服事物的缺点为目的，相反，它是将缺点化弊为利，找到问题的解决方法。例如，金属腐蚀是一种坏事，但人们利用金属腐蚀原理进行金属粉末的生产，或进行电镀等其他用途，无疑是缺点逆用思维法的一种应用。

法拉第发现电磁感应定律，火箭、导弹的发射所采用的倒计时方法，我国发明家苏卫星发明的“两向旋转发电机”，无一不是运用逆向思维方法进行创新的典范。

3.1.2.7 发散思维

突破常规是创新思维的本质所在，这一点在发散思维中表现得十分明显。吉尔福德说:“正是在发散思维中，我们看到了创新思维最明显的标志。”

在吉尔福德看来，创新思维的最重要的品质就存在于发散思维之中。他指出，发散思维是针对一个有待解决的问题，沿着各种不同的方向去思考，从多方面提出解决方案，寻求各种各样的解决办法，以求得最佳解决方案的思维形式。换句话说，发散思维是指在解决问题时，思维能不拘一格地从仅有的信息中尽可能扩展开去，朝着各个方向去探寻各种不同的解决途径和答案。由于发散思维不受已经确立的方式、方法和规则或范围的约束，因此常常能形成一些奇思妙想，又被称为“开放式思维”。

与横向思维和求异思维相比较，发散思维是一种更宽泛的创新思维形式，它更深刻地体现着创新思维的本质特征。发散思维比想象思维更无拘无束。发散思维的倡导者相信，人们可以通过蓄意制造一种混乱的、非理性的情绪，从中寻求出解决问题的各种特异构想。一般在正常情况下会被潜意识排除的异乎寻常的类比，在发散思维中却能进入有意识的头脑中。

发散思维在现实的认知活动中有着十分广泛的应用。发散思维具有灵活性、流畅性和独创性三个最重要的特征。

(1) 灵活性，即产生异质构想或创意的倾向和能力，它体现着发散思维的广度。敢于突破思维定式，善于从不同侧面考虑问题，就容易找到解决问题的方法。思维的范围愈广、种类越多，产生的设想就愈多，解决问题的可能性也就愈大。

(2) 流畅性（即敏捷性），即做出大量反应的能力，它反映思维的速度。由于重视思维的发散，重视联想和想象，重视从不同角度思考问题，因而思维过程中少有阻滞，便于扩散，在很短时间内就能产生大量新的观念、设想和方案。

(3) 独创性，即指产生的思想具有新颖性，它反映了思维的深度。独创性是创新思维的最高层次。心理学家霍尔曼曾列举了独创性的四个特征：新颖性、意外性、独特性和惊异性。其中新颖性，就是新鲜的、没有先例的意思；意外性就是从古至今得到的经验中设想不到的意思；惊异性则是伴有新的价值发现的意思。

产生发散思维的基本方法是：

(1) 产生尽可能多的想法。如果你要写一份感谢信，或者一份报告，你先找出一个关键词，然后想出尽可能多的同义词，去找意义相同但思路相异的表述。一开始追求数量，然后再从质量角度进行选择和编辑。如果你要做一个周末或假期计划，你也可以采取同样的做法：首先列出你所能够想到的尽可能多的选择，哪怕它们看起来并非很吸引人。如图 3-3 所示，对于一把椅子的设计，设计师尽量地打开思路，将各种各样的想法用设计草图的方式表示出来。

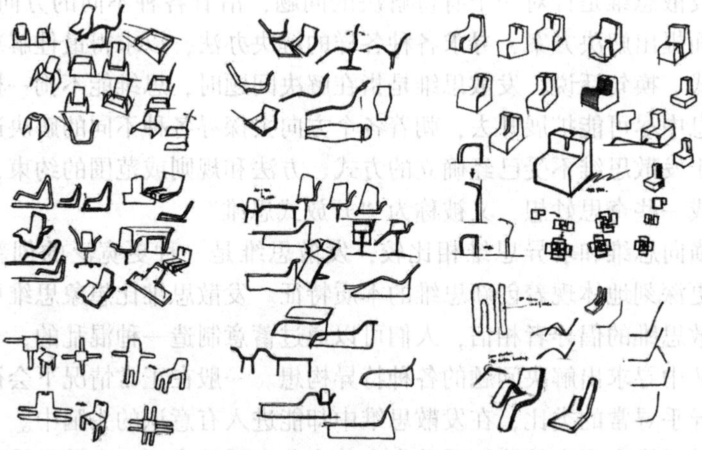

图 3-3 椅子的设计草图

(2) 得出尽可能不同的想法。数量是重要的，但要试着提高一下质量。在谈话、选音乐或从菜单点菜时，多样性一般总是受到欢迎。摩托罗拉公司的罗伯特·高尔文曾强制自己做这样的练习：一旦有人说什么，他就问自己，如果其对立面是真的呢？尽管这种做法 99%不会有用，但另外 1%的时间很可能就产生出具有独创性的真知灼见。

(3) 试着想出不可能的主意。独创性是创新思维的标志之一。有创见的人往往会提出一些与众不同的主意。用独创的方式思考困难很大。试着每天从报纸上随意找一段话，看看自己能否找到独特的、更令人难忘的方式来表达同样的意思。

(4) 讨论是增加思想和反应的流利性、灵活性和独创性的有效方法。你不妨养成把别人说的话记成简单摘要的习惯，然后很快对别人的表述提出不同的说法，或者从一种更容易理解的角度把各种观点组合起来。不要固守自己以前的立场、观点，尽可能地利用讨论中冒出来的想法提出新的思考。

3.1.2.8 立体思维

立体思维是指跳出点、线、面的限制，能从上下左右、四面八方去思考问题的思维方式。立体思维实际上是一种发散思维。这种思维方法强调占领整个立体思维空间，并有纵向垂直、水平横向、交叉重叠的组合优势，把研究对象摆在三维空间中去思考，让思维细胞在立体空间撞击和接通，扩大思维活动的跨度，拓宽可能性空间。

立体思维要求人们跳出点、线、面的限制，有意识地从上下左右、四面八方各个方向去考虑问题，也就是要"立起来思考"。

立体思维思考问题时常有三个角度：一是有一定的空间。世界上的万物都在一定的空间存在，立体思维充分考虑了事物存在的空间，就能跳出事物的本身，用更高的角度去观察、思考问题。二是一定的时间。世界上的事物都是在一定的时间中存在，从时间的角度去思考，往往可以使我们做今昔的对比，从而展望未来，具有超前意识。三是万物联系的网络，世界上的事物都不是孤立存在的，它们相互都有一定的联系。我们在事物的千丝万缕联系的网络中去思考问题，就容易找出事物的本质，从而拓宽创新之路。

3.1.2.9 收敛思维

收敛思维亦称集中思维、求同思维或定向思维，是以某一思考对象为中心，从不同角度、不同方面将思路指向该对象，以寻找解决问题的最佳答案的思维形式。在设想的实现阶段，这种思维形式常占主导地位。

在创新思维过程中，只有把发散与收敛思维很好地结合使用，才能获得创造性成果。美国哲学家库恩认为："科学只能在发散与收敛这两种思维方式相互拉扯所形成的张力之下向前发展。如果一个科学家具有在发散式思维与收敛式思维之间保持一种必要的张力的能力，那么这正是他从事最好的科学研究所必需的首要条件之一。"

举一个病人去医院看病的简单例子：病人向医生诉说常常低热不退。这仅仅是一个"症状"，究竟是什么原因引起此症状呢？医生常用的即是发散思维的方法——可能是体内炎症？可能是肺结核？可能是神经官能症或者是癌症？……医生就要继续询问各种病症，并做必要的检查、化验。待病因确诊后，就用收敛思维的方法，用一切可行的方案集中力量将病治好。

3.1.2.10 直觉思维

青年数学家阿普顿刚到爱迪生工业研究所时，爱迪生想考考他的能力，就让他去求一个灯泡的容积。这位年轻的数学家使出浑身解数进行各种复杂的测量和计算，但因为灯泡形状是不规则的，很难利用已有的数学方法求解。一个小时后，爱迪生发现阿普顿还在忙着做各种计算和测量，禁不住随口说道："要是我，就往灯泡里灌满水，再用量筒测出水的体积。"爱迪生借助于直观思维轻而易举地求出了灯泡的容积，而阿普顿则习惯于按照常规的数学思维方式解题，缺少像爱迪生那样的直观思维或直觉思维能力。

直觉思维是相对于逻辑思维来说的，它是指人们不经过逐步分析而迅速对问题的答案做出合理猜测或突然顿悟的思维形式。直觉思维着眼于对研究对象的整体性把握，它与逻辑思维强调对研究对象的局部性分析是完全不同的。直觉思维能力强的人常常会从一些偶然事件中突然领悟问题的实质。如“阿基米德原理”正是通过直觉思维使阿基米德在坐入浴盆的瞬间顿悟，牛顿从苹果落地而发现“万有引力定律”也是直觉思维的结果。

许多事例表明，因顿悟而产生的新构想多数是在一些与研究课题完全无关的情境中发生的。由于某种适用于其他领域的想法出乎意料地适用于创造者所求解的问题，这种异质环境常常有利于新构想的直觉思维的发生。

当然，直觉思维也可能有其自身的缺点。例如，容易把思路局限于较狭窄的观察范围里，会影响直觉判断的正确、有效性。也可能会将两个本不相及的事纳入虚假的联系之中，个人主观色彩较重。所以，关键在于创新者主体素质的加强和必要的创造心态的确立。而且，还必须有一个实践检验过程，这是重要的科学创造阶段。

3.1.2.11 灵感思维

灵感是人们借助于直觉启示而对问题得到突如其来的领悟或理解的一种思维形式，是一种把隐藏在潜意识中的事物信息，在需要解决某个问题时，其信息就以适当的形式突然表现出来的创造能力，它是创新思维最重要的形式之一。有人称灵感是创造学、思维学、心理学皇冠上的一颗明珠，这是很有道理的。

科学业已证明，灵感不是玄学而是人脑的功能。在大脑皮层中有对应的功能区域，即由意识部和潜意识部两个对应组织所构成的灵感区。意识部和潜意识部相互间的同步共振活动主导灵感的产生。灵感的产生亦需一定的诱发因素，有其客观的发生过程，是偶然性与必然性的统一。

灵感的出现不管在空间上还是在时间上都具有不确定性，但灵感的产生条件却是相对确定的。它的出现有赖于知识长期的积累，有赖于智力水平的提高，有赖于良好的精神状态、和谐的外界环境，有赖于长时间、紧张的思考和专心的探索。

法国数学家热克·阿达马尔把灵感的产生分为准备、潜伏、顿悟、检验四个阶段；也有人把其分为准备期、酝酿期、顿悟期、验证期，这两者是相一致的。准备与潜伏期，是长期积累、刻意追求、寻常思索的阶段；顿悟是由主体的积极活动和过去的经验所准备的、有意识的瞬时的动作，是思维过程中逻辑的中断和思想的跃升，是偶然得之、无意得之、反常得之的顿悟思索阶段。在灵感突发时，往往会伴随一种亢奋性的精神状态。

可以把灵感分为来自外界的偶然机遇型与来自内部的积淀意识型两大类，如图3-4所示。

- 灵感
  - 外界偶然机遇型
    - 思想点化
    - 原型启示
    - 形象体现
    - 情境感发
  - 内部积淀意识型
    - 无意遐想类
    - 潜意识类
    - 潜知的闪现
    - 潜能的激发
    - 创造性梦幻
    - 下意识的逻辑

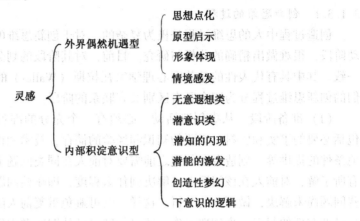

图3-4　灵感的分类

3.1.2.12　分合思维

分合思维是一种把思考对象在思想中加以分解或合并，以产生新思路、新方案的思维方式。人们将面块和汤料分离，发明了方便面；将衣袖与衣身分解，设计了背心、马夹；把计算机与机床合并，设计了数控机床……这些都是运用分合思维的实例。

3.1.2.13　科学思维

科学思维就是一种实证的思维方式，一种建立在事实和逻辑分析基础上的理性思考，具体包括以下内容：

（1）相信客观知识的存在，并愿意通过自己的探究活动去认识客观的世界。

（2）对于未知的事物会做出猜想，并知道主观的猜想是需要客观事实来证明的。

（3）相信事实，只有在全面地考察事实之后才会得出结论。

（4）通过对事实进行合乎逻辑的推理而得出结论，并知道任何结论都是暂时性的，它需要更多的事实来证明，结论也可能被新的事实所推翻。

科学思维常常用于创造的验证，也可由此产生新的创意。

创造过程是十分复杂的，是多种创新思维协同作用的结果。因此，了解创新思维的各种形式并能灵活运用到创新实践中具有十分重大的意义。

3.1.3 创新思维的过程与本质

3.1.3.1 创新思维的过程

创造过程中人的思维过程是极为复杂的，对于创新思维的活动过程与活动阶段，很难做出精确的分析与研究。目前，对其阶段的划分及认识也极不一致。其中具有代表性的是英国心理学家瓦拉斯（Wallas）的提法，他将人们的创新思维过程分为四个既有区别又有联系的阶段。

（1）准备阶段。从事创造活动，必须有一个充分的准备期。这种准备包括必要的事实和资料，必要的知识和经验的储存，技术和设备的筹集，其他条件的提供等。创造者在创造之前需要对前人在同类问题上所积累的经验有所了解，对前人在该问题上已解决到什么程度，即哪些问题已经解决，哪些问题尚未解决，做深入的分析。这样，既可避免重复前人的劳动，又可使自己站在新的起点从事创造工作，还可帮助自己从旧问题中发现新问题，从旧关系中发现新关系。从前人的经验中，不仅能获得知识，还能获得启示。

例如，爱迪生为发明电灯所收集的有关资料据说竟写了 200 本笔记，总计达 4 万页之多。

在准备期间，创造者通过储存经验，收集资料，分析、整理资料，形成概念，以便以后把这些东西铸成新的形态。总之，要有目的、有计划地为所规划的创造项目做好充分的准备。

（2）酝酿阶段。这一阶段也有人称之为“孵化期”“育化期”或“潜伏期”。这一阶段主要对前一阶段所获得的各种资料、知识进行消化和吸收，从而明确问题的关键所在，并提出解决问题的各种假设与方案。在这个阶段中，有些问题虽然经过反复思考、酝酿，但仍未获得完满解决，思维常常出现“中断”的现象。在此种情况下，从表面上看来，创造者的思考活动好像已经中断，但事实上思考可能仍在潜意识中断断续续地进行着，有时在梦中还思考着待解决的问题。

不少创造者在这一阶段往往表现为狂热或如痴如醉状态。我们非常熟悉的牛顿煮手表、安培不认识自己的家门及黑格尔有一次思考问题竟在同一地点站了一天一夜等故事，都充分说明了处于这一思维阶段的人常常被认为是“某种程度上的狂人”。

这个阶段可能是短暂的，也可能是漫长的，有时甚至延续好多年。在这个时期中，创造者的观念仿佛是在“冬眠”，等待着“复苏”。一旦酝酿成熟，创造者在内部突如其来的“闪光”，或在外部事件的触发下，新概念就会脱颖而出。

(3) 顿悟阶段。又称豁朗阶段，经过潜伏期的酝酿之后，由于创造者对问题经过周密的甚至长时间的思考，创造性的新概念可能突然出现，思考者大有豁然开朗的感觉。对这一心理现象人们通常称之为"灵感"或"顿悟"。

灵感的来临往往是突然的、不期而至的，有时甚至是戏剧性的。灵感有时出现在半睡眠状态，有时甚至出现在梦中，有时出现于闲暇或从事其他活动之时。总之，它常常是在意想不到的时候来到的。如德国数学家高斯为证明某个定理，苦苦思索了两年仍一无所得。可是有一天，正如他自己后来所说的："像闪电一样，谜一下解开了。"实际上这种突然来到的灵感并非"无思之通"，而是在前一阶段的长期思考或过量思考的基础上才会产生的，没有苦苦的"过量思考"，灵感是绝不会到来的。

(4) 验证阶段。这一阶段又叫作表现阶段，也就是把前面所提出的假设、方案，通过理论推导或者实际操作来检验它们的正确性、合理性和可靠性、可行性，从而付诸实践。通过检验，很可能会把原来的假设方案全部否定，也有可能做部分修改或补充。因此，创新思维常常不可能一举就获得完满的成功。

3.1.3.2 创新思维的本质

(1) 创新思维是发散思维与集中思维的统一。美国著名心理学家Guiford于1967年指出创新思维的本质是发散思维。发散思维又称求异思维、扩散思维等，是指沿着各种不同的方向去思考，重组眼前的信息和记忆系统的信息，从而产生出大量独特的新思想。它克服了常规思维中单向思维的缺陷，是一种不依常规，寻求变异，从多方面探索答案的思维形式，是创新思维的重要组成部分。Guiford认为，流畅性、变通性和独创性构成了发散性思维的三个维度。

其实，创新思维并不完全等同于发散性思维，它是发散性思维与集中思维的统一。

集中思维也称聚合思维，指思维过程中对信息进行抽象、概括，使之朝着一个方向集中、聚敛，从而形成一种答案、结论或规律。

集中思维在创新思维中的重要性已经引起心理学家的重视。例如，国内的一项实验研究（刘敏等，2007）探索了决策过程中信息的创造性整合的机制、策略、影响因素。

在该实验中，要求被试者阅读下面的6条关键信息以后提出一个投资建议：

①美国居民最常吃的食物是牛肉。

②墨西哥刚刚爆发了一种罕见的畜牧类瘟疫。

③此瘟疫在畜牧类动物（如猪、牛、羊）中传播非常快，全世界都还没有办法成功地控制这种瘟疫的快速传播。

④德克萨斯州是美国最主要的牛肉产地，占全国牛肉产量的一半。

⑤德克萨斯州与墨西哥接壤。

⑥美国法律明文禁止疫区食品外运。

这是根据美国大商人亚默尔的一个真实的成功案例改编的投资决策问题。正确的答案是：以最快的速度在德克萨斯州大量收购牛肉，外运到其他州储存起来。几个月以后，当墨西哥的畜牧瘟疫传到德州，德州牛肉禁止外运，导致牛肉价格暴涨的时候再出售。结果 10 min 内给出正确答案者占 42.1%。

但是，如果在上述 6 条关键信息的基础上，增加 14 条与“德州牛肉”问题无关的干扰信息，给被试者 30 min 时间提出方案，再给被试者呈现原来的 6 条关键信息 10 min，结果正确率下降为 8.6%。其中 30 min 内给出正确答案者占 5.7%，呈现 6 条关键信息后正确回答者占 2.9%。

结果证实，人们面临冗余信息干扰作用的时候，对信息的创造性整合会发生困难。而现实中，人们会面临纷繁复杂的大量冗余信息，在这种条件下的决策中，集中思维就表现出极端的重要性。

总之，创新思维是发散思维和集中思维的对立统一。这种对立统一关系主要表现为：

第一，只有集中才能更好地发散。一方面，发散不是毫无目标的胡乱联想，而是应该在一定的思维方向上进行发散；另一方面，自由发散的结果并不都是有价值的，还要最后通过集中思维得出正确的结论。

第二，只有发散了才能进一步集中。发散度高，集中性才好，创造水平才会高。

第三，创新思维是一个集中——发散——集中……多次循环往复、螺旋式上升的过程。

（2）创新思维是直觉思维和分析思维的统一。根据得出结论是否经过明确的思考步骤以及主体对其思维过程有无清晰的意识，可以将思维划分为直觉思维和分析思维。

直觉思维是一种没有完整的分析过程与逻辑程序而获得答案的思维。分析思维则是严格遵循逻辑规律，逐步分析与推导，最后得出合乎逻辑的正确答案和结论的思维活动。

与分析思维相比，直觉思维具有以下几个方面的显著特征：①既没有某种明确的逻辑规则，也没有经过严密的推理，因而具有非逻辑性。②总是以跳跃的方式径直指向最后结论，似乎不存在中间的推导过程，因而具有直接性。③直觉思维是一个自然而然的过程，无须主体做出有意识的努力，表现出自动化特征。④由直觉思维得出的结论很可能是正确的，但也可能发生错误，具有或然性。

分析思维与直觉思维相互促进、相互联系才能促进创造性活动的顺利开展。分析思维是直觉思维的基础，没有这个基础直觉思维可能成为错觉。但是没有直觉思维做先导，难以提出新问题、新设想。可以说，直觉思维在创造活动中起着决定性的作用。但新思想、新设想提出之后，仍需要用分析思维进行推理和论证。因此，创新思维是在分析思维和直觉思维的交叉状态下进行的，也是循环往复、螺旋式上升的过程。

（3）创新思维是横向思维和纵向思维的统一。根据思维进行的方向可以将思维划分为横向思维和纵向思维。

所谓纵向思维，是指在一种结构范围中，按照有顺序、可预测、程式化的方向进行的思维方式。我们平常生活、学习中大都采用这种思维方式。

所谓横向思维，是指突破问题的结构范围，从其他领域（或学科）的事物、事实、知识中得到启示而产生新设想的思维方式。它不一定是有顺序的，同时它也不能预测，不受范式的约束。横向思维不同于解决问题的一般思路，它试图从别的方面、方向入手，其广度大大增加，有可能从其他领域中得到解决问题的启示，因此横向思维已成为创新思维的重要组成部分。

但这绝不是说，在创造活动中要完全抛弃纵向思维而由横向思维取而代之。相反，一个真正有创造性的人，往往是将两者有机结合起来运用，在纵向思维中发现不能解决的新问题，用横向思维激发解决问题的新方法，最后用纵向思维检验横向思维的结果。

（4）创新思维是逆向思维和正向思维的统一。逆向思维是与正向思维相对而言的。所谓逆向思维，与一般的正向思维相反，它要求在思维活动时从相反方向去观察和思考，避免单一正向思维和单向度的认识过程的机械性。这样往往独具一格，常常导致创造性的发现，取得突破性的成果。

科学上的许多创造发明都离不开逆向思维，例如，电可以转变成磁，磁能否转变成电？这就促使了发电机的诞生。又如，解决半导体杂质问题的办法是在半导体中添加杂质。由此可见，逆向思维往往在创造活动中发挥着重要作用，因而逆向思维也是创新思维的组成部分。

然而应该看到，逆向思维与正向思维之间存在着互为前提、相互转化的关系。在某种情况下的正向思维，在另外一种情况下很可能就变成了逆向思维。逆向思维的运用常常是建立在一定的正向思维的基础上的，没有正向思维为基础，是很难产生逆向思维的。

(5) 创新思维是潜意识思维和显意识思维的统一。现代思维科学的研究表明，人们可以在潜意识水平上处理并理解所见到的现象，潜意识能阻碍来自客观的大多数刺激，而让少数几种选择的刺激信息浸入潜意识思维过程。在显意识过程中不能组合加工的信息，能在潜意识思维过程加工形成结合块。因此，潜意识思维常常在创造中起着重大的作用。创造活动中的孕育阶段实际上就是潜意识思维的过程。

此外，科学上的许多事实表明，做梦能激发创造力，如凯库勒通过梦而发现苯的分子结构。剑桥大学的一份关于各类科学家工作习惯的调查中，有70%的科学家回答说他们曾在一些梦中得到过帮助。而睡梦中潜意识的信息容易浸入到显意识中来，使人豁然开朗。

总之，创新思维是一个很复杂的认知加工过程，需要从不同的角度去揭示它的本质。

3.1.4 创新思维的特征

3.1.4.1 独创性或新颖性

创新思维贵在创新，它或者在思路的选择上，或者在思考的技巧上，或者在思维的结论上，具有"前无古人"的独到之处，具有一定范围内的首创性、开拓性。具有创新思维的人，对事物必须具有浓厚的创新兴趣，在实际活动中善于超出思维常规，对"完善"的事物、平稳有序发展的事物进行重新认识，以求新的发现。这种发现就是一种独创，一种新的见解、新的发明和新的突破。

3.1.4.2 极大的灵活性

创新思维并无现成的思维方法和程序可循，所以它的方式、方法、程序、途径等都没有固定的框架。进行创新思维活动的人在考虑问题时可以迅速地从一个思路转向另一个思路，从一种意境进入另一种意境，多方位地探索解决问题的办法，这样，创新思维活动就表现出不同的结果或不同的方法、技巧。例如，面对一个处于世界经济趋于一体化、竞争日趋激烈环境之中的小企业的前途问题，企业的经理们不能无动于衷或沿用老思路，否则，只有死路一条。企业经理们必须或是考虑引进外资，联合办厂或是改组企业的人力、财力、物力的配置结构，并进行技术革新；或是加强产品宣传，并在包装上下工夫或是上述三者组合或并用。企业经理们也可以考虑企业的转产，或者让某一大型企业兼并，成为大企业的一个分厂。这里的第一条思路是方法、技巧的创新，第二条思路是结果的创新，两种不同的创新都是创新思维在拯救该企业问题上的应用。创新思维的灵活性还表现为，人们在一定的原则界限内的自由选择、发挥等。一般来讲，原则的有效性体现在它的具体运用上，否则，原则就变成了僵死的教条。

3.1.4.3 艺术性和非拟性

创新思维活动是一种开放的、灵活多变的思维活动，它的发生伴随有“想象”“直觉”“灵感”之类的非逻辑、非规范思维活动，如“思想”“灵感”“直觉”等往往因人而异、因时而异、因问题和对象而异，所以创新思维活动具有极大的特殊性、随机性和技巧性，他人不可以完全模仿、模拟。创新思维活动的上述特点同艺术活动有相似之处，艺术活动就是每个人充分发挥自己才能，包括利用直觉、灵感、想象等非理性的活动，艺术活动的表面现象和过程可以模仿，如凡·高的名画《向日葵》，人们都可以去画“向日葵”，且画的大小、颜色都可以模仿，甚至临摹。然而，艺术的精髓和内在的东西及凡·高的创造性创作能力只属于他个人，是无法仿造的。任何模仿品只能是“几乎”以假乱真，但毕竟不是真的，所以，才有人愿冒生命之危险，设法盗窃著名画家的真迹。同样，创造性活动的内在的东西是不可模仿的，因为一旦谈得上可以模仿，所模仿的只是活动的实际实施过程，并且自己是跟在他人后面，一步一个脚印地学习他人，尤其是创造性的思维能力无法像一件物品，如茶杯，摆在我们面前，任我们临摹、仿造，因此创新思维被称为一种高超的艺术。

3.1.4.4 对象的潜在性

创新思维活动从现实的活动和客体出发，但它的指向不是现存的客体，而是一个潜在的、尚未被认识和实践的对象。创新思维的对象或者是刚刚进入人类的实践范围，尚未被人类所认识的客体，人们只能猜测它的存在状况；或者是人们虽然有了一定的认识，但认识尚不完全，还可以从深度和广度上加以进一步认识的客体，这两类客体无疑带有潜在性。

3.1.4.5 风险性

由于创新思维活动是一种探索未知的活动，因此要受着多种因素的限制和影响，如事物发展及其本质暴露的程度、实践的条件与水平、认识的水平与能力等，这就决定了创新思维并不能每次都取得成功，甚至有可能毫无成效或者得出错误的结论。创新思维活动的风险性还表现在它对传统势力、偏见等的冲击上。传统势力、现有权威都会竭力维护自己的存在，对创新思维活动的成果抱有抵触的心理，甚至仇视的心理。例如，在中世纪的西欧，宗教在社会生活中占据着绝对统治地位，一切与宗教相悖的观点都被称为

"异端邪说"，一切违背此原则的人都会受到"宗教裁判所"的严厉惩罚。但是，创新思维活动是扼杀不了的，伽利略、布鲁诺置生命于不顾，提倡并论证了"日心说"，证明教皇生活于其上的地球不是宇宙的中心。无法想象，如果没有两位科学家甘冒此风险，"日心说"不知何时被提出。所以，风险与机会、成功并存。消除了风险，创新思维活动就变为了习惯性思维活动。

此外，创新思维在方向上具有多向性、求异性，在进程上具有突发性、跨越性，在效果上具有整体性、综合性，在结构上具有广阔性、灵便性，在表达上具有新颖性、流畅性等。

掌握创新思维的特点有利于我们创造力的发挥，更好地进行产品创新设计。

3.1.5 创新思维的作用

(1) 创新思维可以不断地增加人类知识的总量，不断推进人类认识世界的水平。创新思维因其对象的潜在特征，表明它是向着未知或不完全知的领域进军，不断扩大着人们的认识范围，不断地把未被认识的东西变为可以认识和已经认识的东西，科学上每一次的发现和创造，都增加着人类的知识总量，为人类由必然王国进入自由王国不断地创造着条件。

(2) 创新思维可以不断地提高人类的认识能力。创新思维的特征已表明，创新思维是一种高超的艺术，创新思维活动及过程中的内在的东西是无法模仿的。这内在的东西即创新思维能力。这种能力的获得依赖于人们对历史和现状的深刻了解，依赖于敏锐的观察能力和问题分析能力，依赖于平时知识的积累、拓展和人生的经历。而每一次创新思维过程就是一次锻炼思维能力的过程，因为要想获得对未知世界的认识，人们就要不断地探索前人没有采用过的思维方法、思考角度去进行思考，就要独创性地寻求没有先例的办法和途径去正确、有效地观察问题、分析问题和解决问题，从而极大地提高人类认识未知事物的能力，所以，认识能力的提高离不开创新思维。

(3) 创新思维可以为实践开辟新的局面。创新思维的独创性与风险性特征赋予了它敢于探索和创新的精神，在这种精神的支配下，人们不满于现状，不满于已有的知识和经验，总是力图探索客观世界中还未被认识的本质和规律，并以此为指导，进行开拓性的实践，开辟出人类实践活动的新领域。在中国，正是邓小平同志对社会主义建设问题进行创造性的思维，提出了有中国特色的社会主义理论，才有了中国翻天覆地的变化，才有了轰轰烈烈的改革实践。相反，若没有创造性的思维，人类躺在已有的知识和经验上坐享其成，那么人类的实践活动只能停留在原有的水平上，实践活动的领域也非常狭小。

创新思维是将来人类的主要活动方式和内容。历史上曾经发生过的工业革命没有完全把人从体力劳动中解放出来，而目前世界范围内的新技术革命，带来了生产的变革、全面的自动化，把人从机械劳动和机器中解放出来，从事着控制信息、编制程序的脑力劳动，而人工智能技术的推广和应用，使人所从事的一些简单的、具有一定逻辑规则的思维活动，可以交给“人工智能”去完成，从而又部分地把人从简单脑力劳动中解放出来。这样人将有充沛的精力把自己的知识、智力用于创造性的思维活动，把人类的文明推向一个新的高度。

3.1.6 创新思维的技巧和策略

创新思维虽然没有固定的模式，但总归还是可以找到一些有益于跳出常规思维框架的技巧和视角。这一节，我们主要介绍一些创新思维的技巧，并在此基础上提出一些进行创新思维的策略。

3.1.6.1 创新思维的基本技巧

假设在过去的几个月中，你生活在与世隔绝的环境中，有一天，你突然被带到了一个繁华都市的“时代”广场，这时你就会体会到一个人必须具备什么样的能力才能生存，你将如何应付突如其来的感官刺激？你能使杂乱的场景、声音、气味、滋味条理化吗？当拥挤的人群围住你时，你惊慌吗？此时此地，无论你多么不善于应付，你都不会太紧张，因为你可以援引你头脑里已经建立的某种思维方式和你过去生活中某些经验来处理（组织、联系、整理）周围大量杂乱无章的事情。抬头看看路标，你甚至可以创造性地给这个地方起个名字——“时代广场”。在适应新环境的过程中，你会逐渐意识到各种必要的创新思维技巧的重要性。特别地，你会感受到顺序、联系、关系、观点及层次技巧的重要性。

要发展创新思维，首先要充分了解创新思维的组成部分和技巧：顺序、结构和关系。

（1）顺序。顺序是指事件或问题在时间、空间上的变化（生长、转化、发展、进化）。作为一个概念，它强调一个已被普遍接受的前提，即我们都生活在一个“运动着”的世界里。在这个世界里，一切都在以不同的速度不停地变化着。我们理解顺序的能力，即我们感受变化的能力，直接关系着我们驾驭或解决现实问题的能力。

亨利·波恩卡欧指出：“一个数学证明不是一个简单的资料推理的并

置，而是置于一定顺序的演绎推理。这些推理所处的顺序要比它们本身重要得多。”菲利普·杰克逊和塞缨·梅可西在《人物传》中指出：堆在院子里的一堆瓦砾与经过一位艺术家整理安排过的同种材料可以用来说明这里所做的区别。来自不规则废物堆的任何意义都是偶然的，它们不是从材料间的偶然联系中得到的，就是从该材料在观察者眼中所激发的不规则联系中得到的。与之相比较，有次序的排列，如果值得艺术欣赏的话，包含有多种意义，不容易一看就理解。物体的颜色和形状，它们的质地、空间位置、原来的功能协同增加了它们的美感。

切记，这里的顺序不是秩序感上的顺序，而是着意于“变化的产生和发展”。在创新思维过程中，一般使用顺序技巧时所采用的词语和所考虑的问题是：

①它可以扩张吗？把它加进时间、空间，重复、强化、结合、增加成分、加厚、组合。

②它可以缩减吗？从时间、地点上把它浓缩减少、限制它，给它增加频度，取消它，减轻它。

③它可以被重新组织吗？随着时间的变化，煮沸、冻结、变软、象征化、抽象化、剖析等。

(2) 结构。结构讲的是差别（比较、区别）。结构具有如下含义：我们见到的世界上的所有东西，都是独特的和不同的。我们应该通过各种方法来意识到事物之间的差别。

我们时常总以为我们自己听到了一支曲调，实际上，我们一次只能听到其中的一个音符，记忆以及在某种程度上的预感把独立的音符组成我们所谓的“曲调”，相连部分（指音符）的排列（指拍子安排）提供了高层次结构（度数）来圆满地走出更高层次结构（曲调）的概念。

我们能够在不同层次上把结构改变成相对、相反、相对抗的状态。“结构”也不是反映要素之间结合方式的结构，而是指事物本身的特殊性。在创新思维过程中，我们可以在不同层次上使用结构技巧来考虑并应用下列词语和问题：

①它可以被编码吗？它与什么相似？这是什么东西？有哪些种类？起什么作用？为什么？

②它可以分类吗？它的性质是什么？性能是什么？属于哪一种？等等。

(3) 关系。关系讲的是相似（连贯性、附属性）。“关系”告诉我们：尽管有了对差别的认识，我们还是利用关系技巧来观察相似并做出反应。

“关系”似乎是对不同事件或事物的“不变性”的概括。在创新思维过程中，我们可以在不同层次上运用关系的技巧来思考和使用下列词语及问题：

①它可以被颠倒吗？它的对立面怎么样？设法在不同的方向上进行颠倒。

②它可以重新安排吗？它是什么的部分？其整体是什么？分散部分又是什么？形式和局部可以变化吗？可以调换吗？

③关系是否可被更改？什么可以被更改？是意义、目的、用法还是目标？等等。

顺序、结构和关系是正确思维的基本技巧，因而也是创新思维的基本技巧。它们共同构成我们认识对象的一张网。通过在实践中不断地运用它们，我们可以完善和提高我们的创造力。

艾斯特·W. 艾斯诺曾把具有创造力的儿童分为四类：第一类是“范围扩大者”，因为他们似乎总想扩大物质概念的范围，他们关心的主要问题是确立关系；第二类是“美的组织者”，因为他们的画显示了对美的结构有明显的意识；第三类是“发明者”，他们通过组织材料创造新的物质；第四类是“界限冲破者”，他们拒绝接受“别人认为是理所当然的所有假设而提出新的假设，并着手发展全新的思维体系”，在这一类新的思维体系中，结构、顺序和关系被充分考虑。

对任何事物的结构、顺序及关系做全面理智地分析，将有助于认识“问题”是什么，而且还可能做到对这些问题的创造性解决。采用同样的手段，你可以重新组织思维的建筑材料去建立（对你来说）可能形成新结构的结构、顺序和联系，从而做出富有创造性的思维成果。

新的、富有创造性的解题方法将影响你的生活。你是愿意成为他人创造性奋斗的旁观者呢，还是愿意加入到改变结构、顺序、关系层次以及观点的创新活动中去呢？如果你选择了后者，你也就选择了作为创造者的道路。

3.1.6.2 创新思维的衍生技巧

改变观点和层次是创新思维的两种衍生技巧。我们先看两者的基本含义。

(1) 层次。有一个人病了，大夫首先会按着经验对他的病症归类，看它属于哪一个层次。要治疗精神疾患，就要用心理分析方法；要治疗某个器官或躯体的疾病，就要进行外科手术；要调整某个组织系统功能，就得用特别的饮食。许多时候，某一种治疗方法不起作用，多数是因为没有搞清楚与疾病有关的、恰当的层次。一般而言，我们观察世界的角度越多对环境的认识就越充分。但是，我们多数人不能认识我们分析层次的巨大数量，也认识不到我们经常需要在不同层次上理解事物。同时，我们生活所处的文化背景也会影响我们把握事物的层次。

了解了众多层次和它的等级，我们至少可以找到一个适合解决某一个具体问题的层次。在使用改变层次这一创新思维技巧时，你也同时改变了你的观点及结构、顺序和关系，这就有可能为你的问题找到一个创造性的解决方案。

(2) 观点。我们瞬间的观点是顺序、结构、关系及我们参与层次的总和。当我们理智地掌握、并有意识地熟练地运用观点时，这一创新思维的技巧才得以发展。扩大每一个经验，并使其更加有意义；增加我们个人观点以外的见识；扩大选择范围，鉴别他人的观点是否正确；超越自己观点的狭隘性等，这些都有助于我们发展这一思维技巧。

要想创造性地理解我们周围的事物，我们必须学会尝试性地改变观点的创造性技巧。这样，我们就能从不同的角度观察和分析周围世界正在发生的事情。这不仅能够提高我们观察问题的洞察力，而且能够使我们以新颖、独特的观点去理解和处理事物之间的许多关系。著名画家克劳德·莫奈在一天不同的时间，给同一堆草画了 15 幅不同的画。从逻辑上说，草堆的实际形状是不变的。通过光的变化，15 幅画就各不相同了。特别是在不同时间，画家审视的角度可能不同。

成年人经验丰富，他们从经验中“学习”，但常常也被经验所束缚。因此，改变观点（能像其他人那样对待自己周围的一切）和改变层次（从宏观层次向微观层次转变）的思维技巧最有助于成年人冲破旧有经验的约束，获得创造性解决问题的新体验。运用你的观点，你就可以打开通向创造力的大门。在改变观点的过程中，你也在改变结构、顺序和关系。

通过在不同层次上采用不同观点来探讨一篇著作，每个批评家都会发现某部著作的新意义。心理学家认为，文学上的暗喻隐含着人类创造性本质的线索。暗喻所涉及的不仅仅是联系，而且涉及顺序（发现过程）及结构（组织一个物质实体的行动）。一个“好”的暗喻应当包括三项基本成分：结构、顺序和关系。不妨找一些暗喻分析分析，看它们是如何利用结构、顺序和关系来创造性地描述新境界的，看看它们在不同的层次和文化观点上所蕴含的意旨有什么不同。

观点、层次、结构、顺序和联系是我们手中掌握的五种思维工具，通过有意识地运用这些工具，我们能使自己的创新思维能力获得更大的提高。1945 年，德国心理学家沃特海默在解释“能生产的思维”时指出，创新思维过程是从一种结构上不完整或不令人满意的情境（S1）走向一种提供了结构上完整和令人满意的情境（S2）。在从 S1 到 S2 的过程中，缺陷被填补，相关的问题被解决。他说，这种集合、组织和形成结构的过程在所有"能生产的思维"中都存在着。因此，把整体分成亚整体并且把各个亚整体看成一体，这是创新思维中最重要的阶段。此外，创造者还可能首先设想出 S2 的某些特征，然后依靠这少量的特征回忆推断出完整的 S2。这个过程是以一种探索过程开始的，这种探索不仅是寻找把各要素连接起来的那些关系，而且还要"寻找它们相互依存的内在本质"。创新思维的过程是"一个连贯的思维过程"。

由 S1 走向 S2 的创造过程可以用我们这里所讲的五大思维技巧——顺序（变化）、结构（差异）、关系（相似）、层次、观点——的反复运作来实现。由 S1 到 S2，必然会涉及整体到亚整体的变化，S1 下的亚整体和整体肯定与 S2 下的亚整体和整体不同；由 S1 过渡到 S2 必然是通过 S1 和 S2 之间的某种连贯因素或相似成分来转换完成的；S1 到 S2 的变化肯定会涉及观点和层次的变化。因此，要理解和掌握整个"能生产的思维"——创新思维过程，掌握上述五大思维技巧，并在实际的解题过程中加以灵活运用至关重要。

田忌赛马的故事一定听说过吧？试用我们这里讲的思维技巧分析看，这种能产生新结局的博弈是如何通过顺序（变化）、结构（差异）、关系（相似）、层次、观点的反复运作来实现的。技巧通过反复地实践才可能内化为一种能力，一旦你掌握了创新思维的技巧，你的创造潜能就会得到更好的发挥，做起产品设计来就会游刃有余。

3.1.6.3 创新思维的要诀

要掌握创新思维的高超技巧，首先就得了解创新思维的要诀。概括地说，创新思维的要诀就在于打破常规，独辟蹊径，化种种"不可能性"为"现实可能性"，从而找到成功地解决问题的思路和方法。

（1）打破常规，独辟蹊径。"创新思维就是以不同于他人的方式看同样的事情。"即从同样的事实和现象中发现别人观察不到的联系和规律。新闻记者罗伯特·怀尔特说："任何人都能在商店里看时装，在博物馆里看历史。但是具有创造性的开拓者却能在五金店里看历史，在飞机场上看时装。"创新思维的根本就在于独创性。

独辟蹊径、打破常规思维的创新思维，在科学、技术和工商领域中比比皆是。这里举个例子加以说明。

长期以来，厂家总是不遗余力地通过广告宣传自己的产品如何"优质""精妙"，但在 1962 年，美国的巴本赫广告公司为德国大众汽车公司设计了这样一则公告：广告的图案是一辆大众车的旁边写着大大的“次品”二字，下面的文字提示是该车驾驶室仪表板上的小储藏室柜里有一道划痕，被大众车的检验员发现而定为次品。这种打破常规的广告自然引起了消费者的极大兴趣。

日本的高桥浩先生在《怎样进行创新思维》一书中也提供了几个同样有趣的例子。这里不妨列举出来，以开阔大家的眼界。

有一年，大雪袭击了美国北方，电线上积满了冰雪，大跨度的电线被积雪压断造成事故。电讯公司召集专业技术人员开会研究如何清除电线上的积雪。会上，有人提出设计一种带机械手的专用电线清雪机；也有人建议研制一种电热装置去融化电线上的积雪……公司经理认为，这些想法虽然在技术上可行，但研发费用高，周期长，一时难以奏效。这时，一位正在清扫室内卫生的清洁工插话说：“让我坐直升机去扫雪就行了。”带着扫帚乘直升机去扫雪，这真是个荒唐的想法。大家顿时哄笑起来，然而，当一名工程师在听到坐直升机扫雪的想法时，一种简单可行的、高效率的方法就冒了出来。他想，每当大雪过后，出动直升机沿积雪严重的电线飞行，依靠高速旋转的螺旋桨不就可以将电线上的积雪吹落吗？于是提出“用直升机吹雪”的新方案。专家们经过讨论，认为这是一种富有创意的设想，值得一试。第二天现场试验，果真奏效，一个颇费脑筋的难题就这样轻松地解决了。

东京大学的科学家在研究火箭时遇到了一个问题，即火箭上升到一定高度时，便偏离规定的飞行方向。为什么会这样呢？经过调查，科学家发现其原因是火箭内部的固体燃料在火箭达到一定高度气温急剧下降时便出现冻裂痕，燃料不能顺利燃烧。原因找到了，解决的办法却不易找到。据说，当时有个年轻工程师在大学校园看到孩子用黏虫胶黏蝉，就突发奇想：将黏虫胶加进燃料，黏糊糊的黏虫胶不就可以使固体燃料不再出现裂痕？大家虽笑话这个近乎孩子式的想法，但又没有别的办法，只好先拿来试试。结果出乎意料，一个高技术问题就这样解决了。

一些荒诞不经的玩笑话，一旦不被单纯地当作笑话来看，而是抱着“试试看”的态度予以重新考虑，或许就能因此提出原创性的奇思和妙想。遇事多联想，肯定会有“让你的船冲出险滩”的良策智谋，也肯定会有逆境顺转的好机遇降临。

创新思维是一种独创性的思维方式，它关注的是解决问题的新颖性和价值性，而不大考虑产生构想或创意的具体诱因或根据。在科学和技术发展史上，有许多由不完善甚至不科学的前提出发而获得原创性构想和原理的例子，科学和技术的探索活动的原创性主要是依据成果的新颖性和价值性来进行评价的，对其论证的科学性和严格性则常常要通过后来的科学家的长期努力才能完成。创新思维面向生活的各个角落，它把创造的光芒投射到每一个可能存在的问题中。只要你善于思考，善于运作，你总会自己摸索出一套解决现实困难的奇招异策，最终取得成功。

（2）向种种“不可能性”挑战。打破常规、独辟蹊径，首先面对的是各种“不可能性”的限定。因此，一个立志于进行创新思维的人必须敢于质疑种种“不可能性”，向“不可能性”挑战。

在铀核裂变发现前，一些著名的科学家（如卢瑟福、爱因斯坦和玻尔）对核能利用的估计都是很悲观的。1933 年 9 月，卢瑟福在不列颠协会的演讲中说：“一般说来，我们不能指望通过这种途径来取得能量，这种生产能的方法是极端可怜的，效率也是极低的。把原子增变看成一种动力能源，只不过是纸上谈兵而已。”他甚至断言说：“由分裂原子而产生能量，是一件毫无意义的事情。任何企图从原子蜕变中获取能源的人，都是在空谈妄想。”1934 年，当记者问爱因斯坦原子何时能够有效地加以应用时，他打了个比喻：“那只不过是黑夜里在鸟类稀少的野外捕鸟。”1935 年，玻尔说道：“我们关于核反应的知识越广，离原子能可用于人类需要的时间越远。”

原子能能被开发利用吗？不可能！这是当时压倒一切的看法。20 世纪初几个有头脑的专家就是这么认为的。这种看法几乎断送了科学家探索的一切可能性，把粒子物理学家逼迫到一个狭隘的可能性空间之中。科学屈服了吗？1945 年 7 月 16 日，美国在新墨西哥州的洛斯阿拉莫斯沙漠成功地进行了第一颗原子弹的爆炸试验。同年 8 月 6 日和 9 日，美国分别在日本的广岛和长崎各扔下一颗原子弹。1954 年，苏联建成了世界上第一座核电站，人类因此拉开了原子能和平利用的序幕。今天原子能的开发利用尽管存在这样那样的问题，如核废料的处理、核泄漏对生态的影响等，但原子能电站依然在为人类提供着洁净、丰富的能源。

“不可能”因什么不可能？因人们观念和视阈的狭隘，因传统思维模式的僵化。“不可能”由于什么又变得“可能”？因为科学家们的创造精神和独创性思维。19 世纪 40 年代，当有线电报的发明者莫尔斯捧出他的心血结晶——发报机时，遇到的却是人们的冷眼。没有人相信他能用电传递信息，更没有人愿意把钱投资在那个“粗劣的玩具”上，因为人们认为那是“不可能”的。为了让自己的梦想成为现实，莫尔斯上书国会申请试验资金，提案被无情地否决了。尽管他只能靠卖画谋生，但他对自己发明构想的完善却一刻也没有停止过。精诚所至，金石为开，6 票的微弱优势终于让他从国会得到了 3 万美元的财政资助。1842 年，他从华盛顿的国会大厦发出了人类历史上第一份长途电报:“人类创造了何等的奇迹。”一桩“不可能”事件竟成就了划时代的伟大发明。

科学无禁区。创新思维使一个个科学和技术领域中的“不可能”变成了“可能”。1924年11月24日，一个原来学历史、后来转攻物理的研究生路易斯·德布罗意，向巴黎大学理学院提交了一篇使在座的各位教授感到十分惊奇的博士论文。他认为爱因斯坦提出的那种辐射既像波又像粒子的光的二重性同样适用于一般物质实体。由于他从物理学最基本的假定出发所做出的推理的严谨性确实无懈可击，而理论的独创性又给人以深刻的印象，因此，尽管他的结论大胆得近乎疯狂，使考试委员会的教授们很难相信他的结论在近期内有获得试验证明的可能，他还是顺利地通过了博士论文的答辩。

其实早在1923年，德布罗意就曾在法国科学院《报道》期刊上连续发表了三篇短文，论述了其理论要点，但当时并没有得到应有的重视。1924年，德布罗意为了申请博士学位，将论文送交巴黎大学物理学教授郎之万。郎之万对他的思想大为吃惊，一时不知说什么好，就将德布罗意的论文副本寄给他的老朋友爱因斯坦，向他征求意见。爱因斯坦收到论文后，立即回信称赞说:“德布罗意的工作给我留下了深刻的印象，一幅巨大的帷幕的一角卷起来了。”

爱因斯坦的评价促使郎之万接受了德布罗意的论文申请。此外，爱因斯坦还写信给玻恩，建议他读一读这篇论文，他指出，即使这篇论文看来极不合理，但仍然是独具一格的。1924年12月，爱因斯坦在此论文的基础上发展了量子统计理论；1927年，美国科学家戴维森在精密的实验条件下，做了电子束在镍晶体表面反射时产生散射现象的实验，经计算证实了德布罗意的假设。1929年，德布罗意“由于发现了电子的波动性”而荣获诺贝尔物理学奖，成为历史上第一个因博士论文而获奖的物理学家。再后来，奥地利物理学家薛定愕沿德布罗意开辟的道路，建立了一个新的力学体系——量子力学的波动方程形式。

科学只遵从独创性，谁拥有独创性，谁就能够在“不可能”和“可能”之间搭起想象的桥梁，科学就将最高的荣誉授予谁。当然，这样的人必须是一位勇士，他必须拥有大胆的想象和创造的勇气。科学界如此，工业设计和其他领域也如此，一切敢于向“不可能性”挑战的人最终将不断拓展他的事业，取得辉煌成就。

日本一家纺织公司的董事长大原总一郎，曾经提出一项维尼纶工业化的计划。但是，该计划在公司内部遭到普遍的反对，被判定为不可能。大原总一郎不屈不挠，坚持推行自己的原定计划，终于变不可能为可能，在商业上获得了极大的成功。大原总结说："一项事业，10个人中有1~2个赞成就可以开始了；有5个人赞成时，就已经迟了一步；如果有7~8个人赞成，那就太晚了。"可见，独创性构想是挑战种种"不可能性"的锐利武器。

日本的小西六公司在世界上第一个开发出了自动聚焦相机，其成功起因于该社社长对技术部门下达的"把自动聚焦仪装进柯尼卡相机，其他事情不必考虑"的强硬命令。社长断然拒绝听取技术部门"没法完成这种不现实要求"的一切说明，坚持不改原意。

在暗处摄影需用闪光灯之类的闪光装置，过去这种装置是同相机分离的，拍照时装上取下，很是麻烦。"能不能把闪光灯装置在照相机内？"这是谁都会提到的问题，也是很早以前就在制造商和局外人之中屡屡提及的建议，可当时制造商总是把这个建议判定为"不可能"。理由是：①统计资料显示，使用闪光灯拍照的人不到摄影者的十分之一；②相机内装闪光灯，要大大增加相机的体积和成本，售价也随之增加。因此，这类相机即使能生产出来也卖不出去。小西六公司的K先生开始向这个"不可能"投以"果真如此吗？"的怀疑目光。

他首先到处虚心征询各种人对于闪光灯是否需要的意见，结果获得了意外的发现。他了解到许多人本来想在暗处拍照，由于使用闪光灯的技术过于复杂，迫于无奈只好在明处拍照。从调查结果得知，在相机内装上闪光器，使任何人都能够使用，其使用量不会少于10%。开发这种新产品是有市场前景的，问题是如何应对相机体积和成本因此而增大的定论。的确，两个分离的东西合起来的体积应该是两个东西的大小之和的想法是合乎情理的。然而，果真是这样的吗？如果把闪光器的零件拆散分别装于相机的空隙处会怎么样？在专家的协助和努力下，通过各种尝试和试验，终于找到了在基本上不增加相机体积的前提下将二者组装的办法。

就这样，已有定论的"不可能"事情就因K先生的"果真如此吗"式的反复追问变成了"可能"事情。这就是柯尼卡傻瓜相机发明的开端。发明是什么？发明就是指完成迄今所不能完成的成果，或者制成迄今所没有的东西。惠特曼发明标准化的生产技术，马本安·E·霍夫设计的第一台微处理器，吉斯·坎布尔培育的第一头克隆羊"多利"等都是发明。这些都是人的创造性的辉煌体现，是对不可能性的挑战，都是对人类既往的经验和知识的质疑和否定，都是在"果真如此"和"或许是这样"……的反复思考和尝试中实现的。不断地超越种种"不可能"，不断做出世界"第一"，这正是创新思维给人类文明进步不断提供动力的根本所在。

美国华盛顿斯密森博物馆的第一任馆长约瑟夫·亨利说："伟大发明的

种子其实都一直漂浮在我们四周，但是它们只会在已经准备好接纳它的心灵中生根。”只要我们保持有理性的怀疑精神，并积极大胆地去尝试和设想，我们一定会将自己事业发展道路上的种种“不可能性”转化为“可能性”，从而取得事业的成功。

（3）破除枷锁，广开思源。追根究源，要获得化种种“不可能性”为“可能性”的独创性思维，就得广开思源，大胆设想，让独创性的思想涌流而出。这其中最最关键的一点是要首先打破思维定势，确立积极思维的态度。

世界著名的科普作家阿西莫夫从小就很聪明，他曾多次参加“智商测试”，得分总在160分左右，属于“天赋极高”的人。有一次，他遇到一位非常熟悉的汽车修理工。修理工对他说：“嗨，博士，我来考考你的智力，出一道思考题，看你能不能回答正确。”阿西莫夫点头同意。修理工便开始出题：“有一位聋哑人，想买几根钉子，他来到五金商店，对售货员做了这样一个手势：左手食指立在柜台上，右手握拳做出敲击的样子。售货员见状，先给他拿来一把起子。聋哑人摇摇头。于是售货员就明白了，他想买的是钉子。聋哑人买好钉子，刚走出商店，接着进来一位盲人。这位盲人想买一把剪刀，请问：盲人将会怎样做？”

阿西莫夫顺口答道：“盲人肯定会这样——他伸出食指和中指，做出剪刀的形状。”听了阿西莫夫的回答，汽车修理工开心地笑起来：“哈哈，答错了吧！盲人想买剪刀，只需要开口说‘我买剪刀’就行了，他干吗要做手势呀？”

阿西莫夫的这一故事说明了思维定势对后继思维的消极影响。事实上，由于思维定势等影响而失去创造发明机会的例子在科学史上是相当多的。1774年，英国化学家普利斯特里就发现了氧气，但由于受传统的“燃素说”思维框框的束缚，他不敢理直气壮地提出，因而错失了科学发现的机会。约里奥·居里夫妇用α粒子轰击轻核发现人工放射性，但在轰击重核时遇到困难。由于受已有认识的束缚，他们只考虑如何提高α粒子的强度和速度，结果毫无进展。意大利科学家费米另开思路，选用刚刚发现不久的中子做炮弹——别人考虑的是炮弹的“轰击”问题，他考虑的却是轰击的“炮弹”，结果立即取得新的突破，荣获诺贝尔物理学奖。然而，费米在解释中子轰击钠所产生的生成物时，却将已有的知识凝固化，想当然地去解释新事实，结果两次错过发现核裂变的机会。

因此，要进行有效的创新思维，重要的是打破各种人为设置的思维枷锁，让思想冲破牢笼。为此，我们必须做到以下几点：

①必须充分认识到习惯和从众行为的消极性。美国心理学家詹姆士说过："我们从清晨起床到晚上睡觉，99%的动作纯粹是下意识的、习惯性的。穿衣、吃饭、跳舞，乃至日常谈话的大部分方式，都是由不断重复的条件反射行为固定下来的千篇一律的东西。"习惯是一种非创造性的因循守旧的形式，是我们已经熟练掌握的不假思索的自动调节的反应行为和适应行为。这种对待生活的一成不变的、习惯性的态度尽管给我们的日常生活带来很多方便，但却很可能成为我们进行创新思维的重要障碍。

创新思维，就是打破常规的认知思维方式。然而，已经养成的习惯，就像一双旧鞋一样，一旦穿上就舍不得脱下，因为它与脚最为相合。与此相类似，尝试新的试验、以独创性的观点观察和解决问题往往就像穿一双新鞋，虽然内心早就希望得到，但又顾忌穿上后夹脚。我们之所以懒得投入必要的时间培养自己的创新思维能力和从事创造性活动，是因为我们经常满足于习惯所带来的种种好处。习惯使我们对各种异常和"反侧"熟视无睹，结果失去很多发明创造的机会。

心理学家发现，我们一旦犯了错误，如把一大串数字加错了，往往有一再重复这个错误的倾向。这种现象被称为固执性错误。思考问题时情况也一样，我们的思想每采取特定的思路一次，下一次采取同样思路的可能也就越大。在一连串的思想中，一个个观念之间形成了联系，这种联系每利用一次就变得更加牢固，直至最后，这种联系紧紧地建立起来，以致它们的连接很难破坏。这样，正像条件反射一样，思考受到条件的限制。我们很可能具备足够的资料来解决问题，然而，因为我们局限于旧有的解题思路，常常错失创造性地解决问题的良机。

一位研究者甚至说，创新思维的能力还因向别人学习而受到限制，这种学习可以通过别人的讲授也可以通过阅读别人的著作。不加批判地阅读可能对人的创新思维产生不利影响，一切学习都可能使思想受到限制，从而不利于独创性思想的形成。

奥尔福德·斯隆有一次主持通用汽车公司的董事会议，有位董事提出了一项建议，其他董事立即表态支持。一位附和者说："这项建议将使公司兴旺。"另一位说："应尽快付诸实施。"

第三人起立表示："实施这项建议可击败所有竞争对手。"见与会者纷纷表示赞成，斯隆提议依程序表决。结果大多数人点头赞成。最后轮到斯隆，他说："我若也投赞成票，便是全体一致通过。但是，正因为如此，我打算将此议案推迟到下个月再做最后决定，我个人不敢苟同诸位刚才的讨论方式，因为大家都把自己封闭在同一个思考模式里。这是非常危险的决策方式。我希望大家用一个月时间，分别从不同方面研究这项议案。”一个月后，该建议遭到董事会否决。

从众行为有时是必要的。社会生活需要互相合作，如果没有一致的行动，社会组织就将崩溃。况且，在特定的情况下，当你茫然不知所措时，仿效他人的行为和见解不失为一种明智之举。假如你走进一家自助洗衣店却不知如何操作洗衣机，这时你应先观察别人的操作方法，然后如法炮制。然而，太多从众的行为牺牲了我们的个性，妨碍我们创新思维能力的提高，销蚀了我们的独创精神。如果大多数人的想法都很接近，就等于没有人真正开动脑筋。

所以，从一定意义上说，随众附和也不利于创新思维，而独立思考则有助于发展创造力。

②必须清醒地对待各种权威和已有的理论成见，确立有理性的怀疑精神。贝弗里奇分析说，科学上的伟大发现在做出的时候，人们对它们的看法与现在截然不同。当时，很少人能认识到自己对该问题原来一无所知，因为无论对问题视而不见，还是在该问题上已经有了普遍接受的观念，都必先驱除后才能建立新概念。概括地讲，思维活动中最困难的是重新编排一组熟悉的资料，从新的角度看待它，并且摆脱当时流行的理论。这是每一个独创性的科学发现都会面对的巨大的精神障碍。

在哈维建立血液循环理论之前，普遍流行的看法是：存在两种血液；血液在血管中来回流动；血液可从心脏的一侧流向另一侧。但哈维发现头部和颈部静脉瓣膜所朝的方向不符合当时的假说，这个无法解释的细节促使他对流行的理论产生了怀疑。他因此解剖了不下 80 种动物，包括爬行类、甲壳动物和昆虫。当时，确立循环理论的最大困难是找不到动脉末段和静脉之间任何可看到的联系，哈维不得不假设存在一种毛细血管，这是后来才被科学家发现的。对此，哈维写道：“关于血液流量和流动缘由方面尚待解释的内容是如此新奇独特、闻所未闻，我不禁害怕会招致敌人嫉恨，而且想到我将因此与全社会作对，不免不寒而栗。”哈维的疑惧不是没有根据的，他因为提出新的血液循环理论受到了嘲笑和辱骂，前来求诊看病的人也因此减少。直到 20 多年之后，血液循环理论才被普遍接受。

据说，在伽利略生活的时代，有一次，一位教士借助于望远镜看到了太阳“黑子”。但由于《圣经》上说：太阳是圣洁无瑕的天球，绝不会产生“黑子”，这位教士便自言自语地说：“幸好《圣经》上早有说法，不然的话，我几乎要相信自己亲眼看见的东西了。”可悲吗？迷信权威竟然到不相信自己眼睛的地步！如此痴愚，怎么可能打破常规、独辟蹊径，得出原创性的思维成果呢？

这里，我们要指出的是，权威之所以是权威，是因为他能根据自己所掌握的相关事实和材料、他所接受的教育和训练以及所积累的经验和直觉，在一些特定的领域能够对特定的问题做出比较准确的判断。但是，正如我们上面谈到的卢瑟福等众多原子物理学权威对原子能开发技术的判断一样，权威对自己分内的问题并非总有十分准确的判断和认识。权威的声名是建立在他过去的工作成就之上的，这些声名只能说明他过去的能力和见识，并不必然地证明他对一切新的问题也有同样准确的判断力。

英国皇家学会的会徽上雕刻着这样一句名言："不要迷信权威，人云亦云。"一个人只有确立科学的理性精神，才有可能在尊重权威和常规的基础上做出独创性的成果。伽利略借助于理性的力量，巧妙设计了一个逻辑推论，推翻了亚里士多德提出的一个流传了1 000多年的理论。亚里士多德认为，自由下落的物体，重量越大则下落速度越快，重量越轻则下落的速度越慢。伽利略对此分析说，如果将一个重的物体和一个轻的物体捆绑在一起会怎么样？这会导致一种逻辑矛盾，因而亚里士多德的理论不成立。

德国哲学家尼采在《查拉图斯特拉如是说》中曾经这样比喻说："查拉图斯特拉决心独自远行。在分手的时刻，他对自己的弟子和崇拜者们说：'你们忠心地追随我，数十年如一日。我的学说你们都已经烂熟于胸、出口成诵了。但是，你们为什么不扯碎我头上的花冠呢？为什么不以追随我为羞耻呢？为什么不骂我是骗子呢？只有当你们扯碎我的花冠、以我为羞耻并且骂我是骗子的时候，你们才真正掌握了我的学说！'"尼采的寓意很明确，思想真正的发展只有建立在对权威和已有成果超越的基础之上。权威的思想不能锈化为我们头脑中的思维定式，否则，我们就很难做出真正有独创性的判断。

③必须尽可能广泛地寻找各种新的构想和观念，保持积极的思考精神。广告业巨头西蒙·雷纳德说："我的脑子里总是想着大目标，我能在短时间内做大量的工作。我能在3小时内处理60桩业务。我让我的各种想法从潜意识中流出。通常在我忙于其他事物的时候，在潜意识中的一些奇思妙想就孕育而生了。我不会认真分析每一个想法，就让它们自由流动。我会有几百个想法，然后选定几个付诸实践。我认为在创造过程结束后分析当初的想法更有意义，而不是在创造过程中。对我来说，创造是逻辑和魔力的结合。我会登上10级逻辑的阶梯，然后跳入创造的时空。正是创新思维和逻辑思维的结合才产生了伟大的构想。"

获得创意的量是创新思维的核心，也是获得原创性的创造发明的首要条件。爱迪生发明白炽灯泡时曾考虑过3 000种不同的方案，每一种都合乎逻辑，表面上挑不出什么毛病。然而仅有两个方案经受得了实验的考验，最终转化为发明专利。他曾经说，为了解决一个技术难题，他不惜尝试一切材料，就连奶酪也不放过。发明家凯特林为了设计一种新型的柴油发动机，在6年里，他尝试了一个又一个方案，最后才找到理想的方案。

不仅科学发现和技术发明有赖于众多的创造性方案的涌流，艺术创造也是如此。在最后定稿之前，画家总是先画出上百幅草稿，选了又选，挑了又挑，这还不包括他们没有画出的“腹稿”。凡·高也说过，他总是不停笔地画，直到出现一幅与众不同的画稿。

法国学者查铁尔说：“你在做事时如果只有一个主意，这个主意是最危险的。”我们有同样的理由认为，你在思考问题时如果只有一个视角，这个视角是最容易进入歧途的。为了达到预定的目标，我们提出的策略（行动方案）必须至少有两个以上，而且必须说明各自的优劣和得失，这样我们才可能进行进一步的考虑和选择。最不利于创造性成果实现的情形是：在做出决定时，可供选择的方案太少了。因此，广泛地收集相关素材和事实，是完成创新思维成果的重要条件。

一般而论，一个人所掌握的知识和经验越丰富多彩，越有利于信息的组合，迸发出创造性的思想火花。当然，最重要的一点是大胆设想和猜测各种事物或观念组合的各种可能性。牛顿在总结他成功的秘诀时明确指出：“没有大胆的推测，就做不出伟大的发现，我一直在思考、思考、再思考。”没有大胆的猜测和想象，我们所收获的只能是别人已有的知识和经验，嚼别人嚼过的馍，只能跟在别人的后面亦步亦趋，很少有自己独特性的贡献，这自然就谈不上打破常规、超越种种“不可能性”的挑战而进入创造佳境。

④积极地看待创新思维过程中的错误和失败，宽容地对待各种可能的观念和创意。心理学家吉尔福德指出，能够在单位时间产生大量观念的人，才有获得较大的有价值的观念的机会。大量的事实告诉我们，优秀的观念和创意总是在不断地尝试和探索后才姗姗来迟，总是在历经不断的失败和错误之后才会出现。貌似蹩脚的方案往往是形成优秀方案的基础或启发。因此，对各种新颖的构想和观念保持理解和宽容，应该成为我们进行创新思维的基本原则。

总体而言，富有创造力的人具有观念的复合性、思维的冒险性和判断的独立性。这些特点使他们思想解放，心胸开阔，善于通过各种各样的渠道汲取解决问题的设想。不论自己的内心世界、他人的批评建议，还是外在的自然环境，都包含着游离分散的有益的思想或暗示。他们能够将这些散兵游勇组织成有序的解决问题的大军。他们能够提出一些独创性的问题，虚构一些解决方案，宽容那些片面的、不成熟的、有时是愚蠢的设想，因为这些设想可能诱发出较为合理的设想。他们能够长期忍受找不到直接答案的焦虑和煎熬，坚持不懈地努力。

3.1.6.4 进行创新思维的12个步骤

美国的珍妮特·沃斯和新西兰的戈登·德莱顿在《学习的革命——通向21世纪的个人护照》一书中总结了在商业、学业及生活中进行创新思维的12个步骤，它们是：

①预先明确而不限制地界定你的问题。

②界定最佳结果并设想它如何实现。

③收集所有的材料：特殊的、一般的。除非你对一个情况或问题掌握了一大堆材料，否则你就未必能找到新的最好的解决方式。材料可以是特殊的，那些直接与你的工作、行业或问题相关联的材料；也可以是一般的，那些你从千百种不同来源搜集到的材料。如果你是一个不知疲倦的信息搜寻者、一个乐于也善于思考的人、一个用笔记和神经细胞的树突来储存信息的人，你就可能会成为一个伟大的创意者。

④打破模式。要创造性地解决问题，你必须开辟新的道路、寻找新的突破点、发现新的联系，打破原有的思维模式和行为习惯。不妨从那些能改变你的观点入手，假如你面临的问题严重一倍、减轻一半、重新组合、部分消除或完全消除，那会怎样？假如你能替换掉它的一部分，使它精简、变小、变短或变轻，那又会怎样？如果你动用全部的感官从多个维度去审视问题，又会怎样？

⑤走出你自己的领域。放弃先入为主之见，尽可能从不同的学科和行业经验来看待问题，尽可能广泛地阅读，特别是阅读那些远离你自己专业的、谈论未来和挑战的文章和作品，或许你关于某一个机械结构的问题的答案可能得益于植物领域中的某项发现。

⑥尝试各种各样的组合。创新思维的成果多数是旧有要素的新组合，因此，尝试各种各样的解题方案的新组合或许是孕育创意的最好途径。大胆地猜想，不断地试验，并随时记录各种可能的组合，你总会找到解决问题的创造性思路的。

⑦使用你所有的器官，努力从多方面去感受和思考问题。

⑧关掉——让它酝酿。创新思维的"消化液"是潜意识。记下那些你正在思考的问题，然后把你的大脑放到最有接受性和创造性的状态中去。

⑨使用音乐或自然放松。

⑩划定问题解决的最后期限，把你的问题和思考带进睡眠之中。

⑪“我找到了！”它突然出现了。或许你正在刮胡须、在洗淋浴或者在山中漫步，突然之间，创新思维的奇迹呈现，一种豁然开朗的感受涌流而出。

⑫再检验它。找到解题的思路或创造性构想并不意味创新思维活动的结束，还必须对这些思路和构想做进一步的检验和完善。

3.2 产品创新法则

人类综合各方面的信息，经过准备与提出问题阶段，酝酿与多方假设阶段，顿悟与迅速突破阶段，完善和充分论证阶段，产生有社会价值的、前所未有的新思想、新理论、新设计、新产品的活动，即为创造。创造有其基本规律和法则，创造法则大致有下面几条。

3.2.1 综合法则

这是指在分析各个构成要素的基础上加以综合，使综合后的整体作用导致创造性的新成果。这种综合法则在设计、创新中广为应用。它可以是新技术与传统技术的综合，可以为自然科学与社会科学的综合，也可以是多学科成果的综合。如计算机，即综合了数学、计算技术、机电、大规模集成电路技术等方面的成果。人机工程学是技术科学、心理学、生理学、社会学、卫生学、解剖学、信息论、医学、环境保护学、管理科学、色彩学、生物物理学、劳动科学等学科的综合。美国的“阿波罗”登月计划可算是当代最大型的各种创造发明、科学技术的综合，该项计划准备了10年，动员了全美国1/3的科学家参加，2万多个工厂承做了700多万个零件，耗资达240亿美元。

3.2.2 还原法则

人的头脑并无优劣之分，起决定作用的是抓取要点的能力和丢弃无关大局的事物的胆识。还原法则即是抓事物的本质，回到根本，抓住关键，将最主要的功能抽出来，集中研究其实现的手段与方法，以得到具有创造性的最佳成果。还原法则又称为抽象法则。

洗衣机的创造成功是还原法则应用的成功例子，其本质是“洗”，即还原。而衣物脏的原因是灰尘、油污、汗渍等的吸附与渗透。所以，洗净的关键是“分离”。这样，可广泛地考虑各种各样的分离方法，如机械法、物理法、化学法等。根据不同的分离方法，人们创造出了不同的洗衣机。我们不妨设想一下，为什么汽车一定是四个轮子加一个车身呢？为什么火车一定是车头拉着车厢在铁轨上滚动呢？因为交通运输工具的本质，应该是将人、货从一处运到另一处。同样是火车，却可以是蒸汽机车、内燃机车、电力机车或是磁悬浮列车。还原到了事物的创造起点，相信会有与现今不同形式的交通运输工具被设计和创造出来。

3.2.3 对应法则

俗话说“举一反三”“触类旁通”。在设计创造中，相似原则、仿形仿生设计、模拟比较、类比联想等对应法则用得很广。机械手是人手取物的模拟；梳子是人手梳头的仿形；夜视装置是猫头鹰眼的仿生设计；用两栖动物类比因而得到了水陆两用工具……这些事例均属对应法则。

3.2.4 移植法则

这是把一个研究对象的概念、原理、方法等运用于另一研究对象并取得成果的有效法则。“他山之石，可以攻玉”。应用移植法则，打破了“隔行如隔山”的界限，可促进事物间的渗透、交叉、综合。

日本开始生产聚丙烯材料时，聚丙烯薄膜袋销路不畅，推销员吉川退助在神田一酒店稍事休息，女店主送上毛巾给他擦汗，因是用过的毛巾，气味令他厌恶。他突然想到：如果每块洗净的湿毛巾都用聚丙烯袋装好，一则毛巾不会干掉，二来用过与否一目了然。于是申请了小发明，仅花 1 500 日元，而获利高达 7 000 万日元。

上海曾有 104 万只煤饼炉，居民为晚上封炉子而烦恼。封得太紧，早晨起来火已灭掉；封得稍松，早上煤饼已烧光。一位中学生将双金属片技术移植到炉封上，发明了节能自控炉封，使封口间隙随炉内温度而自动调节，既保证了封炉效果，也大大节省了煤饼。

移植的方法亦可有所不同。可以是沿着不同物质层次的“纵向移植”，在同一物质层次内不同形态间的“横向移植”，多种物质层次的概念、原理、方法综合引入同一创新领域中的“综合移植”等。

3.2.5 离散法则

上述的综合法则可以创新，而其矛盾的对立面——离散，亦可创造。这一法则即是冲破原先事物面貌的限制，将研究对象予以分离，创造出新概念、新产品。隐形眼镜即是眼镜架与镜片离散后的新产品。音箱是扬声器与收录机整体的离散；活字印刷术是原来整体刻版的分离。为了节约木材，人们应用离散法则将火柴头与火柴杆分离，在火柴头内加铸铁粉，用磁铁吸住一擦就燃，从而发明了磁性火柴。

3.2.6 强化法则

强化法则又称聚焦原理。如利用激光装置及专用字体创造成的缩微技术，可以将列宁图书馆总计约 20 km 长书架上的图书缩纳在 10 个卡片盒内。对松花蛋进行强化实验，加入菊花、山楂及锌、铜、铁、碘、硒等微量元素，制成了食疗降压保健皮蛋。两次净化矿化饮水器，采用了先进的超滤法，含有 5 种天然矿化物层，大大增强了净化矿化效果，还能自动分离排放细菌及污染物。仅用一滴血在几分钟内就可做 10 多项血液化验的仪器、浓缩药丸、超浓缩洗衣粉、增强塑料、钢化玻璃、采用金属表面喷涂或修碳技术以提高金属表面强度等，均是强化法则的应用。

3.2.7 换元法则

换元法则即替换、代替的法则。在数学中常用此法则，如直角坐标与极坐标的互换及还原、换元积分法等。C. 达维道夫用树脂代替水泥，发明了耐酸、耐碱的聚合物混凝土。A. G. 贝尔用电流大小的变化代替、模拟声波的变化，实现了用电传送语言的设想，发明了电话。高能粒子运动轨迹的测量仪器——液态气泡室的发明，是美国核物理学家格拉肖在喝啤酒时产生的创造性构想。他不小心将鸡骨落到了啤酒中，随着鸡骨沉落，周围不断冒出啤酒的气泡，因而显示了鸡骨的运动轨迹。他用液态氢这种介质“置换”啤酒，用高能粒子“置换”鸡骨，创造了带电高能粒子穿过液态氢这种介质时同样出现气泡，从而能清晰地呈现出粒子飞行轨迹的液态气泡室，获得 1979 年诺贝尔物理学奖。

3.2.8 组合法则

组合法则又称系统法则、排列法则，是将两种或两种以上的学说、技术、产品的一部分或全部进行适当结合，形成新原理、新技术、新产品的创造法则。这可以是自然组合，亦可以是人工组合。

同是碳原子，以不同空间排列、不同晶格的组合，便可合成性能、用途完全不同的物质，如坚硬而昂贵的金刚石和脆弱的良导体石墨。计算器用太阳能电池，装上日历、钟表，组合得到了新产品。不同金属与金属或非金属可组合成性能良好的各种复合材料。在煤饼炉炉底加上一导电加热的铁板，设计成了电热煤饼炉新产品，使引燃煤饼时不用木柴、纸张，也消除了滚滚浓烟。现代科技的航天飞机即是火箭与飞机的组合。20 世纪 80 年代上海建筑艺术“十大明星”的龙柏饭店，因它在虹桥机场邻近，故建筑高度受限制。设计师在六层客房前用三层高布置两层高的贵宾用房，使贵宾用房的室内空间更为舒适。贵宾休息室又设计成上面向内倾斜、呈 1/4 圆的台体，再加上波形瓦饰面的陡直屋面。这种高低组合、曲直几何组合的创新设计，使饭店既具有新时代的特征又不失民族特色。

组合创造是无穷的，但方法不外乎主体添加法、异类组合法、同物组合法及重组等四种。

（1）主体添加法就是在原有思想、原理、产品结构、功能等之中补充新的内容。

（2）两种或两种以上不同领域的思想、原理、技术的组合，为异类组合法，这种方法创造性较强，有较大的整体变化。

（3）同物组合则在保持事物原有功能、意义的前提下，补足功能、意义，产生新的事物。

（4）将研究对象在不同层次上分解，以新的意图重新组合，称为重组，重组能更有效地挖掘和发挥现有科学技术的潜力。

3.2.9　逆反法则

一般来说，如果仅仅按照人们习惯使用的顺理成章的思维方式，是很难有所创造的。因为就创造的本质而言，本身就是对已有事物的“出格”。应用逆反法则，即是打破习惯的思维方式，对已有的理论、科学技术、产品设计等持怀疑态度，“反其道而行之”，往往就会得到极妙的设计、创造发明。花园、环境绿化，顺理成章是在地面上，但应用逆反法则，现在下沉式、空中式、内庭式、立体绿化等比比皆是，由此创造了一种美好的生活空间。如果只想到“水往低处流”，就发现不出虹吸原理。美国科学家发明了一种放在眼球上的长效眼药，可按控制的速度均匀地给药 400 h，以治疗青光眼等长期眼疾，一改以往的供药方式。

在服装设计中，过去袖子、领子、口袋总是左右对称。如果要绣花、挑花，也是以对称为主。而现在，袖子不同色彩，口袋左右不同，领子两面不一的服饰更显时尚。衣料亦一反常态，用水洗、沙洗起皱，用石子磨旧，也别具风格。

苏格兰一家图书馆要搬迁，图书馆发出了取消借书数量限制的通告，在短期内大量图书外借，到还书时还到新址，完成了大部分图书的搬运任务，节约了费用。这也是逆反法则、离散法则的实际应用。

3.2.10 群体法则

科学的发展使创造发明越来越需要发挥群体智慧，集思广益，取长补短。现代设计法也摆脱了过去狭隘的专业范围，需要大量的信息，需要多学科的交叉渗透，成为发挥“集体大脑”作用的系统性的协同设计。所以，群体法则在设计、创造中越显其重要性。

据美国著名学者朱克曼统计，1901~1972年，共有286位科学家荣获诺贝尔奖，其中185人是与别人合作研究成功的，占获奖总人数的2/3。而且，随着时间的推移，发挥群体作用的比例明显增加。在诺贝尔奖设立后头25年，合作研究而获奖者占41%，第二个25年中，占65%，第三个25年中则上升为79%。控制论的创立者维纳，常用“午餐会”的形式从各人海阔天空的交谈、发言中捕捉思想的新闪光点，激发自己的创造性。美国纽约布朗克斯高级理科中学仅仅在1950年级中就出了8位蜚声世界的物理学博士，其中格拉肖、温伯格于1979年获诺贝尔物理学奖。这就是一种“共振”“受激”的群体效应。

3.3 产品创新方法

弗兰西斯·培根说：“没有一个正确的方法。就如在黑夜中摸索行走。”好的方法将为人们展开更广阔的图景，使人们认识到更深层次的规律，从而能更有效地改造世界。

我国劳动人民在几千年前就注意从自己的创造活动中总结出许多为世人所瞩目的创造工艺和创新方法。如司南发明后，北宋时期根据司南的创造原理，即用灯草串在针上，使针浮在水中，创造出了“水浮法”；继战国时代秦始皇的石刻印刷之后，出现了“泥活字”法，接着王祯又把活字置于转盘上，创造出“造活字印书法”等。

但是，古代的创新方法只限于总结以往的经验，而现代的创新方法注重的不是创造活动中的具体的创造过程和手段，而是创造主体的思维方法的开发和培养。如“智力激励法”就不是告诉你去具体创造机器，而是从心理学上发掘出创造主体的创新能力的发展的规律。因此，我们对现代创造学上所说的创新方法，不能把它理解为某个部门或某项技术的工艺法，它是具有广泛应用价值的开发和培养创造力的科学方法。

所谓创新方法，就是创造学家根据创新思维发展规律和产品创新法则总结出的创造、创新的一些技巧和方法。在创造实践中总结出的这些创造技法可以在新的创新过程中加以借鉴使用，能提高人们的创造力和创造成果的实现率。

创新方法各国称谓略有不同。如美国称为“创造工程”，俄罗斯称为“创造技术”，日本叫“创造工学”或“发想法”，德国则称“主意发现法”。不管怎样，都是进行创造创新的技巧与方法。目前，世界各国总结出的方法达300余种，有的还是按照各国人民不同的思维方式与国情特点进行的总结。现就几种常用的方法做简单介绍。

3.3.1 直角坐标联想组合法

直角坐标联想组合法是将两组不同的事物分别书写在一个直角坐标的X轴和Y轴上，然后通过联想将其组合在一起，如果它是有意义并为人们所接受的，那么它将会成为一件新产品。

例如，手表具有防水性能的，则成为潜水手表；具有计时性能的，则成为带有日历的手表；具有电视性能的，则成为电视手表。这些组合均已实现，在图上用“△”符号表示。

再如，汽车具有说话性能的，则成为会说话的汽车，锁具有说话性能的，则成为会说话的锁。这两种产品在国外市场上已经出现，故仍记上“△”符号。如果汽车与太阳能设备组合在一起，以太阳能作为动力，则将成为太阳能汽车，而实现这一组合，是有一定难度的，用“○”符号表示。

又如，锁与催泪弹组合在一起，成为保险柜的锁，实现这个产品的难度不大，则用“·”符号表示。又如衣服与催泪弹、电话、电视等组合，没有什么意义，则用“×”符号表示。如此这样的联想与组合，就把许许多多前人已经实现的和没有实现的以及不必要去做的事情统统展示在人们的眼前。再经过筛选和可行性研究，人们将有所创造，有所发明。

以上是任意列举一些事物加以排列组合的。此外，还可以有意识地针对某一问题将事物加以分类，并进行排列组合。同时，还可以把某一事物的一些特性作为X轴，把它们的一些用途作为Y轴，而加以排列组合。这样就能给人们以启发，促进新产品的开发，如图3-5所示。

3.3.2 头脑风暴法

头脑风暴法，也叫畅谈会法，简称B-S法。它是精神病学中的一个术语，是指精神病患者毫无拘束的狂言乱语之意。这种方法是以会议形式对某个方案进行咨询或讨论，会议始终保持自由、融洽、轻松的气氛，与会者无

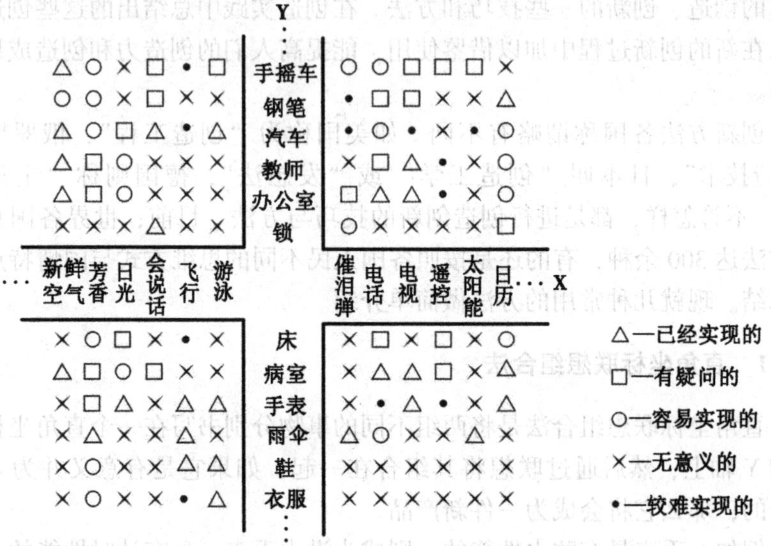

图 3-5　直角坐标联想组合法

拘无束地发表自己的见解，不受任何条条框框的限制，其他人则从发言中得到启示，进而产生联想，提出新的或补充意见，这样，当会议结束时，一个充满新意的方案随之诞生了。在价值工程活动中，这种方法使用得最多，其规则如下。

3.3.2.1　准备阶段

（1）会议主持人应精通业务，熟悉情况，思维敏锐，作风民主，能启发与会者畅谈已见。但主持人一般不要在会议上发表自己的观点。

（2）在会议召开之前，应做好充分准备工作，并预测会议上可能产生的方案。

（3）选定被邀请参加会议的代表 10~12 人。

（4）会议的意图是使人们通过发言产生接近、类似和反向的联想。

（5）会议的环境，要体现轻松、畅所欲言的感觉，对室内的布置、光线、温度、噪声等都应提出相应的要求，如图 3-6 所示。

3.3.2.2　会议的召开

（1）欢迎畅陈已见，鼓励多提方案。

（2）允许漫无边际地离开主题畅谈，不受约束。

（3）允许在别人意见的基础上加以补充，使之更加完善。

（4）禁止反驳或批评不同的意见。

图 3-6 头脑风暴法现场

(5) 做好会议记录和录音。

3.3.2.3 对提案的要求

(1) 用文字表述。

(2) 对已有的技术方法在提案中无须阐述。

(3) 提案的重点是根据功能定义而提出创造性的方法和怎样以最低费用实现产品必要功能的新技术方案。

3.3.2.4 会后的整理工作

(1) 对会议上的发言进行整理和综合。

(2) 对提案应在技术上、经济上做出评价。

(3) 意见相同的或能相互补充的提案应加以合并。

(4) 对各种意见要认真论证，并做好补充工作。

3.3.3 哥顿法

这种方法是美国人哥顿于 1964 年提出来的，也被称作“综摄法”。它的优点是先把讨论的问题加以抽象化，然后研究解决问题的办法。这样可以使与会者不受现实事物的约束，大胆而漫无边际地畅述己见，从而产生出一些不寻常的设想或创新的办法。它的缺点是，会议的成分很大一部分取决于主持会议者的引导和启发。这个方法的特点是：

(1) 除主持人以外，其他参加会议的人员都不知道会议要解决什么具体问题。

(2) 用“抽象的阶梯”方式向与会者宣布讨论的事情，而不具体地讲清问题是什么。

(3) 要求与会者海阔天空地提出各种不同的设想。

(4) 在适当的时候，才宣布所要讨论的问题。

(5) 会议主持者在主持讨论时，要因势利导地引导、启发大家围绕主题讨论。

这个方法和畅谈会议基本相同，其不同之处就是开会时不讲清会议讨论的主题。例如，在探讨一种新型屋顶设计方案时，会议主持人笼统地说，今天讨论的题目是“怎样把东西盖住”？而不具体说出“怎样设计新型的屋顶”？这样，会上所提供的意见就十分广泛，无奇不有。当会议酝酿出若干可行方案后，即宣布所要研究的主题，然后转入头脑风暴法，再进行讨论。

3.3.4 希望点列举法

所谓希望点列举法，就是把事物的一切要求——“如果是这样，那就好了”之类的想法一个一个地列举出来，从中寻觅可行的希望点，作为技术创造活动的目标。

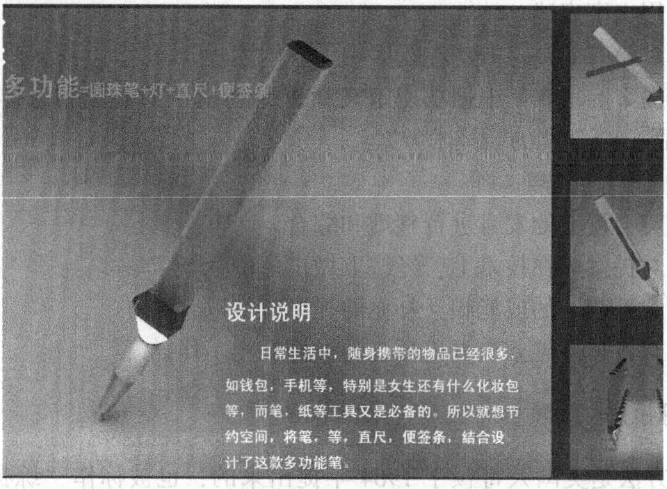
多功能=圆珠笔+灯+直尺+便签条
设计说明
日常生活中，随身携带的物品已经很多，如钱包，手机等，特别是女生还有什么化妆包等，而笔，纸等工具又是必备的。所以就想节约空间，将笔，等，直尺，便签条，结合设计了这款多功能笔。

图 3-7 利用希望点列举法设计的圆珠笔

例如，对圆珠笔的希望，可列举以下 12 点：

(1) 希望流出的油墨均匀一点。

(2) 希望能有两种以上的颜色。

(3) 希望书写时粗细自由。

(4) 希望在任何地方都能书写。

(5) 希望不漏油墨。

(6) 希望不经常换笔芯。

(7) 希望书写流利，不划破纸张。

(8) 希望夜间能照明写字。

(9) 希望既能写字，又能当作放大镜用。

(10) 希望除写字外，还可以计时。

(11) 希望在写字时能听到广播，便于记录新闻或报告的圆珠笔。

(12) 希望兼有录音功能的圆珠笔。

……

再如，伞是广大人民用来遮阳避雨的日常用品，我们对它可以列举一些希望点如下：

(1) 希望遮阳避雨。这是伞所具有的基本功能，如日常我们所用的雨伞。

(2) 希望夜间在雨中能照明的伞。美国发明了一种在夜间能照明的雨伞，这种伞的顶部装有一个小灯泡，手柄内装有干电池，用导线连接灯泡与电池，形如手电筒，在雨夜中行走时，打开雨伞，不但能看清道路，而且，还能发出信号，提醒往来驾驶车辆的司机，避免交通事故的发生。

(3) 希望会唱歌的伞。这种伞是法国人制造的，在伞柄内装有一台微型录音机，当你雨天外出用伞时，拧一下电钮，便可在雨中听歌取乐。

(4) 希望放出花香的伞。这种伞有内外两层，内层含有芳香物。因气体穿透力较弱，开伞时，外层既能抑制内层扩散出的香气，又能使伞下的香味浓郁。这种伞国外市场上已经出现。

(5) 希望能当作手杖和收伞后不滴水的伞。美国一家公司设计一种雨天外出，回来关上伞后不滴水的自动雨伞。在折收雨伞时，只要按一下开关，伞面自动折叠，并将伞面上的雨水吸进伞柄中，以免流在室内。同时，在平常的时候，还可以作为手杖用。

(6) 希望具有太阳能的伞。目前国外有一种可以折叠的太阳能伞。这种伞长 80 cm，用镀铬扁钢做成，聚光灯在伞中央的杆上，焦点温度高达 500 ℃。它既可以遮阳避雨，又可用来烹饪煮饭，是野外旅游的一种良好炊具。

(7) 希望能当作手提袋的伞。这种伞是日本人发明的，并成为专利品，它是由乙烯薄膜或尼龙布制成的伞面、一个异型的塑料袋和注气塞所组成，没有骨架。使用时，注入空气，伞面即可打开，不用时将空气放掉，又成了一个袋子，折叠起来还可以放在口袋里。既方便，又轻巧，十分受人喜爱。

(8) 希望有一把“保护伞”。英国人发明了一把有自卫功能的催泪伞：这种伞在外表上和普通伞完全一样，其不同处，只是在伞的顶端装着催泪瓦斯，伞柄上设置微型开关与之连接。如遇到暴徒，持伞人只要按一下伞柄上的开关，伞的尖端就会喷射出催泪瓦斯，使暴徒不敢靠近，起到了防卫作用，真可算是一把“保护伞”。

以上这些妙趣横生的伞，都是希望点列举法的产物。

搜集希望点的方法很多，经常应用的有以下三种。

3.3.4.1 书面搜集法

这种方法是事先拟定目标，设计一张卡片，发给用户和本单位的职工，请他们提供各种不同希望的事例，然后搜集整理。

3.3.4.2 会议法

召开小型会议，由主持人宣布产品开发的课题，激发与会者开动脑筋，针对课题提出各种不同希望的功能，然后加以整理。

3.3.4.3 访问法

派人走访用户，询问用户对本公司生产的产品有何新功能要求。

通过以上方法，收集到各种希望点的资料，制定实施方案，然后加以研究，或结合畅谈会议法讨论，或将之公之于众，发动员工提改革建议，使之实现。

这一方法的特点，是使人由幻想导出愿望，由愿望引出构思，由构思勾画出方案。最后使可行希望点成为具体的事实。过去不少发明创造的东西就是经历这样的过程而获得成功的。

3.3.5 缺点列举法

任何事物或多或少都有缺点。工业产品无论怎样设计加工，也同样存在一些缺点。在运用缺点列举法对产品进行改进时，必须首先了解缺点的性质及类别，然后才能便于列举。一般来说，产品的缺点，有以下两种分类的方法：

3.3.5.1 显露缺点

这种缺点，一般是由以下原因造成的：

(1) 再生产过程中形成的缺点，如铸件上的砂眼、陶瓷上的斑点、裂纹、变形等缺陷。

(2) 由于原材料不好而形成的，如原材料质量差、不合格等。

(3) 由于设计不良而造成的，如成本高、噪音大、体积大、分量重、外形不美等缺陷。

3.3.5.2 潜在缺点

这种缺点大致是由以下两种情况造成的：

(1) 设计造成的。如安全性、维修性和可靠性等需要在使用过程中才能发现，从外观上看，一般是不易看出来的。

(2) 由于技术进步造成的。随着时间的推移，技术上显得落后。这样，产品原来的优点也会失去积极作用，转化为消极作用，变成了缺点。例如，轴承，是各种机器不可缺少的部件，早期设计的滑动轴承，使机器得以运转，代替了人们的繁重劳动，提高了工效。但随着技术的进步，滚动轴承出现，指出了滑动轴承的缺点——摩擦力太大；至20世纪80年代初，空气轴承出现，这时滚动轴承的缺点明显显露出来。虽然空气轴承比滚动轴承更具有优点，但随着磁力悬浮技术的完善，英国研究人员运用磁浮原理，研制成超级高效马达转子，原因是大型机械（如发电机）的转子轴由于体积大、分量重，因此摩擦力也大，即使采用空气轴承，其效果也不理想，还存在着缺点，于是，他们把转子的滚筒存放在一个磁场内，由电脑控制，使磁体的磁悬极在滚筒周围不停地转换，这样，滚筒便以惊人的速度运转。因为它没有和任何固体接触，所以几乎没有摩擦力，工效提高40%。同时，还解决了能量和材料的损耗问题，节省了能源，延长了机件的使用寿命，并因电脑控制转速，又提高了它的安全性。

以上事实，说明了许多创造发明的东西就是这样列举缺点、克服缺点而获得成功的。再如，将粉笔显露的一些缺点列举如下：

①沾污手指。

②不易擦净。

③产生粉尘。

④质脆易折。

⑤短者废弃，产生浪费。

⑥板书后视觉反差性欠佳。

⑦板书时，产生噪音。

⑧颜色单调。

根据以上缺点，人们即可列举一些希望点。这样，就可采用二次会议进行改进。其希望点是：

①不要污染手指。

②自动擦净。

③不要产生粉尘。

④笔杆坚固，长期使用。

⑤视觉反差性好。

⑥没有噪音。

⑦具有色彩。

⑧能缩小、复制，让学员专心听报告人的讲解，免于记笔记，而事后又能获得完整的笔记。

针对这些缺点和希望点，人们创造出一种乳白色的塑料“白板”代替“黑板”，并采用“注入式彩色水笔”进行书写，擦拭时用一种渗透溶剂的板擦。这样，就解决了污染手指和粉尘污染等问题，满足了部分希望，但没有完全克服以上缺点。

日本的一些公司生产的一种电子“黑板”，其形状、体积和我们常见的黑板类似，但它能将黑板上的文字在 20 s 之内复制下来，并加以缩小。这样听讲的人就可以只注意报告，而不用记笔记了，并能很快地得到讲课人在黑板上书写的文字和图表。

图 3-8 是国内设计师设计的粉笔笔套，能够解决普通粉笔污染手指和容易断裂的缺点。

图 3-8　利用缺点列举法设计的粉笔笔套

其次，按形成缺点的时间分，有先天性缺陷和后天性缺陷两种。先天性缺陷是由选题不当、决策失误造成的；后天性缺陷是在设计、计算和生产过程中造成的。对这两类缺陷也应一一加以列举。

以上两种分类的缺陷不是各自独立的，而是彼此相互交叉的。在运用这种方法时，要从各个不同的角度加以分析，以免遗漏。列举缺点法的工作方法是：

①鼓励人们对产品挑毛病，多提缺点，提的缺点愈多愈好。

②收集到这些缺点后，立即加以整理分析。

③研究这些缺点存在的原因。

④克服这些缺点，创造新的方案。

具体做法和希望点列举法大同小异。在研究主题时，宜小不宜大。碰到较大的课题，可以按层次分解为一些小课题，然后再列举其缺点。这样，一件产品的各个部分、各个层次的缺点就不至于遗漏。

由此看来，缺点列举法的特点，是着眼于事物的功能，吹毛求疵地列举产品功能上的缺陷，然后针对所提的缺点提出改革的方案。

3.3.6 特性列举法

特性列举法是，要求与会者把事物的特性一一列举出来，通过大量观察，抓住某个具有现实意义的特性进行思索，从而，创造某种具有这种特性的新产品方案。

产品的特性很多，在列举时，常按名词、形容词、动词来列举。

3.3.6.1 名词的特性

就一件产品来说，要用恰当的名词来表达其组成部分和各个要素，如“形状”“结构”“材料”“原理”“部分”等特性。

3.3.6.2 形容词的特性

用“重的”“小的”“圆的”“色泽”等形容词来表达产品及其零部件的特性。

3.3.6.3 动词的特性

用动词来表达产品及其零部件的特性，如“通电”“启动”“切削”等。

列举事物特性的目的是：

（1）明确事物应该改进的地方；

（2）弄清产品及其零部件的特性；

（3）在研究设计新产品时，知道这些特性，就能有的放矢地对其进行改进。

总之，这个方法的特点是：通过对产品特性的列举，进一步明确产品功能的实质，从而能有效地改进产品结构系统。如图 3-9 所示的鸣笛壶是根据水烧开后喷出蒸汽这一特性而创造出来的；再如，气压式保温瓶的诞生，是针对动作的特性——倒水，将传统保温瓶的这一特性改进为气压出水而创造出来的。

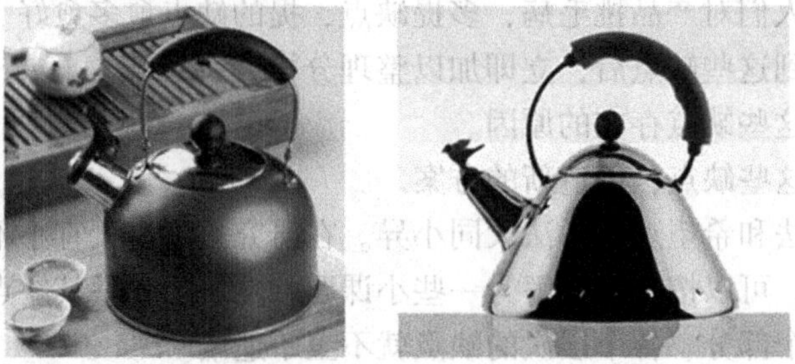

图 3-9　鸣笛壶

3.3.7　综合法

综合法可深可浅，一般有两种综合形式：

（1）将各种信息，如数据、观点和图表等加以归纳和整理，则属于初级综合。

（2）融合各方面的因素于一体而发生飞跃，则为高级综合。

例如，日本钢铁工业发展很快，是由于它综合吸取了奥地利的吹顶转炉、美国的高温高压、德国的融钢脱氧等先进技术。再如，杂交优势，实质上是综合优势。在改革一个产品时，可先调查收集一下国内外同类产品的参数、结构和性能，然后博取各家之长，结合自己的条件创造出新的方案。

3.3.8　仿生学法

在自然界中，生物经过漫长的进化，各有其复杂的结构和奇妙的功能系统。例如，一只螳螂能在 0.05 s 的瞬间，捉住一只飞虫。一只天蚕雌蛾释放微量“性引诱素”，能把 4 km 以外的雄蛾引诱飞来。数以万计的蝙蝠在斗室的岩洞里飞翔，从不发生相撞事件。这些事例给了我们很多启发，因此在 20 世纪 60 年代初产生了仿生学。人们模仿生物的某种结构和功能原理进行创造。譬如，苍蝇的眼睛是复眼，它是由许多小眼组成的。于是，人们便模拟苍蝇的复眼，制成“复眼照相机”，一次能照出千百张相同的照片，用这种照相机拍摄商标、邮票或用来复制集成电路板，能大大提高工效和质量。又如蝙蝠飞行之所以不会发生碰撞，是由于它们具有发射和接受超声波的机能。于是，人们根据这一原理研制成超声波探测仪、超声波清洗器、超声扫描仪和鱼群超声探测等一些超声波设备。人们发现鱼腹内的鱼泡膨大或缩小使鱼体沉浮这一功能，于是发明了潜水艇。

再如苏联科学家根据死鲸飘浮的原理，在内燃机船的水下部分，每边各装十个船鳍。这些鳍和船底保持一定的角度，并可绕轴旋转。当船受到波浪的影响左右摇摆时，在水的冲击下，鱼鳍上就会产生一个升力。这个力可分为防摇扶正作用的横向力及推动船舶前进的纵向力。实践证明，当船舶的摇摆幅度达到 31°时，即使船上主机停车了，船仍然能以 11 节的速度前进；而当主机耗费的功率只有原来一半时，航速可达 14 节（1 节=1.85 km/h）。

又如，海豚皮的结构能减少水的阻力，人们便仿制海豚皮，把这种皮包在鱼雷表面，使其推进速度增加一倍；把这种皮包在船体上，则可大大提高航速。

据报道，1985 年度，日本科学家弄清了蚕的吐丝机制。这样，人们就可据此研究制造合成纤维的新工艺，使纤维生产能像蚕吐丝一样，一步完成，以提高人造合成纤维性能，简化工艺。

我国古代建筑大师鲁班，因茅草割破了手指，于是仿造叶子的齿状边缘发明了木工用的锯子。再如瑞士的乔尔吉·朵麦斯特拉尔在狩猎时看到裤管上沾满苍耳籽，便用放大镜观察，发现苍耳籽上布满着倒钩的小刺，促使他发明了“贝尔克洛钩拉黏附带”。又如直升机仿照蜻蜓形态、羊角锤模仿羊角、蛙人服饰模仿青蛙等，不胜枚举。

如图 3-10 所示为中国吉利集团根据国宝熊猫的造型设计的“吉利熊猫”汽车。

图 3-10 吉利熊猫汽车

3.3.9 类比法

所谓类比，就是将同类或近似的事物加以对比，探讨它们在其他方面有没有相同或类似之处。借此开阔眼界，打开思路，由此及彼，进行联想，从联想中导出创新方案。它既不同于从特殊到一般的归纳法，又不同于从一般到特殊的演绎法。而是把两种事物进行对比，把形象的思维和抽象的思维融为一体的分析方法。

在科学史上，由于运用类比方法而获得成就的例子很多。例如著名的卢瑟福行星模型假说，就是运用类比法而获得成功的典型例子。它把极小的原子和极大的太阳系加以类比，发现太阳系的核心是太阳，太阳占太阳系总质量的99.98%，而占太阳系的空间却是极小部分。整个太阳系是以太阳为核心，由环绕太阳旋转的九大行星所组成的，在它们之间存在万有引力，引力的大小与距离的平方成反比。而原子的核心是原子核，它占原子总量的99.97%，在原子中所占的空间比例也是很小的（十万分之一），原子核之外的电子是以原子核为核心，环绕它旋转的原子核与电子之间的吸引力，也是遵循以上规律的，从而卢瑟福于1911年提出了原子是由电子环绕带正电荷的原子核组成的原子结构行星模型假说。这在原子物理学发展史上是具有划时代意义的。

又如，美国莫尔斯发明了电报，贝尔因此受到启发，他认为既然文字可以用导线来传递，难道声音不能用导线束传递吗？他的这种类比的思想，终于在电话机的发明和创造上获得成功体现。

另外，哥顿首次把有关物理、机械、生物地质、化学等方面科学家的创造发明的经历加以分类编组，进行研究。他发现一些科学家之所以获得创造发明的桂冠，其原因之一是由于他们把一些看起来没有关系的东西联系起来而获得成功的。于是，他提出了以下常用的三种类比方法。

3.3.9.1 直接类比

收集一些同主题有类似之处的事物、知识和记忆等信息，以便从中得到某种启发或暗示，随即思考解决问题的办法。在运用这种方法时，可以与收集到的事物、自然界存在的动植物的机理等进行类比，来探索它在技术上是否有实现的可能性，如图3-11所示。

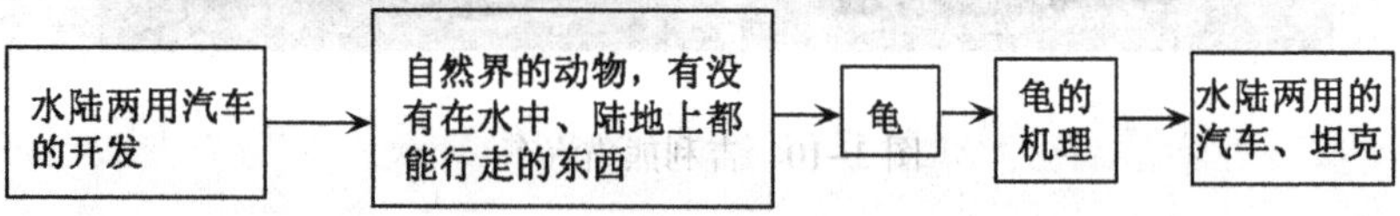

图3-11 水陆两用汽车的开发类比

3.3.9.2 象征类比

这是一种从在技术上不可能实现、却能给人以审美的满足的事物中得到启发，联想出一种景象，随即提出实现的办法的方法，例如，在神话和传说的故事里，描写人物出场的动作，抓住这种动作产生的原因来探索技术上实现的原理，如图 3-12 所示。

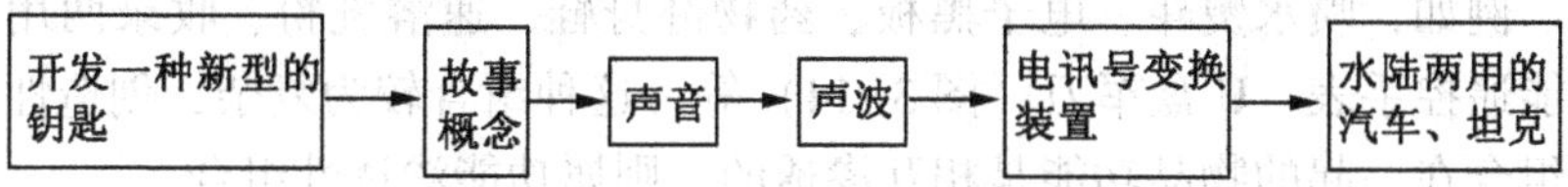

图 3-12　象征类比示意图

3.3.9.3　拟人类比

把人模拟为主题中的事物，然后设身处地地思考问题，以求在改进方面获得启发，想出新的方案。如图 3-13 所示。

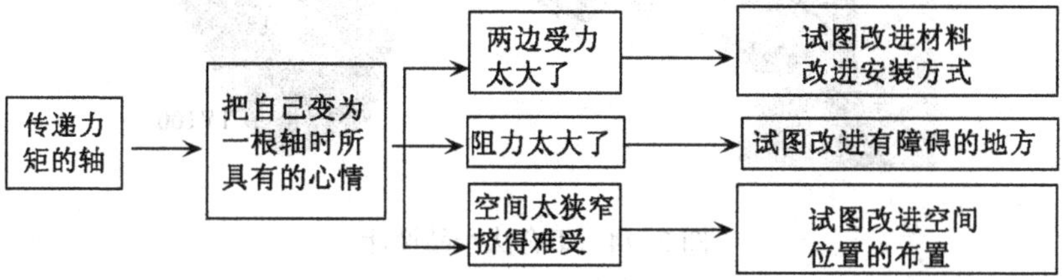

图 3-13　拟人类比示意图

但是类比法的运用范围是有条件的，不能随意类比，如水是一种液体可以灭火，但不能把它和油相比，如果也用油来灭火，那就太荒唐了。

3.3.10　组合法

所谓组合法，就是把两种以上的产品、功能、方法或原理糅合在一起，使之成为一种新产品的创造方法。组合的方法很多，例如：

（1）按产品种类分，有同类物品组合、异类物品组合及主体附加组合三种。

（2）按功能分，有功能组合、功能引申和功能渗透三种。

（3）按组合的数目分，有两种功能的组合与多种功能的组合两种。

这些分类在形式上虽然各不一样，但有时是可以相互交叉的。

3.3.10.1　同类物品组合

其组合对象是将两个以上的相同事物或近似的事物合并在一起而成为一件组合产品，使之具有对称性与和谐的美。例如，日本本田汽车公司设计了一种双体汽车，载重物时，这两部车合而为一，载轻物时，这两部车又可以分开，各行其是。由此看来，这种组合是很简单的，它们的结构和原理并没有发生实质性的变化。

3.3.10.2 异类物品组合

异类物品组合是将两个以上不同的事物合并在一起，成为一件多功能的产品。例如，喷水熨斗、电子黑板、药物健身鞋、速溶乳粉、收录两用机、多功能遥控手表、U 盘军刀（图 3–14）等。这种组合较为复杂，创造性强；有时组合在一起的物品功能是相互渗透的，则属功能渗透性组合。

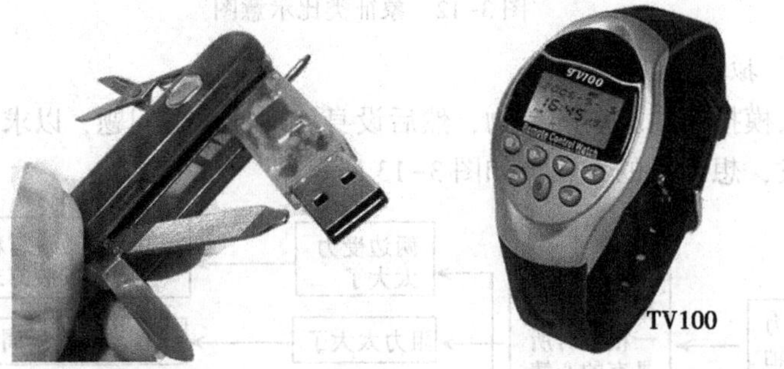

图 3–14 组合法产品设计

3.3.10.3 主体附加组合

这种组合是以某一产品为主体将其他事物的原理和功能附加上去，以弥补主体的不足，进一步完善主体的一种创造方法。例如，为提高音质而创造的立体声收音机、能转 360°的摇头电扇、多用扳手、数控机床、横向转弯轿车等产品，而且这些产品很多是功能延伸的组合。

3.3.11 检查提问法

在创造改进方案时，如果泛泛地思考，是很难想出办法的。如果事先列出若干要点，并把它作为检查的方式而提出一些问题，就容易多了。现将奥斯本的检查提问列举法介绍如下：

（1）就现在这样稍加变化，还能有别的用途吗？

（2）能不能借用别的方案，有什么东西和这个相似？过去有过相似的东西吗？能模仿什么东西吗？模仿谁的？

（3）能不能变化一下，改变它的意义、颜色、声音、味道、形状、花色、款式等，能搞出一些别出心裁的东西吗？

（4）能不能扩大、增加一些东西，延长时间、增加倍数、增加长度、增加另外的价值、加倍、综合、加大。

（5）能不能缩小，把某些东西取消、变小、压缩、变薄、小型化、降低、缩短、减轻、消除、分割、往里缩。

(6) 能不能代用，以别的东西来取代，如用别人的、别的东西、别的元件、别的材料、别的工艺、别的动力、别的方法、别的声音等。

(7) 能不能替换，元件的替换、造型的变换、改变布置、改变顺序、因果互换、改变日程等。

(8) 能不能颠倒，正反颠倒、里外颠倒、上下颠倒、任务颠倒等。

(9) 能不能组合，合金材料的组合、装配组合、部件组合、目的组合、方案组合等。

3.3.12 控制条件法

任何一件产品的功能，都要具备一定的条件才能实现。反过来说，如果改变控制条件，则将会改变产品的功能，这就是控制条件创造法。例如，1938 年匈牙利的比罗和格奥尔发明圆珠笔而取得专利。但它的缺点是，当笔头的圆珠磨损时，油墨就会漏出来，这个问题一度难以解决。后来，人们想到，控制其条件——油墨量，当油墨用完、圆珠磨损二者平衡时，问题就解决了。

再如，人们修建水坝是为了控制洪水，其目的是利用它作为动力发电。又如在原子反应堆里加进中子减速剂石墨、重水，是为了控制中子裂变的速度，使核能用于发电。最近美国劳伦茨利弗莫尔实验室的科学家们研制成“磁控感应直线加速器”，它所发出的电子束不仅能对食物进行消毒，而且可以控制食物不会腐败变质，因而起到保鲜作用。如果把它安装在烟囱内，当二氧化硫等有害气体从炉中冒出时，经过这台装置发出的电子束照射，气体分子重新排列，二氧化硫变成硫酸铵等化合物，可以控制酸雨的产生。

又如，一般的螺丝钉，可以拧进、拧出。如果将螺丝钉上面做成两个斜面，则螺丝钉只能拧进，不能拧出，这样，就成了一种保险螺丝钉。原因是改变了丝扣的条件，所以螺丝钉具有了新的功能。

以上这些，都是运用控制条件法而进行的发明创造。

3.3.13 反求工程法

反求工程法，也称逆向工程法，是将国内外其他企业制造的同类的、先进的产品加以剖析、试验、分析研究，吸收其优点并加以充实、提高和创新来改进本企业所生产的产品的一种方法，它属于一种破坏性的研究，很多企业常采用这种方法进行创造。例如，美国福特汽车公司，应用反求工程法进行改革，其具体做法是：

(1) 设置一间 900 m^2 的解体室，专门分析竞争对手的汽车。

(2) 随时注意市场上出现的新型汽车，如果发现，立即采购。

(3) 规定十天之内，结束对新型汽车全部解体工作。

(4) 将全部零部件过磅，称其重量，并按动作进行排列，固定在展览板上，然后用照相术来显示零部件的尺寸。

(5) 采购分析部门立即着手对这些零部件进行成本核算，并与本公司同类的零部件比较。如果该零部件由本公司制造，其成本应该是多少？找出差距。

(6) 价值分析部门对采购分析部门核算的成本再做深入的分析，把本公司与竞争对手的同样功能的零部件在展览板上并列地排着，拍成照片，汇编成竞争对比分析图。

(7) 由公司事业部的产品计划办公室向经营委员会提出竞争形势报告，组织有关技术人员根据实物对每个功能、每个零部件进行讨论，采取对策，用什么办法来节约每一分钱。在提出改进意见时，要预定节约额和完成的期限。

这种改进不是简单的模仿，而是在此基础上加以创新，超过对方，如图 3-15 所示。

图 3-15 利用反求工程法进行汽车设计

3.3.14 移植法

"移植"是医学上的一个术语，它有两种含义：

(1) 将生物身体上的某一个器官从原处移植到同一体另一处，这叫作自体移植。

(2) 如果生物体上的器官移植到另外一个生物体上，则叫作异体移植。

我们把这种方法引进到创造活动中去，就叫移植法。英国科学家贝弗里奇说："有的时候，决定一项研究的基本思想是来自应用或移植其他领域中发现的新原理和新技术。"这就概略地说明了这个问题。

由此看来，所谓移植法，就是将某领域内的原理、方法、材料和结构等引用到另一个领域而进行创新活动的一种方法。其实质是应用已有的其他科学技术成果，在某种目的的要求下，通过移植来更换实物的载体，从而形成新的概念。在应用时，要注意以下几点：

(1) 弄清某一事物的原理（方法）及其功能。

(2) 明确应用这些功能的目的。

(3) 对照运用某一事物的原理（方法）于另一事物上是否可行。

(4) 提出具体应用的方法和设想。

(5) 检查设想可能出现的问题。

(6) 试验直至成功。

日本八幡制铁所提出的"OG"法，就是应用移植法创造出来的。其大致情况是：该所的工程技术人员看到一家百货公司的大门口有一股较强的气流从下往上吹动，形成一种无形屏障——气幕。这种气幕的功能是，即使不要玻璃门阻隔，也可以让两个房间的温度自然不同。根据这一原理，他们采用对人体无害的氮气，密封氧气顶吹转炉的开口和回收罩之间的空隙，并回收了从转炉吹出的一氧化碳气体。这一革新，不但提高了转炉的工作效率，又改善了热平衡问题，价值巨大，因而，在国际上得到很高的评价。

3.3.15 复合法

所谓复合法，就是将两种或两种以上的材料结合，使之成为一种新的材料——复合材料。这种材料复合的方法大致可分为以下 10 种。

3.3.15.1 黏合

这是用第三种材料，将 A，B 两种材料接合在一起。例如，陶瓷与金属是两种不同种类的物质，膨胀系数差异很大，很难结合在一起，而最近日本日立制作所机械研究所，用铝硅系或铁镍系合金箔为媒介，夹在陶瓷制品与金属制品之间，使其在真空中，以 0.049～0.49 Pa 的压力，加热到 610～1 100 ℃，保持 5～60 min，即可合成为陶瓷金属制品。这种制品的强度高达 3.234 Pa，即使在 300 ℃的环境中也不发生变化，在 700 ℃的高温中，其接合强度仍可保持在 1.47～1.96 Pa。这种新材料不久将正式应用于汽车的涡轮增压器、空调机转子、发动机主轴及其他部件，能大大提高机械的使用寿命。

3.3.15.2 组合

将两种以上的不同材料组合在一起。例如，把玻璃和树脂结合起来，就成了结构材料——玻璃钢。

3.3.15.3 层压

这种方法是将各种不同的材料加以层压，使之成为总体。例如，在高压容器中进行恒温焊接而制成的火箭发动机推进室、喷气发动机的涡轮叶片等复杂结构零部件。

又如，水变成冰会产生膨胀现象，如果把这种膨胀所产生的压力与焊接技术连接起来，就是一项创造发明。而且，应用这种技术又可以创造出一些新的产品。目前，国外已研制出一种小巧的冰压装置，它采用多端增压的办法，从喷嘴传出的压力可以为 $4\times10^9 \sim 9.8\times10^9$Pa。试验结果表明，它不仅能焊接铝、铜、钢、金、银、锡等常见金属材料，而且可以焊接钛、镍、镉等不常见的金属材料。

3.3.15.4 包覆

这种方法是采取冶金方法用一种金属把另一种金属包裹起来。

3.3.15.5 敷层

这种方法是在材料的表面被覆一层其他的材料。

3.3.15.6 纤维强化

这种方法是在基本材料中加入某些纤维材料或金属丝状材料，使材料强化。

3.3.15.7 弥散强化

这种方法是利用细粒度的材料或析出物，使基本材料强化。

3.3.15.8 蜂屋结构

这种方法是将材料异形组合成整体。

3.3.15.9 扩散

这种方法是在构成机体材料的表层掺入另一种材料。

3.3.15.10 粉末造型

这种方法是将各种各样材料的粉末混合后成型，使之成为整体结构。

以上这些复合材料，就是利用各种材料的特性——机械的、电的、磁的、化学的加以组合而制造出来的新产品。因此，人们可以根据需要设计出独特的、综合性的新型材料。美国麻省理工学院前任名誉院长布朗，把工程技术人员分为四种类型，其中最好的工程学家，就是善于把一些抽象的、彼此似乎不相干的概念用新的方法结合起来，以求达到工程实用目的。因此，作为一个创造者，一定要打破本专业的狭隘界限，善于捕捉事物间的联系，使之复合为新的概念或方法。

3.3.16 逆向思维法

习惯性思维是人们创造活动的障碍，它往往束缚着人的思路。如果我们能突破这种习惯的约束，用挑剔的眼光多问几个为什么，甚至把问题颠倒，反向探求，倒转思考，可能又会出现一个新的天地，而有所发现或创造。现将几种逆向思维的方法介绍如下。

3.3.16.1 原理逆向

1829年，奥斯特发现电流磁效应的消息传遍欧洲，很多人都局限于电磁学的研究，而法拉第却逆向思考，“磁是否可以产生电呢?”1831年，法拉第把一块条形磁铁石插入一个缠绕线圈两端连接电流计的空心圆桶里，这时电流计的指针向前移动。当磁石抽去，电流计的指针又回到零的位置。根据这一原理，法拉第发明了世界上第一台发电机。这就是原理逆向思维的伟大创造。

3.3.16.2 性能逆向

性能逆向是指事物性能相对立的方面。如固体与液体、空心和实心、冷与热、干燥与湿润及金属与非金属等，在再创造时，从与原性能相反的方向进行思考。属于这方面的创造创新事例是很多的，例如，煤矿里过去用坑木作支柱，回收率只有70%左右，甚至达不到此数，现在采用液压支柱，回收率接近100%，而且能做较大规模的采煤之用。再如，弹簧沙发改液体沙发或空气沙发，实心砖改空心砖。这就是固体与液体、实心与空心、金属与非金属等性能逆向的创造。

3.3.16.3 方向逆向

这是指将事物的构成顺序、排列的位置、旋转的方向和输入的方向等颠倒——即转过头来进行思考的一种方法。例如，哈格里沃斯有一次与珍尼谈话时，无意中把纺车打翻了。轮子带动着上面的锭子飞快地转动着，这一现象不仅使他想到：把锭子的方向和数额加以改变，由一个横向的锭子改为几个直立竖向的锭子，不是可以提高效率吗?这样的逆向思维活动，促使他发明了八个竖锭的纺车。

再如，存放木材，人们一般都是横放，其缺点是占地面积大，容易变形。如果采用竖放，就可以克服上述缺点。

又如，烟囱，一般都是高大建筑物，国外最高的达到830 m，我国最高达228 m。这样巨大的建筑物，不仅耗资大，而且给施工也带来一些困难。于是，人们便从逆向方面思考，国外出现了低烟囱倾向，其高度为90 m。这种烟囱的功能是喷烟，它像抽烟的人喷吐烟圈一样，利用一种间断的脉冲装置把一个个烟圈喷到1 000 m以上的空间，这样能使烟囱的高度降低3/4。

现在，我们再举一个奇异的实例：倒过来飞行的飞机。这是美国著名飞机设计专家卡里路·卡图创造出来的。他认为按照空气的浮力和气流推动原理，将螺旋桨放在机尾，像轮船一样推动前进，这在理论上是可行的。当螺旋桨放在机尾，则稳定翼只能放在机头。于是，他利用传统的三轴控制式来发展这一概念，经过多次改良和试验，终于制造出机尾当头、机头当尾的私人使用的微型飞机。这种飞机的优点是：

（1）提高安全性。由于该飞机的结构和外形设计合理，从根本上解决了失速和旋冲的可能性，从而大大提高了安全性。

（2）节省材料。该机每小时耗费的汽油不到3.78 L，时速72~100 km，比汽车还节省燃料。

（3）跑道短。该机起飞跑道只需45~60 m，降落时只需30 m，只需一块小空地即可升降，十分方便。

再如，通用电气公司研制出一种飞机上的反向旋转的新型螺旋桨，它是由两组螺旋桨组成的，后面的螺旋桨旋转的方向和前面的相反，这样前面螺旋桨产生的漩涡就被后面的螺旋纠正过来，因此，它比单一螺旋桨的效率提高9%。以上这些，都是方向逆向思维所创造的成果。

3.3.16.4 *温度逆向*

这种方法，是指从相反的温度来考虑问题，进行创新活动。例如，许多工厂为了延长模具使用寿命常采用热处理的方法。目前，北京市机电研究院对之进行改革，采用冷作模具，获得成功。经北京自行车厂等27个单位使用后证明：改进后模具寿命一般比原来提高2~10倍，最高可达30倍。如果平均按提高5倍计算，一年可节约3万元左右，而且能减少韧磨时间，提高零件的产量。

又据今年《日本经济新闻》报道：日本通产省的大阪工业技术试验所在降温下用等离子体CVD法，在工具或金属上蒸发陶瓷膜，其厚度为3~5 μm，由于它质地坚硬耐磨，不生锈，所以，经过这样处理后的工具或金属，其使用寿命能提高5倍。这也是温度逆向的结晶，而且，现在低温等离子技术已发展成为一门新兴的学科。再如冰压焊接，也是温度逆向的成果。

3.3.16.5 *形状逆向*

例如，河北省一妇女，爱好缝纫。每次裁剪服装时，都感到速度太慢。

一次她一口气裁了七件衣服，手疼得连筷子也拿不住。于是她试图利用缝纫机进行裁剪。缝纫机是通过启动针头进行缝纫的，能否改用刀片进行裁剪呢？开始试验时，剪不动料子，即使能剪薄的料子，也不如意。经仔细分析后，她又将矩形刀片改为梯形刀片。这样一来，厚薄衣料都能裁剪。这个方便、简单、两功能的缝纫剪裁机就在这小小的改革下诞生了。23 岁的封元华，因此而获得 1985 年发明创造一等奖。简而言之，这是由针状改为矩形—梯形截面的逆向思维成果。

3.3.16.6 *方法逆向*

例如，定点加工与流水线生产。再如，流水线生产是按工艺的顺序进行生产管理，前文提到的日本丰田公司则从点的位置中获得灵感，创造了反工艺的从后道工序取货的“看板管理”等，都属方法逆向的成果。

此外，还有彩色逆向、综合逆向和单一逆向等，都能促使人们有所创造和发明。当人们的思路进入死胡同时，来个逆向思考，反其道而行之，或许能有意外的收获。

3.4.17 否定法

否定法就是平常所说的“唱反调”的方法。它是用超逻辑想象来推翻形式逻辑的分析和数理计算所得的结论。因此，它不受形式逻辑的约束，否定传统的逻辑推理，但接受辩证法的指导，其作用点往往在传统逻辑推理的边缘上，别开生面地进行设想和创造。

例如，没有对地心说的否定就没有日心说的建立；没有对牛顿力学的“动摇”，就不会有相对论的发展。从哲学上讲，否定之中有创造。在科学的发展史上，有很多事例说明了否定法的重要作用。价值工程活动的原则，就是要对产品的原结构系统持怀疑的态度，否定原来的设计，创造新的产品。许多成功的事例就是应用否定法的结果。

3.4.18 缩小与扩大法

所谓缩小法，就是将原物的体积、重量缩小减轻，使之微型化。这是目前世界各国产品由“傻、大、黑、粗”向“短、小、薄”发展的一种趋势。如图 3-16 所示的卡片式数码照相机设计。

所谓扩大法，就是将原物的功能加以扩大。例如，将眼镜的功能加以扩大，成为放大镜、显微镜和望远镜；将声音扩大，就成为话筒、扩音机；将电影的荧幕加以扩大，就为宽荧幕电影、立体电影。

以上这些产品的出现，实质上都是缩小法和扩大法的灵活应用。

图 3-16　卡片式数码照相机

3.4.19　举一反三法

所谓举一反三法，就是在认识一个四方形的东西后，只要以一角为例，就可以推出其他三个角的情况。在运用这一方法时，必须首先确定应用的方向和范围，然后选择同样原理的事物加以套用。例如，面包制作时因发酵产生密集的气孔，使其质地松软，于是人们制成了塑料海绵产品。又如，创立血液循环理论的哈维博士，认识到人类心脏运动如同抽水装置一样，因而，发明了心脏起搏器。

再如，折叠是人类为了适应各种改变而发明的，能够折叠的物品往往具有更广泛的用途，如图 3-17 所示。折叠已经被广泛应用到产品设计中，人们利用举一反三的方法，制造出了从伞到自行车，从手机到计算机键盘等产品。

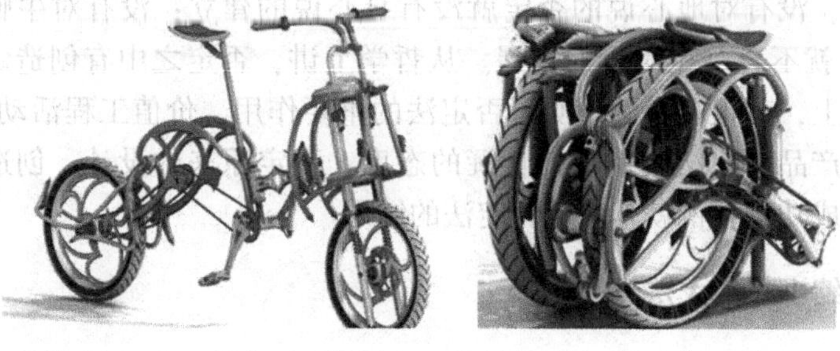

图 3-17　折叠自行车

4 产品市场调研与分析

调研分析阶段是产品设计开发程序的起始阶段，也是关系产品设计成败的关键因素。然而，很多同学并未重视调研分析的重要性，甚至认为可有可无，在设计实践中；凭主观臆断来编造数据。“磨刀不误砍柴工”，认真做好市场调研分析，可以减少新产品设计开发的风险，降低成本，提高成功率。要认真学习市场调查的方法，并灵活运用到产品设计的实践中去。更重要的一点，还要学会分析市场调查结果的科学方法，从大量调查资料中，通过定性、定量的方法找到设计“热点”，使设计问题具体化、明确化，针对市场或产品的不足之处“对症下药”，“有的放矢”，从而进行设计定位。

设计的过程是解决问题的过程，对现有问题与潜在机会的认识与分析是解决问题的必要前提。调研分析阶段包括以下 4 部分：接受设计任务；制定设计计划；市场调研（主要是信息资料的收集、信息资料的整理、信息资料的分析）；设计定位。

市场调查分析的原则：从全部事实出发，坚持实事求是的观点；全面分析问题，坚持一分为二的观点。必须从事物的相互联系、相互制约中分析问题。

一般而言，客户对产品设计项目总有一定的要求，或是全新设计，或是改良设计，或仅仅是表面美化一下，或只是做一个局部的调整。通常，客户已经有一些他自己的想法，客户对自己的产品有较深入的思考，很多要求是合理的，但由于群体客户较为复杂，除有专业上的差异外，还有受教育程度的区别，有时候客户的要求也会不尽合理。作为设计方，对客户的要求既要充分地尊重，也要耐心地引导，使其思路逐步进入合理的轨道，为以后的顺利工作奠定沟通的基础，这一点非常重要。由于我国工业设计公司或设计事务所很少，设计的工作程序还不被大多数人所了解，因此设计师还要向客户详细介绍自己的工作原则和工作程序，以征求客户的意见，有时候还要向客户展示自己过去的设计成果和设计文件，以及设计环境、设备、模型工作室等。这样的展示，极易抓住客户的感觉，使客户增加委托信心。

设计方通过这样的交流，借以了解客户的委托信心、客户的实力、技术设备状况以及该产品现在的产、销状况等问题。设计方最好再去委托厂家看一看，尽可能多地了解客户以及该项目的情况。

一般情况下，此时可以进入商务谈判的程序，而如果客户对设计方的信心还不坚定，或是由于是第一次做产品设计，客户对投入情况心中缺乏认知，还需摸底的时候，设计师可以采用一些策略，如边工作、边谈判的方式，暂不谈价，也可以率先拿出一个“可行性报告书”和“项目计划表”供客户参考。

4.1 接受设计任务，确定设计内容

设计任务的提出因客户要求而各异，客户可以将这些任务交给自身的设计部门，也可将其委托给独立的设计公司及个人。设计任务总体可分为全新设计任务与改良设计任务两大类。无论哪种设计任务，首先都要收集大量的资料和信息，这关系到后期分析，如何进行设计定位等，关系到设计项目的成败，意义重大。

设计项目一般可分为全新设计和改良设计两类。无论哪类设计，设计师必须把创新点融入新产品中，与市场上现有产品相比存在某种优势。为此，设计方必须先发现现有产品的缺点和劣势，这时与客户进行交流尤为重要，也是必不可少的环节。

设计问题不会凭空产生也不能凭空捏造，只能从对生活的细致观察和体验中而来，故而人们日常生活工作中的各种需求和问题就成为设计的动机和出发点，但从工作和生活中所发现的问题并不能形成一个清晰明朗化的设计方向，其间存在着种种模糊的因素，需要进一步地提炼和定义，使其变为一个完整的抽象化的问题。

收集信息和资料的主要工作内容如下。

（1）产品使用者的情报调查。人对产品功能的需求；人对产品价格的要求；产品操作及维修方面的问题……

（2）关于市场的情报调查。市场销售情况；市场需求状况；市场价格状况……

（3）国内外同行业的产品情况调查。产品的功能、款式；产品的技术水平、材料、工艺……

（4）专利调查。国内最新款式、结构、技术情况；国外最新款式，结构、技术情况……

（5）该产品涉及的新技术、新结构、新材料等方面的情报调查。

（6）有关法规、条例的情报调查。

（7）生产企业的技术水平、生产工艺、包装水平、制造精度、生产成

本等情报调查。

(8) 该产品的发展演变史的情报调查。

上述调查所采用的手段是综合的、多方面的，如询问、现场调查、拍照、录音、查阅资料或专利文献，购买样品等。这一阶段要对尽可能多的资料进行收集，暂且不要进行评价分析。接下来是对已有信息资料进行分类、整理、归纳。在此基础上分析研究找出设计定位，确定在特定环境（内部环境、外部环境）下的设计目标。

[案例1] 康佳小画仙电视机

1997年，国内彩色电视机市场已趋于饱和，各商家纷纷采取大幅度的降价措施，以应对激烈的市场竞争。康佳公司及时发现了小屏幕彩色电视机的市场机会：很多家庭给孩子的房间配备第二台电视机；还有很多单身的年轻人，他们也需要小屏幕的电视，以适应他们经常变动居所的生活特点。因此，康佳设计制造了康佳小画仙电视机，这是一个设计创新引导生活方式的很好的案例。

[案例2] 芭比娃娃

20世纪50年代末，露丝·汉德勒（Ruth Handler）看到女儿玩玩具娃娃，并把玩具娃娃想象成各种大人的角色。由于当时的玩具娃娃都是婴儿娃娃。露丝灵感突发，设计出一种可以激发小女孩编织梦想的玩具娃娃。露丝发明了以“芭比”（以其女儿的名字）命名的少男少女时尚偶像娃娃。从此，一代巨星芭比诞生了。

那时，各种各样的玩具娃娃价格不等、大小不一、国籍不同、设计各异、服饰各异，连眼睛和头发的颜色都不同，但没有人想到设计一个外形不是婴儿的娃娃。为什么？“娃娃就是婴儿”这种概念使得新娃娃的问世几乎全部来自对婴儿的某项特征的改变。

这样，一个不是来自玩具娃娃行业的人想到“芭比”这个点子就不足为奇了。那些行业中的人可能根本看不到设计长着大人模样的玩具娃娃的可能性。

芭比，这个全球最畅销的娃娃，已经成为成千上万女孩生活中的一部分。她那永恒的魅力赢得了无数忠诚的芭比迷们不变的收藏欲。从歌手雪儿的造型到服装设计大师主题系列，迷人的芭比收藏系列超过了600种。

[案例3] 柯达公司的影印机业务

从20世纪50年代后期，柯达就在光电照相机方面进行了一定的研究。但在影印机市场上，有技术领先、实力强劲的世界影印机巨头金禄和万国商业机器公司与之竞争。金禄公司早在1960年就以914型影印机首先进入市场并获得成功，多年来金禄的影印机畅销全球，几乎独占市场。而万国商业机器公司当时也有10%的市场占有率，柯达是迟来的新手，因而遭遇了许多巨大的难题。

柯达公司并没有甘拜下风，而是以其稳健的作风做出抉择，要制造一种最新的产品。通过对影印机市场的调查，了解到用户的兴趣在于产品的品质、快速、可靠与简便。在对市场的未来前景进行科学预测后，经过综合平衡，柯达决定所生产的新产品专门为大公司服务。柯达要夺取市场，必须使自己的新产品在技术性能方面超过其他公司，于是制定了新产品开发的优质战略。1967年，一名叫沙莱的人发明了一种新构想的文件重组反馈器，这种装置能自动处理一堆需要复印的原件。沙莱给各大影印公司致函，寻求被采用的机会。金禄公司寄了一张空白表格要沙莱填写，但柯达公司却立即委托专利律师打电话和沙莱直接洽谈。当时，尽管柯达对沙莱的发明并没有马上利用，但很快取得了这项发明的专利权。几年后，柯达公司影印实验室对沙莱的文件重组反馈器进行了研究改进，柯达的工程师终于使它得以圆满运行。于是柯达影印机可以一面复印，一面装订。这就比其他要等复印全部完了之后才能装订的影印机多了令人羡慕的优越性。另外，给新产品的“必备”条件帮了大忙的还在于推出的微机处理机，它使柯达影印机健全了“故障排除系统”。

当一系列难题终于得到解决之后，图4-1所示的柯达公司生产的EKTA影印机开始上市。这种影印机由于可以一边复印一边装订，得到用户的一致好评。它的多功能性，即使是老牌的金禄公司和万国商业机器公司也望尘莫及。

在设计实践中，设计的提出会有多种方式，企业中的设计师是从企业决策层以及市场、技术等部门的分析研究中获得设计任务；设计公司是受客户委托得到具体项目；自由设计师甚至可以直接通过对市场的分析预测找出潜在问题进行设计开发。无论设计任务是由谁提出的，最重要的是遵循科学的产品设计开发原则和流程。

针对具体的设计项目，需要设计师与企业之间保持良好的沟通与协调。在此基础上，设计师才能明确企业开发产品的目的、意图与方向，制定出准

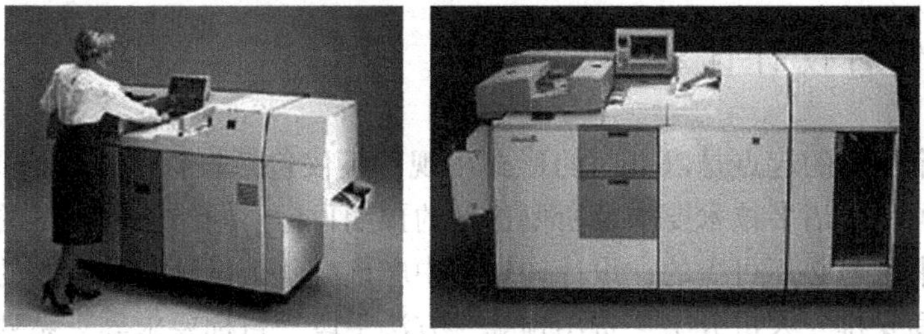

图 4-1 柯达 EKTA 影印机

确的设计目标，从而创作出优秀的产品。企业无论是作为客户还是主顾都应该向设计师提供有关产品的基本信息，包括产品的样机、使用方式、工作原理、基本装配、开发意图、目标客户群等。同时，设计师与企业之间应该相互了解，即设计师应了解企业自身所具备的条件、生产能力和未来可达到的生产技术能力；企业应了解设计师所具有的设计能力，以及设计师能为企业提供哪些服务等，双方的相互信任和共同协作是产品成功开发的基础。奔驰 F700 汽车设计的简略过程如图 4-2 所示。

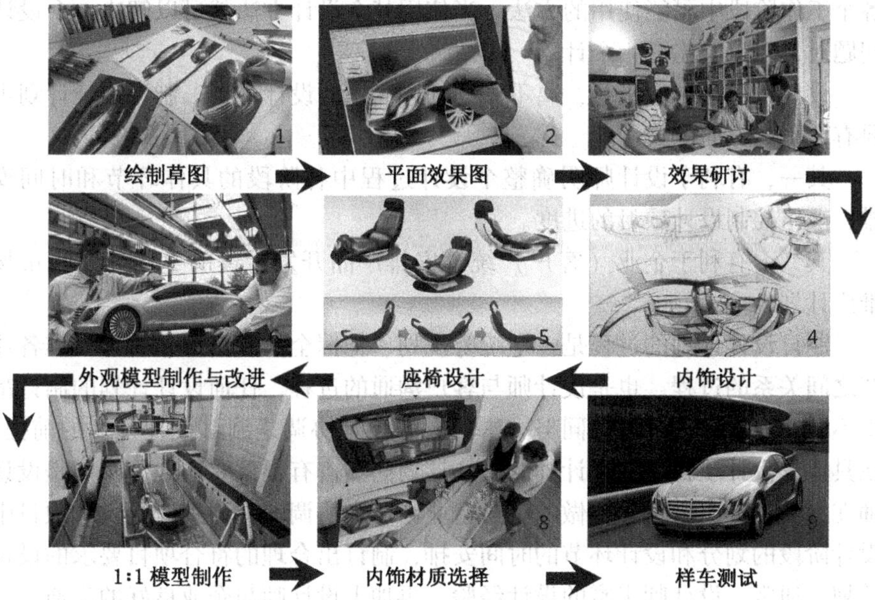

图 4-2 奔驰 F700 汽车设计的简略过程

4.2 制订设计计划

一个良好的起点是以书面的形式出现，不仅包括设计的商务合同协议，更包含项目的诸多技术要求及所要达到的预期目标。同时一份详尽的产品设计计划书也是必不可少的，设计计划书中应该将整个设计研发阶段的各个阶段的时间安排、人员分工、费用预算、方法手段、目标要求等一系列因素做尽可能量化的规范安排，以方便今后对于项目的控制管理与验收评价。

4.2.1 必要性

产品设计开发是边缘性、多学科的综合体，是一项系统工程，所以在设计过程中，对问题的认识和把握的轻重缓急是较难驾驭的。因此，在设计行为开始前，就必须对所有的问题有个全面的衡量和分析，做出符合自己实现设计需要的计划。

设计计划就是设计师为了将接收到的业务转化为最后的设计而采取的一系列行动。制订设计计划就是将一系列的设计行动划分为若干阶段，并确定各个工作阶段中可能使用的方法。当使用某个设计方法就可以解决一个设计问题时，它也能构成一个计划。

设计任务的顺利进行，离不开详细、周密的设计计划。制订设计计划主要有如下两方面的作用。

其一，有利于设计师明确整个设计过程中各阶段的具体环节和时间安排，严格控制设计项目的进度。

其二，有利于企业（客户）统筹安排产品开发后续的生产计划和市场推广计划。

制订设计计划的过程是一个统筹规划、把握全局和局部、合理安排各环节之间关系的过程，也是设计师与客户沟通的过程。任何设计计划的制订都离不开客户和设计师的共同努力，两者的相互协调是制订设计计划的前提。在具体的设计项目中，设计师的工作计划固然占有很重要的地位，但是设计师在接受任务以后首先要做的是与企业沟通和协调，并详细讨论设计项目中设计阶段的划分和设计环节的时间安排，制订出合理的符合项目要求的设计计划。通常，设计师丰富的设计经验，再加上设计师与企业良好的沟通，一般就足以制订出合理的设计计划。不同的设计项目之间也存在着差异性，应具体项目具体对待。此外，服从设计战略和设计政策的指导是制订设计计划的另一个前提，它保证新产品计划符合企业的整体规划和目标，产品形象符合企业形象。

4.2.2 分 类

常用的设计计划有以下6种。

4.2.2.1 直线式设计计划

这是一种比较理想的情况，直线式设计计划中的每一个行动都依赖上一阶段行动的结果，而该阶段的结果对下一个阶段又是独立的。这种计划适用于对现有产品的重新组合或改进，而不适于创造全新的产品。案例请参考后面介绍的案例5。

4.2.2.2 循环式设计计划

当已知后面阶段的结果，但必须将该结果返回，重复执行上一阶段的行动时就构成了循环式的设计计划。有时会出现2个以上的、互相嵌套的反馈循环。当出现无休止的恶性循环时，就要改变问题的模型。

4.2.2.3 分支型设计计划

当同时出现几个彼此独立的设计行动时，就构成了分支型的设计计划，其中包括了若干个平行的步骤。这时候，根据前面阶段的结果来调整后面阶段计划的方案数量变多了，需要投入较多的设计力量。

4.2.2.4 适应型设计计划

这种设计计划只确定第一个行动，随后的每一个行动的选择，都由前一个行动的结果来决定。从原则上说，这是最好的设计计划。

因为整个设计过程都是在最有用的信息控制之下进行的。其缺点是对设计过程不容易预测。

4.2.2.5 递增型设计计划

在适应性设计过程中，设置若干个修正量，以调整现有的结果来寻求优化的设计。递增量太大时可能漏掉好的结果；递增量太小时可能延缓设计进程，甚至不能取得进展。

4.2.2.6 随机型设计计划

这是一个全然没有计划的设计计划。对于在一个不确定的范围内，为一些独立的研究寻求若干个出发点是很适用的。在考虑每一个步骤时都有意忽略其他步骤的影响，以使该步骤保持独立。这种随机的设计计划可以应用于像“头脑风暴法”这样的过程。

4.2.3 制定可行性报告书

可行性研究报告是在制定某一项目之前，对该项目实施的可能性、有效性、技术方案及技术政策进行具体、深入、细致的技术论证和经济评价，以求确定一个在技术上合理、经济上合算的最优方案和最佳时机而写的书面报告。

产品设计开发的可行性分析，则是根据客户的要求，设计方经过市场调查，对与新产品相关的经济、法律、技术等条件有了一定认识，科学地分析产品设计的方向、潜在的市场因素、要达到的目的、项目的前景及可能达到的市场占有率、企业实施设计方案应当具有的心理准备及承受能力等。这一报告的目的是使设计方对产品设计开发有深入的了解，以便明确自己实施设计过程中可能出现的问题与状况。

[案例 4] 可行性研究报告的基本构架

第一章：项目总论；第二章：项目环境分析；第三章：行业投资分析；第四章：市场分析；第五章：企业竞争分析与项目规模选择；第六章：项目组织与实施；第七章：投资估算与资金筹措；第八章：项目经济可行性分析；第九章：风险分析及规避；第十章：结论与建议；第十一章：附件。

在可行性研究中，设计方应根据项目的特点，合理确定可行性研究的范围和深度，应按照下列步骤开展咨询工作：

了解客户意图—明确研究范围—组成项目小组—搜集资料—现场调研—方案比选和评价—编写报告。

可行性研究报告主要内容是要求以全面、系统的分析为主要方法，经济效益为核心，围绕影响项目的各种因素，运用大量的数据资料论证拟建项目是否可行。对整个可行性研究提出综合分析评价，指出优缺点和建议。为了结论的需要，往往还需要加上一些附件，如试验数据、论证材料、计算图表、附图等，以增强可行性报告的说服力。

4.2.4 制定项目计划表

根据客户的时间要求，制订一个时间进程计划，并展示整个设计过程。如果客户只是委托的方案设计，这个时间表相对就比较简单；如果客户是委托的全部设计，这个时间表就应该包括设计过程、生产过程和销售过程几个不同的时间段。设计方一直要负责到该产品进入市场。项目总时间表主要是把握和安排合理的时间计划，有助于客户统筹安排生产计划和销售计划，并确定生产投入规模与资金的阶段分配。

制订项目计划表应注意以下几个要点；

(1) 明确设计内容，掌握设计目的；

(2) 明确该设计自始至终所需的每个环节；

(3) 弄清每个环节工作的目的及手段；

(4) 理解每个环节之间的相互关系及作用；

(5) 充分估计每个环节工作所需的实际时间；

(6) 认识整个设计过程的要点和难点。

在完成项目计划表后，应将设计计划的相关内容绘制成“项目总时间表”（如表 4-1），以表格的形式展示，这样设计计划更为直观和明了。

表 4-1 项目总时间表实例

	时间内容	项目 1	项目 2	……	项目 *n*
调研分析阶段	接受设计任务				
	制订设计计划				
	市场调研				
	设计定位				
产品造型阶段	设计构思				
	设计草图				
	产品工学设计				
	方案初审				
	方案优化				
	色彩方案				
	产品效果图				
生产准备阶段	绘制工程图				
	样机制作				
	试产及推广				
	设计评判				

[案例 5] 直线式设计计划

第 1 步，详细列出设计流程中的各个设计阶段和设计环节。

第 2 步，划分每个设计阶段的时间进程。

第 3 步，将设计阶段、时间进行纵向和横向排列制成表格。

第 4 步，检查核对设计计划表的内容。

4.3 市场调研

随着商品生产和商品交换的发展，市场调研应运而生。在初级商品经济社会中，由于手工作坊产量少、市场竞争较小，产品生产出来后，只要质量尚好、价格合理，就可以销售出去。市场的微小变化对商品生产和销售影响不大，供求关系也比较简单，这时的市场调研处在一个单一的、较低的发展水平，还没有形成市场调研观念。17 世纪出现的工业革命，使西方资本主义市场经济得到了快速发展。特别是在 20 世纪初，资本主义进入垄断阶段，一方面市场规模迅速扩大，产品更新换代速度越来越快，供需关系愈加复杂；另一方面资本主义经济危机的影响日益加深，市场竞争日趋激烈。

任何一个好的产品设计开发，都不只是为了追求与众不同而毫无根据地设计出来的。同类产品的特性千变万化，但功能是第一位的，是由实际需求而定。产品设计是创造一个集造型和功能高度统一的形象，人们的需求期望不断更新，所以产品无法寻找一种能统治市场的标准式样，这就要求设计应不断地创新，寻找造型和功能密切结合的美好“载体”。必须明确，设计是市场竞争的一部分，产品竞争能力的大小最终是取决于使用者。因此，产品竞争力的关键是产品能否给消费者带来使用上的最大便利和精神上的满足。要使设计具有竞争力，就必须站在为使用者服务的基点上，从市场调研开始。调研主要分为产品调研、销售调研和竞争调研。

通过产品的调研，搞清楚同类产品市场销售情况、流行情况，以及市场对新品种的要求；现有产品的内在质量、外在质量所存在的问题；不同年龄组消费者的购买力，不同年龄组消费者对造型的喜好程度，不同地区消费者对造型的好恶程度；竞争对手的产品策略与设计方向，包括品种、质量、价格、技术服务等；对国外有关期刊、资料所反映的同类产品的生产销售、造型以及产品的发展趋势的情况也要尽可能地收集。

4.3.1 收集资料

产品设计开发，首先应做大量的分析研究，而分析依据的来源就是尽可能多地收集大量有关信息资料，以供下一步分析、定位和决策使用。

由于网络与信息系统的快速发展，收集市场相关信息，对于所有的厂商与设计公司来说，机会成本与信息的涵盖面几乎完全相同，但由于组成的设计开发团队，各有其企业文化及产品策略的背景，形成决策的主管其专长、喜爱与品味不会相同，再加上每一个设计开发团队的创意活力不会相同，所以解读出来的概念与方向必然不同。

然而，广泛有效地收集情报，是产品设计开发成功的前提条件。这个阶段的工作不应该是由某一个部门完全负责与执行，而不去与其他专业进行沟通互动。因为从创意管理的观点来看，有时候一个很小的相互触动可能会透过反馈的作用而扩大效益，转化成突破性的机会！收集信息和情报一般要从以下两方面入手。

4.3.1.1 有关产品服务用户的情报调查

人们对产品的功能需求；

人们能够出多少钱购买这一产品以及使用它所需的费用；

可靠及耐久性，产品操作上的方便程度和使用过程中的维修问题。

4.3.1.2 有关市场方面的情报调查

市场对该产品的需求如何；

市场上类似产品的销售情况以及相关产品所占市场份额的比重。

例如，图 4-3 中的折线图显示的是不同的人对于手机各种设计要素的关心程度，从中可以找到设计工作的重点。

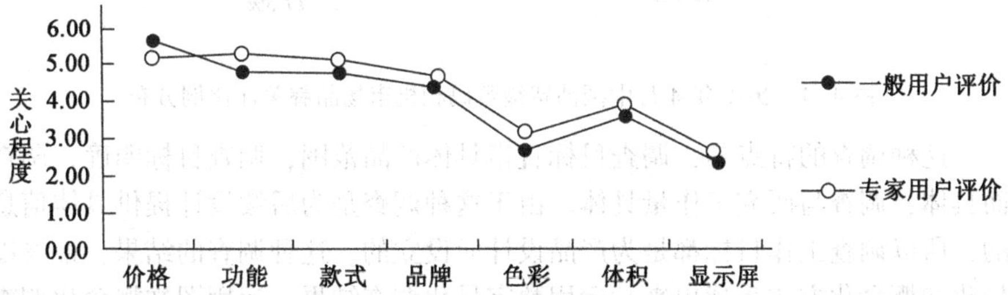

图 4-3 对手机关心程度评价图

4.3.2 调查内容

产品设计调查有以下两种情况。

第一，未确定具体产品项目的设计调查。企业为开发新产品，提出开发新产品计划，但因各种原因，企业最高管理层未能确立新产品的具体内容，只能对新产品的概念进行大致描述，给出一定界限。这种情况下的产品设计调查是一种未确定产品具体内容的调查。

这种调查的特点是，调查目标界定于某一领域，调研面较宽，调查与研究工作量较大。这种调查还要在调查分析方面进行更为明确的研究，提供给决策者更为具体的决策依据。

第二，已确定具体产品项目的设计调查。企业最高管理层对新开发产品的具体内容已经确定，如产品的名称、主要功能、上市时间计划、销售对象与地区及生产计划与价格计划等。针对这种情况的产品设计调查是验证产品具体内容的调查。图 4-4 是进行产品设计调查分析的现场图例。

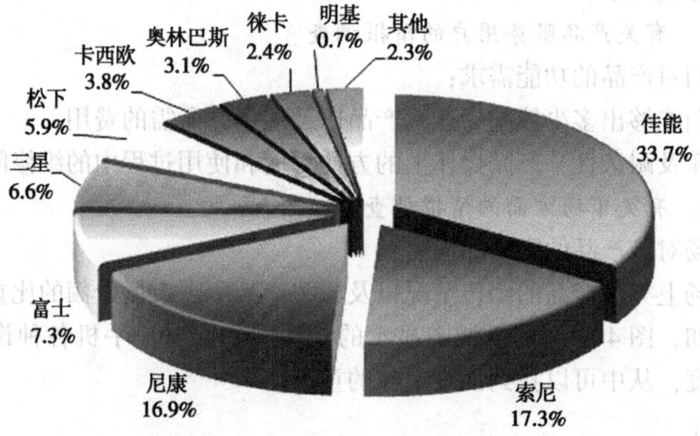

图 4-4 2010 年 4 月中国消费级数码相机市场品牌关注比例分布

这种调查的特点是，调查目标直指具体产品范围，调查目标明确，调查面具体，调查与研究工作量具体。由于这种调查是为后续设计提供具体信息的，所以调查工作目标都是为产品设计而设立的。这种调查的结果，最终以量化和概念化方式表现出来，运用数字量化调查结果，运用图文概念化调查结果。

产品设计的调查内容是，依据确定的新产品具体内容展开的调查，一般包括以下调查内容（见图 4-5）。

4.3.2.1 市场环境调查

（1）政治法律环境的调查：对市场产生影响和制约作用的国内外政治形势以及国家规范市场的法律、法规、方针政策，有关管理机构和社会团体的活动的调查。

（2）经济环境的调查：对生产发展水平、规模，国民生产总值、国民收入，社会扩大再生产的方式、规模和发展速度，居民收入，消费总体水平、消费结构及其变化，物价水平，经济发展水平、速度、周期，经济基础设施等方面的调查。

（3）文化环境的调查：对教育水平、价值观、宗教信仰、生活习惯、

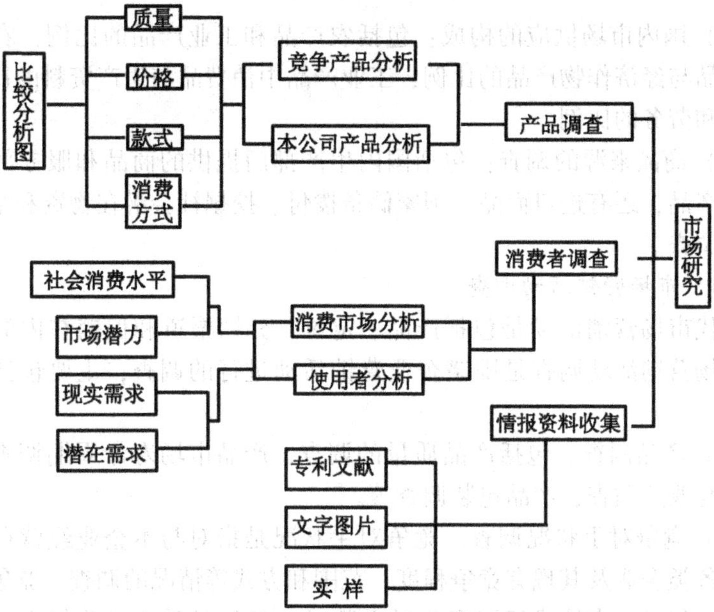

图4-5 市场调查内容

审美观等方面的调查。

(4) 自然环境的调查：对自然资源分布状况及其开发利用水平和环境保护、生态平衡等方面的调查。

(5) 科技环境的调查：对科技发展水平、趋势，新技术、新材料、新品种、新能源的状况，技术指标，质量标准及国家科技政策等的调查。

4.3.2.2 市场需求调查

(1) 市场商品和劳务需求总量调查：市场商品和劳务需求总量是一定时期该区域的社会购买力的表现，包括居民购买力、生产资料购买力和社会集团购买力三部分。

(2) 市场需求结构调查：对购买力的持有者将其购买力投放在不同商品类别、不同地区、不同时间的比例及其变动进行的调查。

(3) 需求转移的调查：即人们的购买力、需求层次、需求偏好等的改变。

4.3.2.3 市场商品资源调查

(1) 国内市场社会商品供应总额：包括工业企业能向国内市场提供的产品量，农业能向国内市场提供产品量及服务部门能向国内市场提供的服务量。

(2) 国内市场供应的构成：包括农产品和工业产品的比例，农产品中粮食产品与经济作物产品的比例，工业产品中消费品与生产资料的比例及物质产品和劳务的比例。

(3) 商品来源的调查：包括国内生产部门提供的商品和服务部门提供的劳务产品，还有进口商品、国家储备拨付、挖掘社会潜在物资和结余供应量等的调查。

4.3.2.4 市场营销活动调查

现代市场营销活动是包括产品、定价、分销渠道和促销在内的营销活动。市场营销活动调查是围绕企业营销活动进行的调查，主要包括以下几方面。

(1) 产品调查。包括产品质量的调查，产品市场寿命周期调查，产品的开发与改造调查，产品包装调查等。

(2) 竞争对手状况调查。竞争对手状况是指对与本企业经营存在竞争关系的各类企业及其现有竞争程度、范围和方式等情况的调查。竞争对手调查的内容包括：直接或间接竞争对手数量，竞争对手的经营能力、经营方式、购销渠道，竞争对手生产经营商品的品种、质量、性能、价格，成本、服务等方面的情况，竞争对手的技术水平和新产品开发的情况，竞争对手的声誉和形象的调查，竞争对手的宣传手段和广告策略，竞争现状及企业在竞争中所处的地位及潜在竞争对手状况等。

(3) 品牌或企业形象的调查。包括品牌的知名度、企业的知名度、品牌的忠诚度、评价品牌或企业的指标，以及对品牌或企业名称、商标的印象和联想度等。

(4) 广告调查。用科学的方法了解广告宣传活动的情况和过程，为达到预定的广告目标提供依据。广告调查的内容包括广告诉求调查、广告媒体调查、广告效果调查等。

(5) 价格调查。从微观上看，价格调查的内容主要有：国家的物价政策；企业商品的定价是否合理，怎样定价才能使企业增加盈利；消费者对什么样的价格容易接受，以及接受的程度；商品供给和需求的价格弹性有多大，影响因素有哪些等。

(6) 用户或客户调查：用户或客户是指同企业营销活动发生往来关系的单位或个人，既包括本企业原材料或劳务的供应商，也包括本企业产品的推销商。用户调查包括用户的经营能力、用户的声誉和资金等方面的内容。

4.3.3 调查方法

调查方法有很多，一般根据调查重点的不同采用不同的方法（见图 4-6）。最常见、最普通的方法是采用抽样调查、情报资料调查、访问调查、问卷调查等。调研前要制订调研计划，确定调研对象和调研范围，设计好调查的问题，使调研工作尽可能地方便、快捷、简短、明了。通过这样的调研，收集到各种各样的资料，为设计师分析问题、确立设计方向奠定基础。

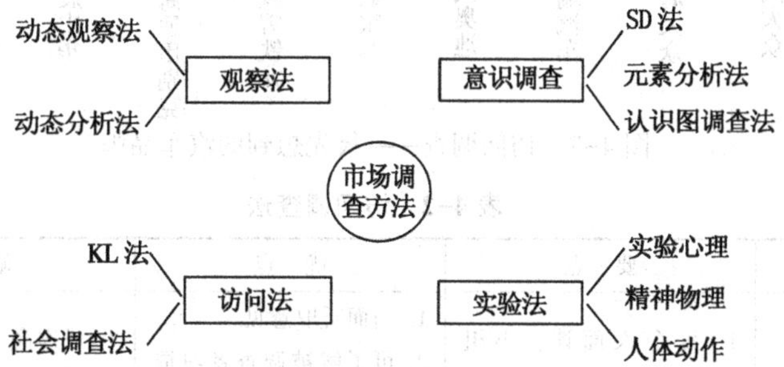

图 4-6 市场调查的方法

产品设计的常见调查方法有以下几种。

4.3.3.1 情报、资料调查法

这是一种对情报载体和资料进行收集、摘录的方法。调查方式是广泛收集文献，认真摘录。这一方法的优点：超越条件限制，真实、准确、可靠、方便、自由、效率高、花费少。这一方法的缺点：仅限书面信息，存在时间差。

4.3.3.2 访问调查法

访问者通过口头交谈等方式向被访问者了解要调查的内容（见图 4-7）。访问调查的方式是要做好访问前的准备工作，建立良好的人际关系，重视访问的非语言信息；做好访问记录，正确处置无回答。访问调查的优点是了解广泛，深入探讨，灵活进行，可靠性高，适用广泛，有利交友；缺点是访问质量取决于访问者的素质，有的问题不宜当面询问，费人、费力、费时间。

访问调查主要有人员走访面谈和电话采访两种，如表 4-2 所示。

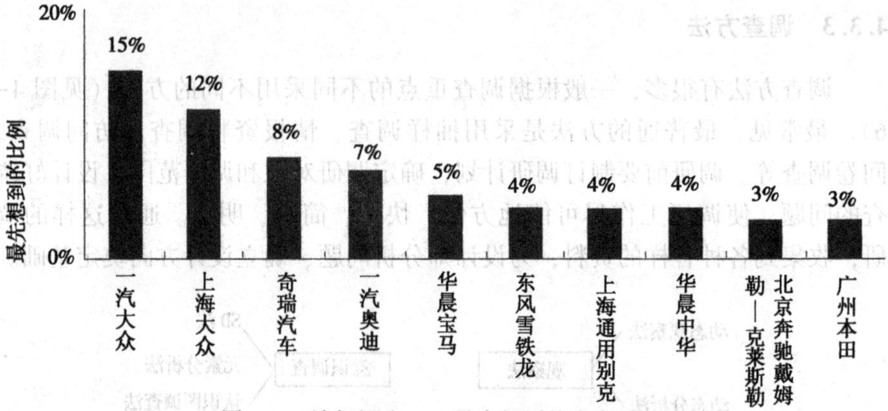

图 4-7 访问调查——最先想到的汽车品牌

表 4-2 访问调查法

方 法	要 点	优 点	缺 点
人员走访面谈	1. 可个人面谈、小组面谈 2. 可一次或多次交谈	1. 当面听取意见 2. 可了解被调查者习惯等方面的情况 3. 回收率高	1. 成本高 2. 调查员面谈技巧影响调查结果
电话采访	电话询问	效率高，成本低	1. 不易取得合作 2. 只能询问简单问题

4.3.3.3 问卷调查法

这是一种调查者使用统一设计的问卷向被调查者了解情况或征询意见的方法。

问卷方式有两种：开放式问卷与封闭式问卷。问卷调查的优点是可以突破时空，可以匿名调查，方便，可以排除干扰，节省人力、财力、时间，便于统计。问卷调查的缺点是信息书面化，适宜简单调查，难以控制填答内容，回收率低，结果的可靠性较差。

问卷调查法主要有实地邮件查询、留置问卷两种形式，如表 4-3 所示。

4.3.3.4 观察法

该方法包括消费者行为观察和操作观察两种形式。这是由调查员或用仪器在现场观察的一种调查方法。可实时地观察到消费者购买过程中好恶倾向和购买习惯，或观察到消费者在产品使用过程中的使用习惯等信息。由于被调查者并不知道正在被调查，动作和行为比较自然，有较强的真实性和可信性。

表 4-3 问卷调查法

方 法	要 点	优 点	缺 点
邮件查询	问卷邮寄给被调查者，须附邮资及回答问题的报酬或纪念品（目前电子邮件方式被广泛采用以代替传统的邮寄方式）	1. 调查面广 2. 费用低 3. 避免调查者的偏见 4. 被调查者时间充裕	1. 回收率低 2. 时间长
留置问卷	调查员将问卷面交被调查者，说明回答方式，再由调查员定时收回	介于面谈和邮寄之间	介于面谈和邮寄之间

4.3.3.5 实验法

该方法包括模拟实验、销售实验两种形式。实验法是把调查对象置于一定的条件下，有控制地分析观察某些市场变量之间的因果关系。比较常见的实验法的应用是将新开发出的尚未批量生产的产品提交受测者使用，或在小范围内试销，然后收集信息，经分析研究对产品做出可靠的评价，及时发现产品可能存在的缺陷并提出合理的改进方案。实验法比较客观，富于科学性，但需时较长，成本较高。

在各个具体的设计调查中，调查对象的选择方式要根据实际情况而定。一般来讲，调查对象的选择主要有全面调查、典型调查和抽样调查 3 种方式。

（1）全面调查：指的是全面性的普查。

（2）典型调查：以某些典型个体为调查对象，根据获得的有关典型对象的调查数据来推至一般情况。

（3）抽样调查：就是从调查对象的总体中，按照随机原则抽取一部分作为样本、并以样本调查的结果来推出总体的方法。抽样调查的特点是：抽取样本比较客观，推论总体比较准确，调查代价比较低，使用范围广泛。

4.3.3.6 小组座谈法

小组座谈法是由一个经过训练的主持人，以一种无结构的自然会议座谈形式，同一个小组的被调查者交谈，从而获取对有关问题的深入了解的调查方法。

［案例 6］进行品牌形象研究的方法

（1）为什么要进行品牌形象研究？

营销时代的市场竞争正越来越体现为品牌的竞争。消费者心目中的品牌形象塑造，正如联合利华前董事长 Michael Perry 所说：“如同鸟儿筑巢一样，用随手摘取的稻草杂物建造而成。”进行品牌形象研究，即是通过市场分析工具，在解析不同消费者的品牌印象的基础上，勾勒出某一品牌的特有气质，从而为品牌资产的管理者提供决策依据。

(2) 选择何种方法进行品牌形象研究？

选择定性还是定量的研究方法，取决于调查的目的而非时间与金钱。

(3) 如何进行品牌形象的定量研究？

品牌形象的定量研究除应遵循定量市场研究的基本程序（包括定义客户问题、研究设计、实地调查、数据分析、报告撰写、向客户陈述等），还应特别注意以下问题。

①预先的定性研究。在进行品牌形象的定量研究时，无论时间、预算的限制如何，都必须先进行一些定性研究，以使研究人员了解消费者用以描述该类商品及研究品牌的基本尺度。

②确定过滤条件。调查对象的过滤条件决定了研究结果的代表性。如对某微波炉的品牌形象研究中，如调查对象为全体市民，则调查结果代表现有和潜在消费者的意见；如调查对象为家中有微波炉的受访者，则调查结果代表现有消费者的意见；如调查对象为使用某品牌微波炉的受访者，则调查结果代表品牌使用者的意见。

在确定过滤条件时，还需要考虑依据该条件是否能够找到足够的受访者，通过何种数据采集方法才能有效地找到该类受访者。

③选择合适的数据采集方法。采用随机抽样的入户访问结果具有推断调查对象总体的意义，所以大多数的品牌形象研究都以此为主要的数据采集方法。街头定点访问有利于找到满足某些过滤条件（如未来一年内准备购买彩色电视机）的受访者，一般要求在街头拦截访问，在找到合格的受访者后，邀请其到附近的一间工作室中，由访问员对其进行访问。

④使用指标体系设计问卷。研究经验显示，对于不同种类的产品应使用不同的指标体系来设计问卷，以便能够有效地保证研究的质量。

⑤通过模型进行分析。通过市场现状图、品牌定位图等研究模型，在大量的数据中找到最重要的研究结论，并使之一目了然。

(4) 如何进行品牌形象的定性研究。

在小组座谈中，使用一些研究技巧可以有效地刺激受访者的想象力，从而获得更多有关品牌的信息。

①开放式讨论。

A. 对你来说，这个品牌有什么意义？

B. 当初为什么选择这个品牌而不是其他品牌？它和别的品牌有什么不同？

C. 如果你要向别人介绍这个品牌，你会怎么说？

D. 你觉得这个品牌是什么样的人用的？

②拟人化。

A. 如果这个品牌是一个人，它的性别、年龄为何？

B. 它所从事的职业是什么？它的衣着打扮是什么样子？

C. 它平常有哪些爱好？有什么样的休闲娱乐活动？

③词汇联想。

A. 提到这个品牌，你最先想到的3个形容词是什么？

B. 为什么是这3个形容词？

④隐喻及类比。

A. 如果这个品牌是动物，它会是哪一种动物？

B. 如果这个品牌是人，它会是什么性别、年龄、职业？

⑤属性归类。本方法进行的方式是准备受测品牌及其竞争品牌，然后要求消费者以他们自己的分类标准来将这些品牌分组，此过程不断重复，直到消费者无法想出其他用来分组的“区隔元素”，接着由消费者解说其标准及呈现的分类结果。

4.3.4 调查步骤

产品设计调查分为如下三大步骤。

4.3.4.1 调查准备阶段

在调查的准备阶段，应根据已有的资料，进行初步分析，拟定调查课题和提纲，当然也可能需要进行非正式的调查。这时调查人员应根据初步分析，安排负责管理、技术、营销的员工和客户座谈，听取他们对初步分析后提出的调查课题和提纲的意见，以便更好地拟订调查的问题，确定调查重点，避免调查的盲目性。

4.3.4.2 调查确定和实施阶段

这是调查计划和方案的选定以及具体实施的阶段。主要涉及以下内容。

（1）确定资料来源和调查对象。

（2）选择适当的调查技术和方法，确定询问项目和设计问卷。

（3）若为抽样调查，应合理确定抽样类型、样本数目、个体对象，以便提高调查精度。

（4）组织和挑选调查人员，必要时对调查人员进行培训。

（5）制订具体、可行的调查计划。

（6）调查的实施。

（7）调查结果的整理和分析。

4.3.4.3 形成调查分析报告

将调查收集到的资料，进行分类和整理，有的资料还要运用数理统计的方法加以分析。最后将统计数据整理后，绘制成各种图表，并做出有关调查结果的分析报告。调查分析报告要达到以下4点要求。

①要有针对调查计划及提纲的问题的回答。

②统计数字要完整、准确。

③文字要简明，并有直观的图表。

④要有明确的解决问题的方案和意见。

4.3.5 市场调查分析

市场调查分析是市场调查的重要组成部分。通过市场调查收集到的原始资料，是处于一种零散、模糊、浅显的状态；只有经过进一步地处理和分析，才能使零散变为系统、模糊走向清晰、浅显发展为深刻，分析研究其规律性，达到正确认识社会现象的目的，为准确的市场预测提供参考依据，最终为决策者正确决策提供有力的依据。

市场调查分析的研究方法如下。

（1）个体研究，汇总整理。汇总或传阅调查材料，根据调查内容，每位调研者独自研究分析，并将结果整理成书面形式，提交上一级主管部门。主管部门根据大家上交的个人研究材料，组织专人对其汇总。相同研究结果只保留一条，不相同的内容累加，同时要注明相同研究结果的人数。将上述结果按照类别由多到少的顺序汇编成书面研究结果。这种方法的特点是时间长，相互干扰影响小。

（2）召开会议将调查材料同时以合适的方式展现给所有到会者，到会者根据材料内容自由发表个人意见，展开讨论，并将公认的意见记录在案。会议要有人事先做好计划，专人主持，按顺序展开。最终整理记录的公认意见，并按重要性排列次序。这种方法的特点是时间短，相互干扰影响大。

（3）在掌握大量信息资料的基础上，对所收集的资料进行分类、整理、归纳，使它们按照一定的内容条理化，从而便于分析研究。针对收集的资料，可做如下分析。

①同类产品的分析（功能、结构、材料、形态、色彩、价格、销售、技术性能、市场）。

②功能技术分析（功能、结构、材料、形态、色彩、加工工艺、技术性能、价格、市场）。

③使用者的分析（使用者的生理与心理需求，生活方式、职业、年龄、性别）。

④产品使用环境的分析（使用地点、使用时间、使用环境中的其他因素）。

⑤影响产品的其他因素分析。

图 4-8 是基于对调研资料的深入分析，会激发设计者的创造力，形成初始方案。

有效地进行顾客细分也是寻找优秀解决方案的手段之一。将整体顾客根据不同的行为特点分为若干“共同需求主题”，其中的原则是尽量满足每一位顾客的使用要求，尽管这一点很难做到，但是适当的顾客细分可以简化研究、设计和操作的过程，提高设计效率。在进一步的使用者需求分析研究的过程中，设计师可以根据研究的深化去调整设计定位（见图 4-8），修正设计发展的方向。

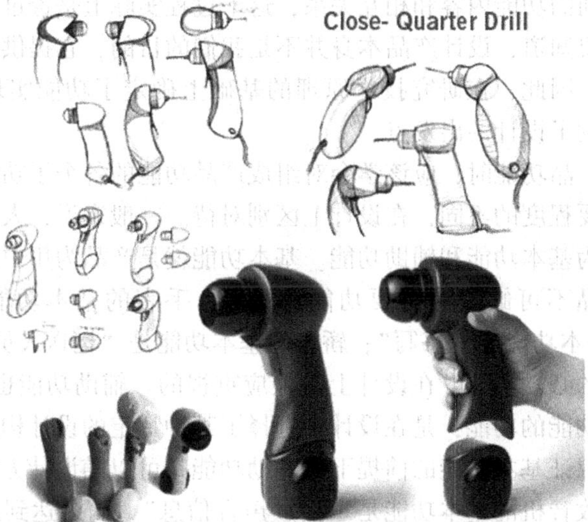

图 4-8　设计定位调整

所有解决方案的创意只有一个出发点，就是对用户的研究分析。伊利诺理工学院的一位著名教授将这种分析研究过程分为如下两类。

4.3.5.1 产品焦点研究

通常通过概查、集中讨论、面谈、家庭走访和易用性测试来询问顾客。这类研究的优势在于它可以引导出关于问题的具体情况，能够使得公司修正问题，并拓展产品特性。它可以是迅速的、实用的，并能引导出在主要细节方面有效的统计结果，为进一步的方案设计提供更为有利的功能框架模型。

4.3.5.2 文化焦点研究

运用类似进行人口普查和人口统计学数据的措施来关注人文价值系统、社会结构以及朋友和亲戚之间关系的日常生活总体模式。这类研究可以引出有关一种文化的惊人发现。例如，一个公司可以了解到正在增加的双职工家庭的数量，了解到更多的人在获得高中教育，了解到人们正在把价值放在他们个人信息的隐私上。这一研究将给出对于行为、信仰和人们目标的深刻的分析；反过来，这些分析可以用来对公司正在准备导入的产品以一种总体方式进行思考，更能够给方案的初期创意提供启发刺激。设计师在这一阶段应该训练自身灵活运用各种手段快速记录下灵感创意与分析思路的能力。

产品的各个组成部分具有相应的功能，功能划分及分析研究的目的是要了解它们之间的功能内容和相互关系，这个过程实际上是透过现象来分析事物的本质。要知道，设计产品本身并不是我们的目的，它提供的功能才是它存在的目的。因此，在研究技术原理的基础上确定了功能实现的途径和手段，也就找到了设计的出发点。

在研究产品功能时，应该学会对组成产品功能的各个子功能进行分类研究。视其重要程度的不同，在设计上区别对待。一般来说，人们习惯于将产品功能区分为基本功能和辅助功能。基本功能就是产品为用户提供的使用功能，它是产品不可缺少的重要功能。例如，手表的基本功能是“指示时间”；笔的基本功能是“书写”；轿车的基本功能是“运送人员”。它们都是用户所要求的必须功能，在设计上是最应重视的。辅助功能也称二次功能，是辅助基本功能的功能，是在设计中选择了某种特定的设计构思而附加上去的功能。在保证基本功能的前提下，辅助功能是可以随设计方案的不同而加以改变的。收音机的基本功能是“播放声音信息”，而为达到这一主要功能所选择的结构、组件都是辅助功能的载体；外壳是为了防尘和保护机芯；提带是为了便于携带；发光二极管是为了指示机器的工作状态等。

总之，设计师要想实现理想的方案，必须对设计目标系统中的内部诸要素进行深入研究与细致分析，以实现功能与形式的有机结合与完整统一。这里所说的“内部因素”包括产品的机能原理、结构特性、生产技术、加工工艺、形态色彩、材料与资源以及企业的管理运营水平等技术方面的具体情况和参数等。设计目标系统的内部因素对于上述技术功能因素的分析研究是为了寻求解决问题的技术原理。设计师要同各类技术人员、工程师们研讨探求和选择最佳的实现功能的技术方案。这一过程通常是与功能分析相互联系进行的，技术原理是依附于功能系统上的。也就是按照功能系统图找到最佳实现各种功能的手段，选择合适的原理及部件。

4.4 产品设计定位

作为设计师，通过前期大量情报资料的收集与分析，在了解企业目前和未来可能的生产条件的基础上，把从中发现的需要解决和可能需要解决的问题与其他各种因素进行归纳和分析，找出主要问题和主要原因，然后进行设计定位。设计定位是在产品开发过程中，运用商业化的思维，分析市场需求，为新产品的设计方式、方法设定一个恰当的方向，以使新产品在未来的市场上具有竞争力。通常企业的设计定位包括品牌定位、产品定位、消费人群定位。

4.4.1 设计定位概念

在调研分析的基础上，设计师要开动脑筋，充分发挥对问题敏感的特点，去发现问题所在。爱因斯坦说过："提出一个问题往往比解决一个问题更重要，因为解决问题也许仅是一个数学上或实验上的技能而已，而提出新的问题，新的可能性，从新的角度去看旧的问题，却是创造性的想象力，而且标志着科学的真正进步。"

就产品设计所涉及的各方面问题确定具体目标和方向，这一确定称为产品设计定位。一般情况下，产品设计定位涉及的内容大致有如下 16 种：产品档次或层次；产品整体组成性质；产品形象特征；产品识别要求；产品竞争要求；产品制造成本范围；工作原理的选择和产品功能设置或功能组成产品质量感层次；产品附加值；产品人机界面的特别要求；产品色彩应用特别要求；产品成型工艺特别要求；产品制造材料应用特别要求；消费群对产品设计的需求；针对销售时间及产品寿命的要求；产品与包装、产品与品牌的关系要求。

在市场分析后，将分析结论有机地融入公司的发展战略，以定位新产品的整体"概念"。这样的概念通常以文字格式来做叙述，会将"市场定位""目标客户""商品的诉求""性能的特色"与"售价定位"作定义式的条例描述。设计方法应用的重要驱动力在于准确有效地收集、识别、量化各种限定条件，进而帮助企业推论出准确的设计定位。

也就是说，当我们发现一个问题，并且经过分析研究后，决定用某一独特方式来作为解决这一问题、明确设计目标的途径。例如，我们渴了需要喝水，喝水要用杯子，在生活中的不同场合与情况下喝水，人的行为特点和需求是具有差异的。在公园、在餐厅、在飞机场，不同的人喝水所使用的杯子是不同的。设计师必须明确要设计适合哪种环境下使用的“饮水用具”，同时要明确各种要实现的要求指标，其中包括功能要求指标、生产技术指标、造型及色彩方面的指标等，总之是要建立一个设计评价体系。我们在这里必须强调指出的是，设计定位的正确与否直接关系到项目的最终成败。

可以说，设计定位就是整个设计活动的“基准”，无论是今后的草图方案，还是样机评价，都要以此来作为评审依据。正如杰夫坦南特在他的《新产品/新服务完美投放市场》一书中给“定位”赋予的含义：启动项目的关键在于创建一个概念性的定位，并通过对竞争对手的良好实践的归纳建立基准，同时通过对不同行业的调查研究建立基准，以此作为方案的补充。良好的设计将通过基准建立、能力评定、模拟和试用以及消除风险与错误，逐渐形成并确定一个理想的解决方案。

4.4.2 设计定位的必要性及作用

提出问题首先是能发现问题，问题的发掘是设计过程的动机，也是起点，产品设计师第一个任务就是认清问题所在。一般问题来自各式各样的因素，设计师要把握问题的构成。这一能力对设计师来说是非常重要的。这与设计者的设计观、信息量和经验有关。如果缺乏应有的知识和经验，就只能设计出极其幼稚的物品。

明确了问题的所在，就应了解构成问题的要素。一般方法是将问题进行分解（见图 4-9），然后再按其范畴进行分类。问题是设计的对象，它包含着人机环境要素等，只有明白了这些不同的要素，方可使问题的构成更为明确。

认识问题的目的是为了寻求解决问题的方向。只有明确把握了人机环境各要素间应解决的问题（见图 4-10），才明确了应采用何种解决问题的方法。产品设计定位的作用是使产品设计活动按照一定的方向展开，消除无序、发散的无效设计行为，保证产品设计方案评价有依据，按照设计定位来检验产品设计存在的问题；产品设计定位可以促成生产和销售紧密配合，促成产品生产流程目标一致。如果没有产品设计定位，设计活动就易造成混乱，浪费人力和时间，使产品后续工作产生一系列问题。

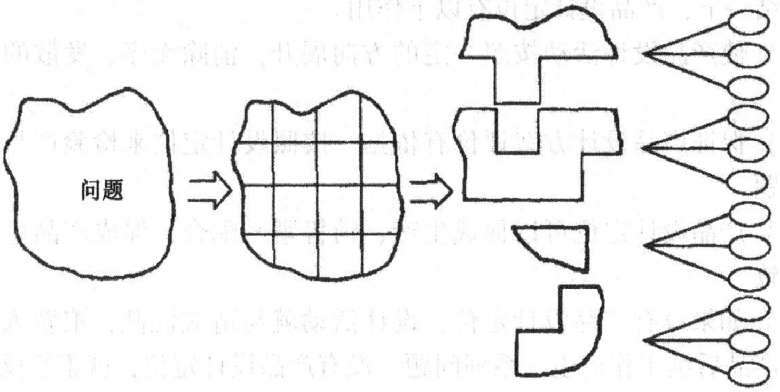

图 4-9 问题分解图

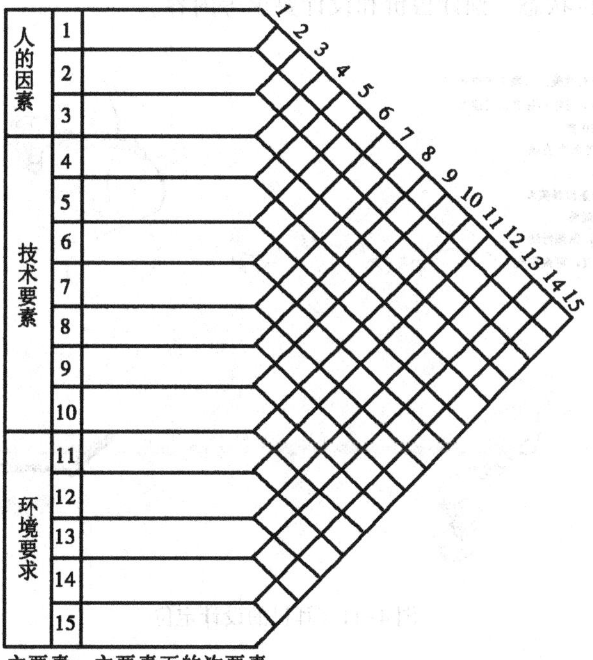

图 4-10 人—机—环境因素

这里使用了“提出概念”的称谓。设计师能否提出设计概念是非常重要的。发现了问题，明确了问题所在，也能找到解决问题的方法，但如何找到最佳点和最佳方法，这就要求设计师具有创造性的思维：通过发现与思考，提出新的设计概念，并在这一概念的指导下从事设计工作。

总结一下，产品设计定位有以下作用。

(1) 使产品设计活动按照一定的方向展开，消除无序、发散的无效设计行为。

(2) 保证产品设计方案评价有依据。按照设计定位来检验产品设计存在的问题。

(3) 产品设计定位可以促成生产、销售紧密配合，促成产品生产流程目标一致。

(4) 如果没有产品设计定位，设计活动就易造成混乱，浪费人力、时间，使产品后续工作产生一系列问题。没有产品设计定位，就不能反映企业想要什么，不能体现企业或客户的真正意图，造成决策者的意愿在产品设计中不能得到全面实现。图 4-11 十分形象地描述了全新耳机的市场定位、对使用者的定位状态、预计售价和设计要求等内容。

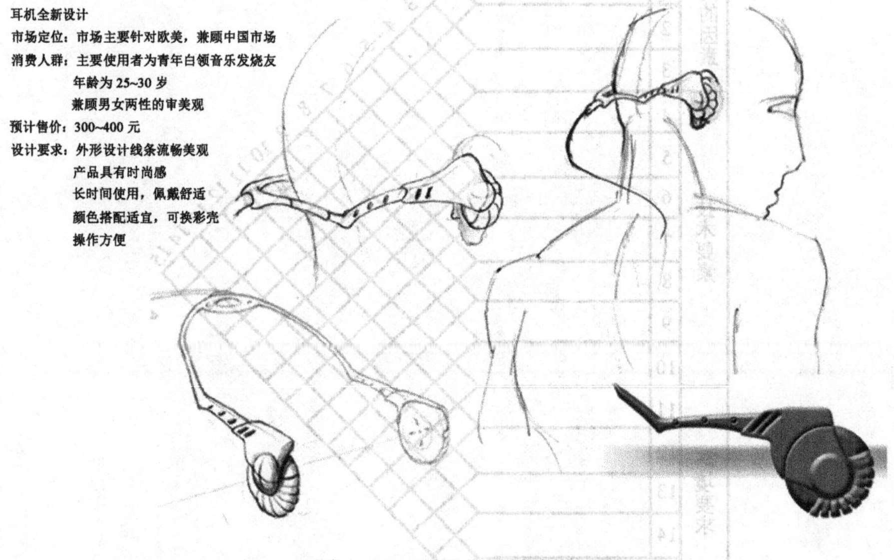
耳机全新设计
市场定位：市场主要针对欧美，兼顾中国市场
消费人群：主要使用者为青年白领音乐发烧友
年龄为 25~30 岁
兼顾男女两性的审美观
预计售价：300~400 元
设计要求：外形设计线条流畅美观
产品具有时尚感
长时间使用，佩戴舒适
颜色搭配适宜，可换彩壳
操作方便

图 4-11　耳机的设计定位

4.4.3　设计定位方法与步骤

产品设计定位按照企业性质及企业运作管理分为如下步骤。

(1) 由企业高层管理者提出新产品的目标和要求，设计部门将其记录在案。

(2) 与产品关系较大的部门，尤其是市场（销售）部门，将新产品的目标和要求记录在案，落实到工作中。

（3）根据市场调研归纳市场对产品的要求。

（4）归纳产品设计需求，整理汇编成产品设计定位草案。

（5）将这一设计草案提出，召开（讨论）会议，请企业管理层表决，各相关部门的工作人员到会，讨论草案，修正草案，最终整理出大家认同的具体定位内容。为客户提供设计服务的单位，在做产品定位时，要参与客户定位环节的全过程，最终定位内容必须由客户正式确认。

设计定位的目的是明确设计目标，准确的设计定位能帮助设计师在设计过程中将注意力集中在最重要的问题上，并且还能为设计过程指明方向，少走弯路。

设计师在设计中常用的设计定位方法有：

（1）按消费人群的不同进行定位（年龄、性别、民族、收入、爱好）。

（2）按使用地点的不同进行定位（区域定位/地域定位）。

（3）按价格进行定位（高档、中档、低档）。

（4）按质量进行定位（高质量、一般质量）。

（5）按功能进行定位（单一功能、多功能）。

不同企业的规模、技术和工艺水平、生产能力和资金的现状都是有所区别的，设计中所规划的新产品是否具备技术和工艺上的可行性；新产品的开发是否与企业经营目标相一致，这些问题都要靠产品定位来限定。因此需要通过主动地细分市场，根据企业自身特点，选择合适的目标市场，做出合理的产品定位。

要使设计的产品顺利准确地切入目标市场，必须在设计前对产品进行合理的定位。产品定位首先要考虑的是产品目标市场的确定。市场可依据地理、人文、购买者心理和行为等加以细分，划分的精细度可视需要和具体条件而定。在把市场细分成若干个子市场后，再根据具体的市场环境和企业自身特点等确定产品要切入的子市场，即目标市场，这个过程就是产品的市场定位。目标市场的确定可以借助图 4-12 所示的“市场/目标网络”法。图中的产品要素可按类型、形态、色彩、价格、档次、风格、成本等方面分别展开，在这个过程中，要判断和选择产品要素，从而完成产品定位。

目前同一领域内产品同质化的趋势越来越明显，如果不能在众多质量相仿的同类产品中脱颖而出，就会在市场竞争中处于不利位置，而要使产品因自身的独特特点受到消费者的青睐，强调产品的差异性是在设计定位中广泛采用的方法。所谓差异性，一般指不同厂家的产品在造型、色彩、功能、价格、质量、档次等要素方面不同于其他同类产品的差异，概括地说，产品的差异性大致包括功能差异、技术差异和用户使用过程中心理的差异，如图

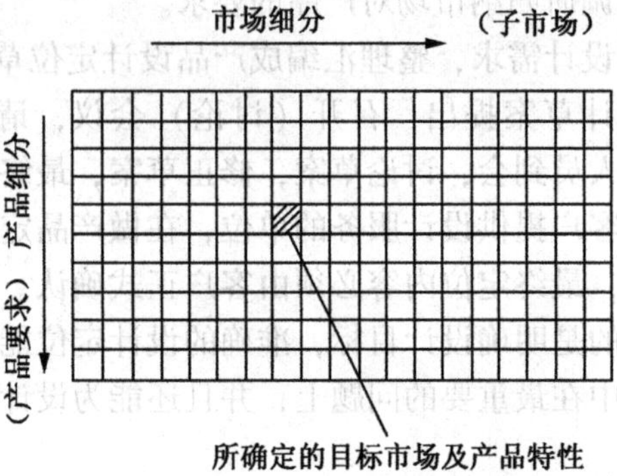

图 4-12 “市场/目标网络”法

4-13所示。

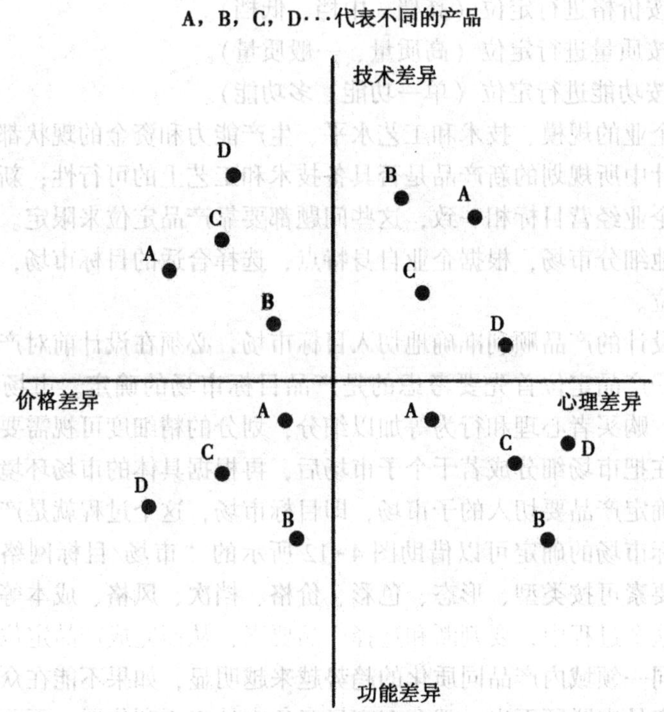

图 4-13 产品差异性空间示意图

设计定位是在以企业经营利益为目标的指导下对特定产品进行目标市场定位和差异化的设计，以期获得比同类产品更好的市场效益。设计定位一般分为以下 8 个步骤。

产品设计定位按照企业性质及企业运作管理分步骤进行。

第 1 步，由企业高层管理者提出新产品的目标和要求，设计部门将其记录在案。

第 2 步，与产品关系较大的部门，尤其是市场（销售）部门，将新产品的目标和要求记录在案，落实到工作中。

第 3 步，根据市场调研，归纳市场对产品的要求。

第 4 步，归纳产品设计的需求，整理汇编成产品设计定位草案。

第 5 步，将这一设计方案提出，召开讨论会议，请企业管理层表决，各相关部门的工作人员到会，讨论草案，修正草案，最终整理出大家认同的具体定位内容。

第 6 步，寻找产品特征（见图 4-14）。通过设计调查，收集并分析准备

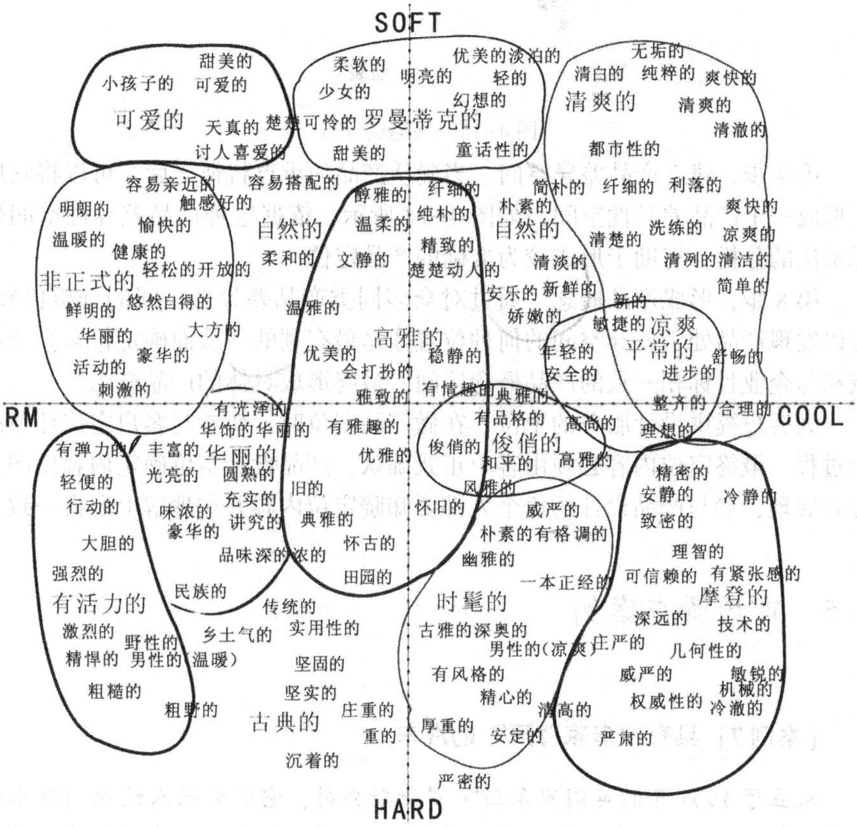

图 4-14　产品特征描述词语

开发的产品的同类产品的结构、材料、造型、功能、质量。价格和可靠性指标等多方面数据，从中得到该类产品能获得消费者的青睐特点（见图 4-15），作为进行设计定位的信息基础。

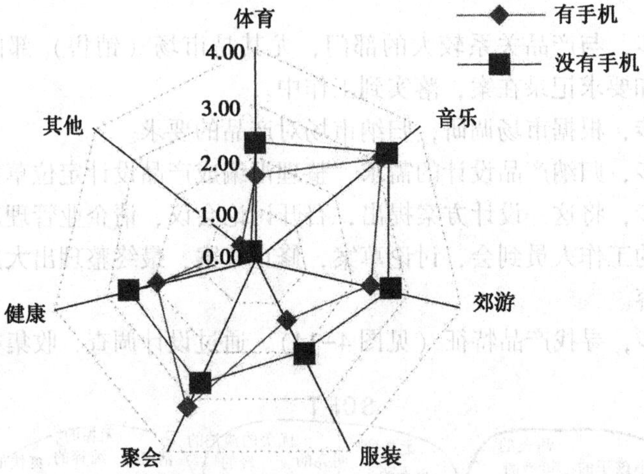

图 4-15　兴趣点分布

第 7 步，建立产品差异空间。当确认产品的重点特征之后，可以将它展开形成一个产品差异性空间，如图 4-14 所示，依据这种产品差异性空间坐标系法的分析，有助于形成较为准确的产品定位。

第 8 步，形成产品概念。通过对众多同类产品差异性空间的分析比较，可以发现产品处于差异空间的何种位置才是最有利的，从而确定符合企业特点和与企业目标相一致的产品概念区间，最终形成具体的产品概念。

为客户提供设计服务的单位，在做产品定位时，要参与客户定位环节的全过程。最终定位内容必须由客户正式确认。产品设计定位确定内容用图文方式展现，参与产品设计的每个人都要知晓定位内容并在理解上取得一致。

4.5　市场调查案例

[案例 7] 具有“皇家尊严”的汽车

成立于 1904 年的英国罗尔斯·罗伊斯公司，它的创始人认识到汽车的数量增长如此迅猛，势必将变得“平民化”，因此他决定生产并销售一种带有“皇家尊严”的汽车。

同样，几年以后，年轻的亨利·福特在底特律也看到市场结构在变化，在美国，汽车不再是富人的玩具，他的对应措施是设计一种主要由半熟练的工人操作、可以完全批量生产的汽车。

另一个美国人，杜兰特则将市场结构的变化视为是成立一家专业管理型大型汽车公司的大好时机。他意识到一个巨大的“全方位”市场，并打算向市场的各个阶层提供汽车。1905 年，他创立了通用汽车公司，开始并购已有的汽车公司，并将它们统一为一个大型的现代企业。

1899 年，年轻的意大利人阿涅利认为汽车将成为军需品，尤其可作为军官的指挥车。于是，他在都灵成立了菲亚特公司，几年之内，该公司就成为意大利、俄国和奥匈帝国军队提供军用汽车的主要供应商。

[案例 8] 吉利公司市场调查的成功案例

男人长胡子，因而要刮胡子；女人不长胡子，自然也就不必刮胡子。然而，美国的吉利公司却把“刮胡刀”推销给女人，居然大获成功。

吉利公司创建于 1901 年，其产品因使男人刮胡子变得方便、舒适、安全而大受欢迎。进入 20 世纪 70 年代，吉利公司的销售额已达 20 亿美元，成为世界著名的跨国公司。然而吉利公司的领导者并不因此满足，而是想方设法地继续拓展市场，争取更多用户。就在 1974 年，公司提出了面向妇女的专用“刮毛刀”。这一决策看似荒谬，却是建立在坚实可靠的市场调查的基础之上的。

吉利公司先用一年的时间进行了周密的市场调查，发现在美国 30 岁以上的妇女中，有 65%的人为保持美好形象，要定期刮除腿毛和腋毛。这些妇女之中，除使用电动刮胡刀和脱毛剂之外，主要靠购买各种男用刮胡刀来满足此项需要，一年用在这方面的花费高达 7 500 万美元。相比之下，美国妇女一年花在眉笔和眼影上的钱仅有 6 300 万美元，在染发剂上的钱为 5 500 万美元。毫无疑问，这是一个极有潜力的市场。

根据市场调查结果，吉利公司精心设计了新产品。它的刀头部分和男用刮胡刀并无两样，采用一次性使用的双层刀片，但是刀架则选用了色彩鲜艳的塑料，并将握柄改为弧形以利于妇女使用，握柄上还印压了一朵雏菊图案。这样一来，新产品立即显示了女性的特点。

为了使雏菊刮毛刀迅速占领市场，吉利公司还拟订了几种不同的“定位观念”到消费者之中征求意见。这些定位观念包括：突出刮毛刀的“双刀刮毛”；突出其创造性的“完全适合女性需求”；强调价格的“不到 50 美分”；以及表明产品使用安全的“不伤玉腿”等。

最后，公司根据多数妇女的意见，选择了“不伤玉腿”作为推销时突出的重点，刊登广告进行刻意宣传。结果，雏菊刮毛刀一炮打响，迅速畅销全球。

这个案例说明，市场调查研究是经营决策的前提，只有充分认识市场，了解市场需求，对市场做出科学的分析判断，决策才具有针对性，从而拓展市场，使企业兴旺发达。

［案例 9］一个新产品上市营销精彩案例解析

有一个科技公司开发的一种日用洗涤品是利用高科技材料制成的两个小球，但是它却具有抗菌消毒、防霉防蛀、助洗防缠绕、稳定长效、不褪色、方便使用、健康环保等很强的产品功能。产品概念的延展空间很大，又是市场领先的科技产品，若迅速开拓市场极可能成为年度行业黑马。

如何开发这个市场，企业充满万丈豪情，但思想仍然停留在产品营销时代，简单认为只要适当配合一定的市场推广就可以启动市场，并获取巨大的市场利润。面对老板的激情万丈你只能告诉他，没有足够资金投入的市场永远不可理想化，不足百万的市场启动资金面对全国市场如同沧海一粟。运作市场固然需要万丈激情，但更应该清晰地看到企业在营销上的诸多短板。

(1) 行业的背景分析。

营销人需要激情，老板更需要激情，激情是点燃营销的火种。但是我们应该清楚激情需要理性引导，缺少理性，激情燃烧后的灰烬就会变成一种遗憾。该科技公司老板的激情可能更多的是基于自我的认可和陶醉，对市场缺少理性的把握和认识。

A. 消费者清洁意识增强，清洁杀菌用品增多。

SARS 过后，消费者更加认识到家庭和个人卫生的重要性，而同时很多企业也意识到家庭和个人卫生用品的市场空间，纷纷跻身这个行业。使得行业竞争度迅速提升，一时之间市场充满各种杀菌的洗涤清洁用品。很多人家里都使用 84 消毒液、滴露、过氧乙酸和来苏水等消毒液和消毒药品。尽管以上这种物品的功能单一，多局限在杀菌上，像过氧乙酸、84 消毒液主要是用在医院和公共场所的地面、墙壁、门窗等处，腐蚀性比较强，不太适合家用消毒。相对来说，滴露、来苏水是比较适合家庭使用的。但是这些市场已有很知名的产品，这给新产品进入市场设置了很多竞争壁垒。

B. 市场清洁杀毒用品的缺点多多。

从以上信息我们可以看出这些产品多数是不适合清洗衣物的，个别产品如滴露和来苏水可以清洗衣物，但是通过消费者调研和专家分析，我们发现这些产品的缺点很多，比如危险性大、腐蚀性强、污染性大等弊病。这些化学药品对家庭用水的污染大，而且气味的挥发污染家庭空气。但是消费者依然在选用这些产品，对于该洗涤球的上市来说，改变消费认知亦是一件比较困难的事情，至少需要较大的传播和公关投入。

C. 该产品在行业中的价值链分析。

对于该产品而言，它在行业中面临的竞争，我们可以通过最为基本的行业竞争波特五力模式来予以分析。在和供应商讨价还价方面，该公司在产品的原料上没有什么太大的门槛，所以在讨价还价上几乎不存在阻力，同时由于生产科技的专利，尚无竞争对手来拼抢原料资源；面对潜在进入者的威胁比较小，该产品已经注册，产品研发科技已经申请专利保护，目前产品尚没有在市场上得到响应，还没有企业关注，潜在进入者的威胁至少在目前还不存在。替代品的威胁比较大，这是该公司面临的最大威胁，因为市场上存在很多“该产品”的替代品，如滴露、来苏水、洗衣粉等替代品都对该产品有着很大的威胁，毕竟消费者已经比较习惯使用这些产品了，而作为新品的该产品尚没有对消费者进行培育，市场很不成熟，对于新产品来说，消费者具有更多的选择权，消费习惯左右着消费心理，尝试与否不存在心理缺失，消费者对产品的讨价还价能力很大，尤其是在产品概念和卖点吸引力不足的情况下，产品若以高价向消费者兜售就比较困难。

(4) 新产品上市面临的短板分析。

对于这样一个新产品来说，若想在洗涤市场占据一定的份额绝非易事，作为企业领导更不能被激情冲昏头脑，而应该对目前的市场进行理性的探讨，对市场进行全面细致的分析，而不要一时冲动导致资金投入的流失。目标是理想的，路途却是艰难的。下面我们从营销最为基本的几个方面来分析该产品的市场难点，借以为该企业的发展前景做必要性的诊断分析。

A. 产品 swot 分析。

该产品的优点远胜于市场竞争品牌，而且这些优点也是消费者比较关注的问题。如果产品的这些功能能够起到实际作用，并能通过市场的验证，那么还是能够得到消费者欢迎和推崇的。下面笔者就产品方面做以 swot 分析。

产品优势：抗菌消毒、防霉防蛀、助洗防缠绕、稳定长效、不褪色、方便使用、健康环保等。劣势：市场认知度低、消费意识薄弱、市场缺乏培育、企业资金匮乏、渠道终端构建空洞。机会：市场集中度低、技术壁垒较高、市场领头产品、洗衣伴侣概念的延展空间很大、可能成为行业黑马。威胁：替代产品的威胁、消费者使用顾虑、经销商（分销商）拒绝的威胁、其他新进入者的威胁、冒牌产品跟进的威胁。

从以上分析可以看出，企业若想进入市场并迅速获取市场收益，必须首先解决产品存在的劣势和面对的威胁等实际问题，否则可以想象在消费者没有任何认识的情况下产品的市场销售状况，毕竟消费者固有习惯和替代品的选择都构成市场壁垒。

B. 价格困难分析。

根据企业介绍，得知产品在市场的零售价为36元。老板只是对终端到岸价和产品成本价设定了一个简单的比率，采取最为简单的成本定价。这种定价标准是否科学仍需要进一步考证。

产品定价根本就设有考虑到以下几个因素。产品材料成本、运输成本、人力资源成本、传播成本、促销成本、渠道利润成本、终端费用成本、销售价格、消费者接受度等诸多因素，基于这种考虑，我们认为该科技公司对产品的定价具有很大的盲目性，并没有根据市场研究结果进行科学定价。

根据这种定价，我们选择了一些目标消费者（终端和小区随机拦截访问）进行了简单的调查。多数消费者在听过产品介绍时认为产品很好，但是由于可感知的效果难以体现，包装一般，害怕企业像保健品一样玩概念，认为定价有些高，不太愿意尝试购买使用。

C. 渠道困难分析。

新产品上市必须解决渠道问题，否则再好的产品，再强的传播，也很难到达具有迫切需求的消费者手中，渠道的畅通能保证消费者在需求的情况下能够买得到产品，而且不会出现产品库存和渠道积压现象，通畅的渠道是企业实现产品销售的血脉，血脉堵塞，企业生命将无药可救。

根据和企业领导人的沟通感知，企业仍然是传统的渠道营销模式，以战术决定策略，利用大学生、妇联、共青团等关系发展营销通道，可能也会考虑自设通道进行产品的直销渠道等思路，但是我们应该看到产品的特点和市场环境，传统的渠道我们未必摒弃，从企业携产品参加展览会备受欢迎的局面，我们可以感知此类产品在传统渠道中的空间，但是这可能需要基于产品和企业本身予以阶段性的创新，结合国内洗衣机的市场，考虑与洗衣机经销商联合销售，毕竟产品具有中科院和海尔的支撑背景，当然这只是渠道策略的一个部分，更多的渠道需要时间来设计和研究。

渠道不是凭空想象的，企业需要考虑实际的市场环境和企业自身的资源匹配。对于这个科技产品来说，存在很多市场瓶颈需要突破和解决。渠道建设亦非企业理想中那么简单。根据和一些经销商（分销商）人员的访谈得知，他们不会为某种产品单独开辟一个通道，只能是在商家既有的渠道中流通。因为他们对产品的既得利润估计不清，并且对产品的销售信心不足。

D. 促销困难分析。

新产品上市促销是最为常用也是最为见效的市场策略之一。企业必须了解当前的市场竞争状况，在产品上市期间进行创新的活动促销，刺激消费者需求，让更多的消费者走进尝试购买的队伍中，然后借助产品功能的优势，形成口碑传播营销，实现产品在后期销售的张力。

但是鉴于产品具有“稳定长效”的功能，这既是一个很好的产品优点，同时也是一个营销瓶颈。对于一个36元的产品来说，一次购买可以使用一年，再次购买的时间跨度比较长，也就是说一次成功促销购买高潮后紧跟着就是一个市场销售的谷底，那么如何保持持续稳定的销售状况，是企业和设计师必须解决的问题。这个问题怎样解决，企业并没有清晰的认识，这种定位必然导致产品的销售过程中遭遇困境。

E. 终端困难分析

现代的超市对空间价值的利用可谓是空前的，而进入超市终端的门槛也是越来越高，各种费用的累计仍然是中小企业非常头痛的问题，且超市购物越来越成为城市居民购物的一种习惯，所以对于中小企业来说，进入终端和终端动销都具有很大的操作难度。

对于该企业来说，其产品进入终端并非是一件容易的事情。首先企业必须面临终端进场诸多费用的问题，然后才能考虑终端动销的一系列投入和回报的问题。而企业却一厢情愿地将绝大部分资金投入到厂房设备的建设，市场投入的比例却非常少。

终端动销更是一个不断投入不断创新的工作。终端铺货、终端管理、产品陈列、终端包装等硬终端的建设，还有必要的软终端建设。终端动销是一个复杂的工程，这并不像企业领导认为的那么简单，这里面的工作千头万绪，繁琐无比，但对于企业的产品销售和市场占有却具有举足轻重的作用，绝对不可忽视。

F. 传播困难分析。

该产品作为国内外首创产品，市场尚无同类产品出现，对于空白市场而言，消费者对产品没有任何概念，在这种情况下向消费者兜售产品必然存在很大的门槛，很难让消费者在毫无认识的情况下尝试。

通过消费者调研我们发现，消费者对该产品几乎没有概念，认同产品功能但表示怀疑，而文化水平高、消费前卫的白领阶层对产品保持较高兴趣；约有1/3的被访者怀疑产品可能还有一定的副作用，担心会伤害皮肤，有一种科技恐惧心理。还有部分消费者说他们已经习惯使用滴露和来苏水等产品，多数为了杀菌，并没有考虑更多的产品功能。

培育市场，灌输概念，让消费者了解更多的产品信息，这离不开产品媒体广告的传播和终端包装的推广，这无疑是一笔巨大的投入，没有这个投入也就很难在短期内创出销售成绩。而如何进行仍然不是一个简单的策略问题，这需要产品概念的提升、品牌传播的规划、媒体广告的表现等工作的具体实施。

(3) 市场操作建议和思考。

以上分析是在为一个具有市场空间的产品浇冷水，也是在向充满创业激情的老板泼冷水。但是，醍醐灌顶的冷水往往更能让大家看清市场，冷静分析，确定目标和策略。

企业目前只是在产品研发上具有差异化和市场优势，在上述几个市场基本营销环节上都存在诸多困难，而且目前企业自身连开拓市场的营销队伍都没有健全。对于这样一个企业来说，必须秉承市场基本原则，进行必要的分析，尽管分析得很啰唆，但希望结论可以让企业更明晰。

建议该公司的科技产品可以先采用定点生产（OEM）的运作方式，避免巨大的生产资金对固定资产的投入，否则将处于极为被动的境地，毕竟百万元的市场投入对于启动全国市场而言只是杯水车薪。然后构建自己的营销队伍，以“全国招商十区域市场启动（样板市场）”方式开辟销售渠道，高低结合，进行全国招商，其他地区让利给经销商，同时进行市场培育（硬软广告），启动样板市场——区域市场，或者进行市场细分，走礼品市场（调查或广告礼品）直销渠道，毕竟传统营销壁垒大，需要资金投入亦比较多。

[案例10] 中电电气集团通过“定义品类”的新产品赢取电力系统变压器市场

中电电气集团是一家集科研、制造、投资为一体的大型高科技企业集团，主要研发、生产、销售的产品包括各类电力变压器、绝缘材料、电工产品、电线电缆、太阳能电池等，该企业及其变压器产品在行业内，荣获“中国环境标志企业”和“中国环境标志产品”双绿证书。它同时也是美国DSI公司、德国KME公司、中国武钢长期战略合作伙伴，是全球最大的NOMEX纸绝缘干式变压器制造商，100多个销售网点遍布全国各大城市及欧美等世界各地。

创办于1990年的中电电气集团，1994年开始涉足变压器制造行业。变压器这个市场属于基础产业，销售主要是面向法人，虽然国内电力行业需求很大，但要进入这个市场并不容易。2000年公司与美国杜邦公司进行合作，推广杜邦专利的Reliatran变压器，应用杜邦专利Reliatran变压器技术开发生产的主力产品SG10系列非包封敞开干式变压器销量增长迅速，2003年年销售额超过5亿元人民币。

根据相关行业分析报告，2003~2004年，中国电力系统电网大规模改造开始，同时，2004年中国电力系统预计整个供电量是4 800万千伏，比2003年的2 000万千伏增长了2.4倍。2005年在中国电力系统预计还会有一个很大的发展，这使公司有了一个大发展的机遇。中电电气一直想进入电力系统专业市场，而原有主力产品（SG系列）由于单价较高，不适于电力系统大批量采购，其产品结构及业务模式已不能支持企业的高速增长，这也迫使企业寻找新的增长引擎，开发一个在单价上有优势、能进入电力系统购买清单的新产品。

中电集团通过市场调查分析：随着中国现代化和城镇化进程的加快，用电负荷将主要集中于城市，城市电网的建设和改造也就成为电网建设的重中之重。因此，城网是配电变压器最大的利润市场。现有的变压器产品大类按材料分可分为油浸式变压器和干式变压器，油浸式变压器价格较低，但污染大、安全性较低，干式变压器价格较高。如果目前上马生产现有的这两种变压器，难度高、风险大。

中电集团开拓思路，决定高起点跨入变压器制造领域，以先进的技术和无可挑剔的质量，开发出“液浸式变压器”这一全新品类，迎接这一巨大商机。这种新型变压器比干式变压器更实惠，比油浸式变压器更环保，根据其特点，将这种变压器定位为“城网专用变压器”，直接进军城网配电变压器市场。这样的一种产品定位，在独占的产品品类与最大的利润市场之间建立了先天的链接，确保“液浸式变压器”拥有广阔的市场空间。更为重要的是，这样定位使“液浸式变压器”在电力系统城网项目进行的招投标中，更易脱颖而出，因为，它是“专用的”——也就是最专业的，这是一个很容易产生的联想。

为了让市场认知这种产品，中电集团开始全方位营销推广。每年的3~5月是电力系统编制年度预算的时间，也是配电变压器市场的“旺季”，能否在此时进入电力系统的预算决定了配电变压器在电力系统市场一年的销售态势。

从2003年3月11日起，中电集团开始在全国进行针对电力系统市场的“液浸式变压器”巡回推广会，5月15日前在40个城市举办，重点邀请各地电力局的局长、主管副局长和总工程师以及相关人员。同时，集团设计了一系列产品广告，主要用于登载在中国电力等专业媒体上，在封面广告以被其他企业订完的情况下，就连续三个整版地刊登自己的广告，以充分吸引企业客户的注意。通过上述举措吸引了行业的普遍关注，还因此受到行业唯一的中国工程院院士朱英法的关心——在充分了解新产品开发的过程及性能指标后，他对“液浸式变压器”和“城网专用变压器”的概念表示了认可。这样，中电集团凭借新产品将原来二分天下的变压器市场变成了三分天下的局面。

在定价策略上，“液浸式变压器”使用了原油浸式变压器体系较先进的材料，成本比油浸式变压器高10%，因此集团将新产品价格定位在比油浸式变压器高30%，比干式变压器低35%。这样，就既可增加集团的收益，同时还能给客户传递“液浸式变压器——比油浸式变压器安全、比干式变压器实惠”的品类利益。

因为变压器是法人采购，中电集团不断邀请其负责人及技术人员到企业考察，而公司所在地南京路口机场是他们考察的第一站，因此公司在南京路口机场作大幅广告牌，给这些来考察的人员从到南京开始就有良好的印象。

过去的几十年，变压器的包装都是普通的木板包装，拆卸麻烦，公司就在产品的包装上动了很多的脑筋，改善包装的材质，使其更易拆卸。同时，因变压器的安装都是在户外，安装很麻烦，对于安装的工人而言，可能会有很多的抱怨。对此，公司在开箱时找到一个突破点，即工人开箱的时候在箱里面首先会看到一封感谢信，另外还配有几把雨伞和几个保温瓶。这些都是公司很好的广告载体，同时也令这些安装工人对公司产生了很好的印象。

2004年2月下旬，该产品的销售开始日渐增长，截至2004年4月15日，签约销售订单额已超过4 500万元，设备台数超过1 000台，且销售仍处于增长的态势。新产品进入“生产—销售—再生产—再销售”的良性循环，并开始创造利润。对订单的分析表明，城市供电局是新产品的主要购买者。这些产品将用于购买机构所在城市的城网改造工程。这对于中电电气的销售而言是一个突破。中电电气开始大踏步进入电力系统市场，这对原主力产品SG系列非包封敞开干式变压器销售也起到了带动作用，2004年首季度签约销售订单额已超过2.2亿元人民币，比前一年同期增加1亿元人民币。

中电集团对其新产品有明确的定位，同时对采购的决策过程全过程地加以考虑，并且选择最关键的节点安排策略进行营销的传播和沟通，因此获得成功。

[案例11] 市场调查失败案例——宝洁润妍洗发水

润妍是宝洁旗下唯一针对中国市场原创的洗发水品牌，也是宝洁利用中国本土植物资源的唯一的系列产品。曾几何时，润妍被宝洁寄予厚望，认为它是宝洁全新的增长点；曾几何时，无数业内、外人士对它的广告与形象赞不绝口；曾几何时，我们以为又到了黑发飘飘的春天…… 但2002年的时候，润妍已经全面停产，退出市场，润妍怎么了？

润妍上市前后的两三年里，中国洗发水市场真“黑”：联合利华的黑芝麻系列产品从“夏士莲”衍生出来，成为对付宝洁的杀手锏；重庆奥妮则推出“新奥妮皂角洗发水”，强调纯天然价值，有“何首乌”“黑芝麻”“皂角”等传统中草药之精华；伊卡璐把其草木精华系列产品推向中国；河南民营企业鹤壁天元也不失时机地推出“黛丝”黑发概念的产品…… 市场上一度喊出终结“宝洁”的声音。

在外界看来一片“沙砾”般的问卷调查，宝洁人却能从中看出“金子”：真正坚定调查员信心的是被访者不经意的话——总是希望自己“有一头乌黑的秀发，一双水汪汪的大眼睛”——这不正是传统东方美女的模样吗？

黑头发的东方人就是希望头发更黑——原来的商业计划百密一疏，只见树木，不见森林。所以在产品测试阶段，宝洁人再次通过调查反省了对产品概念、包装、广告创意等的认识，对原来的计划进行了部分修正。至此，宝洁公司的“让秀发更黑更亮，内在美丽尽释放”的润妍洗发水就此诞生。

下面来具体介绍宝洁在润妍上市前做了哪些市场调查的工作。

(1) 市场调查——卧薪尝胆。

A. “蛔虫”调查——零距离贴身观察消费者。

一个称为“贴身计划”的商业摸底市场调查静悄悄地铺开。包括时任“润妍”品牌经理黄长青在内的十几个人分头到北京、大连、杭州、上海、广州等地选择符合条件的目标消费者，和他们48小时一起生活，进行“蛔虫”式调查。从被访者早上穿着睡衣睡眼蒙胧地走到洗手间，开始洗脸梳头，到晚上洗发卸妆，女士们生活起居、饮食、化妆、洗护发习惯尽收眼底。黄长青甚至会细心揣摩被访者的性格和内心世界。在调查中，宝洁发现消费者认为滋润又具有生命力的黑发最美。

宝洁还通过调查发现了以下的科学事实：将一根头发放在显微镜之下，你会发现头发是由很多细微的表皮组成的，这些称为毛小皮的物质直接影响头发的外观。健康头发的毛小皮排列整齐，而头发受损后，毛小皮则是翘起或断裂的，头发看上去又黄又暗。而润发露中的滋养成分能使毛小皮平整，并在头发上形成一层保护膜，有效防止水分的散失，补充头发的水分和养分，使头发平滑光亮，并且更加滋润。同时，润发露还能大大减少头发的断裂和摩擦，令秀发柔顺易梳。

宝洁公司专门做过相关的调查试验，发现使用不含润发露的洗发水，头发的断裂指数为1，含润发露的洗发水的头发断裂指数为0.3，而使用洗发水后再独立使用专门的润发露，头发断裂指数就降低到0.1。

中国市场调查表明，即使在北京、上海等大城市也只有14%左右的消费者会在使用洗发水后单独使用专门的润发产品，而全国则平均还不到10%。而在欧美、日本及中国香港等发达市场，约80%的消费者会在使用洗发水后单独使用专门的润发产品。这说明国内大多数消费者还没有认识到专门润发步骤的必要性。因此，宝洁推出润妍一方面是借黑发概念打造属于自己的一个新品牌，另外就是把润发概念迅速普及。

B. 使用测试——根据消费者意见改进产品。

根据消费者的普遍需求，宝洁的日本技术中心随即研制出了冲洗型和免洗型两款“润妍”润发产品。产品研制出来后并没有马上投放市场，而是继续请消费者做使用测试，并根据消费者的要求，再进行产品改进。最终推向市场的“润妍”是加入了独特的水润草药精华，特别适合东方人发质和发色的中草药润发露。

C. 包装调查——设立模拟货架进行商店试销。

宝洁公司专门设立了模拟货架，将自己的产品与不同品牌特别是竞争品牌的洗发水和润发露放在一起，反复请消费者观看，然后调查消费者究竟记住和喜欢什么包装，忘记和讨厌什么包装，并据此做进一步地调查与改进。

最终推向市场的“润妍”倍黑中草药润发露的包装强调专门为东方人设计，在包装中加入了能呈现独特的水润中草药精华的图案，包装中也展现了东西方文化的融合。

D. 广告调查——让消费者选择他们最喜欢的创意。

电视广告——宝洁公司先请专业的广告公司拍摄一组长达6分钟的系列广告，再组织消费者来观看，请消费者选择他们认为最好的3组画面，最后，概括绝大多数消费者的意思，将神秘女性、头发芭蕾等画面进行再组合，成为“润妍”的宣传广告。广告创意采用一个具有东方风韵的黑发少女来演绎东方黑发的魅力。飘扬的黑发和少女的明眸将“洗尽铅华，崇尚自然真我的东方纯美”表现得淋漓尽致。广告片的音乐组合也颇具匠心，现代的旋律配以中国传统的乐器如古筝、琵琶等，进一步呼应“润妍”产品现代东方美的定位。

E. 网络调查——及时反馈消费者心理。

具体来说，利用电脑的技术特点，加强润妍logo的视觉冲击力，通过

flash 技术使飘扬的绿叶（润妍的标志）在用户使用网站栏目时随之在画面上闪动。通过润妍品牌目标链接大大增加润妍品牌与消费者的互动机会。

润妍是一个适合东方人用的品牌，又有中草药倍黑成分，所以主页设计上只用了黑、白、灰、绿这几种色，但以黑、灰为主，有东方的味道。网站上将建立紧扣“东方美”“自然”和“护理秀发”等主题的内页，加深润妍品牌联想度。

通过实时反馈技术，这样就可以知道消费者最喜欢什么颜色，什么主题等。

F. 区域试销——谨慎迈出第一步。

润妍的第一款新产品是在杭州面市的，并在这个商家必争之地开始进行区域范围内的试销调查。其实，润妍在选择第一个试销地区时费尽心思。杭州是著名的国际旅游风景城市，既有深厚的历史文化底蕴，又具有鲜明的现代气息，受此熏陶兼具两种气息的杭州女性，与润妍要着力塑造的现代与传统结合的东方美女形象一拍即合。

G. 委托调查——全方位收集信息。

此外，上市后，宝洁还委托第三方专业调查公司做市场占有率的调查，透过问卷调查、消费者座谈会、消费者一对一访问或者经常到商店里看消费者的购物习惯，全方位搜集顾客及经销商的反馈。

(2) 市场推广——不遗余力。

市场调查开展了 3 年之后，意指“滋润”与“美丽”的“润妍”正式诞生，主要针对 18~35 岁女性，定位为“东方女性的黑发美”。润妍的上市给整个洗发水行业以极大的震撼，其品牌诉求、公关宣传等市场推广方式无不代表着当时乃至今天中国洗发水市场的极高水平。

A. 品牌诉求。

针对 18~35 岁女性，产品目标定位为展示现代东方成熟女性黑发美的润发产品。宝洁确定润妍的最终诉求是：让秀发更黑、更美丽，内在美丽尽释放。进一步的阐述是：润妍信奉自然纯真的美，并认为女性的美像钻石一样熠熠生辉。润妍希望能拂去钻石上的灰尘和沙砾，帮助现代女性释放出她们内在的动人光彩。润妍中含中国人使用了数千年的护发中草药——首乌，是宝洁公司根据东方人发质设计的，也是首个具有天然草本配方的润发产品。

B. 公关宣传。

在产品推出时，宝洁同时举行了一系列成功的公共关系宣传活动：开展东方美概念的黑发系列展览——《中国美发百年回顾展》；赞助中国美术学院，共同举办“创造黑白之美”的水墨画展；赞助电影《花样年华》；举办

“媒体记者东方美发秀”等活动。

C. 广告轰炸。

除了沿袭以往的传统在央视和地方卫视投放了大量的电视广告外，宝洁还率先在国内著名的门户网站和女性网站投放了网络广告，单日点击率最高达到了35.97%，创造了网络广告投放的奇迹。广告片的音乐组合也颇具匠心，现代的旋律配以中国传统的乐器古筝、琵琶等，进一步呼应“润妍”产品的现代东方美的定位。

D. 业绩平平——悄然退市。

2001年5月，宝洁收购伊卡璐，表明宝洁在植物润发领域已经对润妍失去了信心，也由此宣告了润妍消亡的开始，到2002年底，市场上已经看不到润妍的踪迹了。

一个经历3年酝酿、上市2年多的产品就这样退出了市场，人们不禁要问，为什么宝洁总是能将其国际品牌成功落地，却始终不能成就本土品牌呢，无论是自创的还是拿来的？这也应该值得大家去思考。

A. 信息传播缺失，购买诱因不足。

就现有成功运作的品牌而言，消费者真正的购买诱因更多地集中在植物、天然或品牌形象上，而黑头发的作用并不明显。事实上，黑头发大家都喜欢，也都认同，就像东方美一样，但是单纯的东方美已经是我们所具有的特质，因此不会因为这个原因而有多少人去尝试购买，即使买了，也会因为效果不明显而放弃。由此我们不难发现，黑头发仅仅是符合现有消费者的认同和情感联想，而其他的支撑或利益才是购买诱因。这也就是为什么看夏士莲广告的有24%左右的人愿意尝试购买，而润妍的不过2%的原因。

润妍刚刚上市之初的策略还是较为有效的，突出中草药的概念而不是简单的黑头发，其所做的促销及赠品也都是在这一点上突破的。但是，遗憾的是，也许宝洁以为，形象的作用更为明显，于是在中草药的概念尚未深入人心之际就开始转变策略，于是以黑头发为特征的广告、富有社会效应的赞助活动等不断上演，直至将润妍的品牌完全形象化。

有人曾经做过简单的调查，发现大部分消费者都不知道润妍的中草药成分，更谈不上知道它的功能了。也许这是润妍失败的又一根源。

B. 品牌自视太高，遭遇渠道障碍。

一方面，宝洁以过去的经验确定润妍的价格体系；另一方面经销商觉得没有利润空间而消极抵抗，致使产品没有快速地铺向市场，有广告见不到产品的现象在宝洁也出现了。一些当时代理宝洁的经销商现在总结润妍的失败认为宝洁只注重广告拉动，而忽视渠道推动。一贯作风强硬的宝洁，当然不会向渠道低头，当然渠道也不会积极配合宝洁的工作，润妍与消费者接触的环节被无声地掐断了，就好比是一个美丽的大姑娘，刚要出嫁，却发现没有人抬轿子，难道要自己走过去？

(4) 分析。

润妍这个案例是非常经典的一个调查案例，很值得大家研究思考。

首先是因为宝洁在上市前的市场调查过程中几乎把能用的调查方法全用上了。从产品概念测试的调查、包装调查、广告创意调查一直到区域试销调查。正是通过这样详细的市场调查，得到了大量准确的资料，帮助润妍在上市初期获得了成功。

但也不是一点问题都没有，区域试销只选一个城市——杭州，未免样本太单一，起码应该多一个城市可以做对比，最好是选内地的如华中的武汉或者华西的重庆。

还有就是花3年时间做太多、太久的市场调查，时间上拖得太长了，会造成很多资料过时而不准确。3年的时间，消费者的很多想法都会发生变化。

(5) 真是所谓“成也调查，败也调查”。

润妍上市后宝洁所做的市场调查工作似乎乏善可陈，完全与上市前判若两个公司。也正是这样才给我们很多的启发与教训。

A. 启发。市场调查是整个市场营销活动的第一步，做好市场调查，为后面的整个市场营销活动打下一个坚实的基础，包括能准确判断出产品的目标对象，从而找到一个好的定位。整个市场推广活动也就有了具体的针对性。

市场调查就好比是我们人穿衣服系扣子，第一颗扣子系错了，后面的扣子会全系错，所以第一颗扣子事关重大。

B. 教训。市场调查不只是整个市场营销活动的第一步，也不只是其中的一个环节，而是一种观念、一种意识，它应该贯穿于整个市场营销活动的全过程。

广告调查不够持续，只是做了广告创意部分调查（广告调查的前半环节），对广告效果部分的调查就没有怎么做了（广告调查的后半环节），结果过快地换广告片，急于求成，反而欲速则不达。

渠道调查不知是什么原因做得这么差，一方面应该是没有很好地掌握经销商的心理，利润不合理；另一方面对终端的了解不足，不知道消费者在终端购买时为什么尝试性购买多，而重复购买少，既不能形成在终端消费者的拉力，也没法让渠道的中间环节形成积极的推力。

5 设计说明与表达

设计说明与设计表达是设计实践中常用到的两种媒介手段，设计师通过这两种媒介，使设计概念得以物化并外显，以此增进设计师与受众之间的沟通与交流，并最终推动设计向现实生产力转化。

本章首先对设计说明的概念加以界定，对其组成要素进行了分析。然后从设计沟通的角度，对产品设计表达的发展历史进行了梳理，对设计表达的发展过程起重大影响作用的因素进行了归纳。在此基础上，重点对设计表达的概念、作用及特征进行阐述与总结。

5.1 设计说明

5.1.1 设计说明的概述

5.1.1.1 设计说明的概念

在工业设计程序的不同阶段，设计师之间、设计师与相关部门人员之间、设计师与企业决策者之间必须进行必要的交流，以便将设计的阶段性成果，设计中所面临的问题以及设计的最终方案等提供给各方面进行讨论，并形成统一意见，以达到设计的预定目标。

在产品开发过程中，需要根据设计程序与方法收集相关的情报和资料，但如果不对它们做进一步的整理、分析和组织，它们就只是一些事实性的描述，其本身不能提供对问题的判断和解释，更不能用于设计的交流与沟通。而要使设计者所发送的设计信息的意义能够被受众正确解读，就需要设计师根据设计信息传递对象的不同，把与设计项目相关的、分散的、杂乱的信息进行加工组织，使之转换为能揭示设计本质并能用于评价、创新、交流等活动的有效信息，从而方便设计师利用这些信息进行设计创新或向设计受众（包括企业的决策者）传递和说明设计信息或设计意图。

概言之，制作设计说明就是指在产品设计过程中，设计信息的发送者（设计师）根据设计信息的使用目的、对象、环境的不同，对设计的原始信息所进行的筛选、演绎、重构和再造等过程。设计说明的根本目的是为了提高设计信息的利用效能，使信息受众接受并理解设计师所表达的信息。同时，在制作设计说明的过程中，设计者自身的设计思维、设计意图等也能进一步清晰和提升。

5.1.1.2 设计说明的组成要素

一般情况下，设计说明包含以下要素。

（1）产品定位说明。产品的定位说明主要涉及产品的独特性、受消费者欢迎的特征和风格等，突出产品的时代特色、民族特色、地方特色有利于增加产品的市场适应性与竞争能力，吸引消费者，进而提高企业的经济效益。

（2）产品功能说明。产品的功能说明是从技术和经济角度来说明产品所具有的功能。对产品功能的说明，有助于明确用户对功能的要求以及产品应具备的功能内容和功能水平，提高产品竞争力。

（3）产品形态说明。产品的形态设计是产品设计的重点。对于产品的形态方面的说明不仅要对产品的形态语意、特征及易用性、可操作性等人机工程学因素加以说明，还要对市场信息（流行产品的造型特征）、流行信息（流行色）等进行分析。

（4）产品文化特征说明。产品的使用者都是在某一特定地域、特定环境下生活的人，由于环境和社会的影响会使他们在生活方式上反映出一定的共性特点，这些共性特点表现为独特的地域文化特征。为了使产品对于具体消费人群文化特征有适应性，就要在产品设计中对特定市场所处的文化环境有所反映。同样，设计说明中对产品文化特征的介绍也是不可或缺的重要内容。

5.1.2 设计报告书

常用的设计报告书应包括如下的内容。

5.1.2.1 目录

设计报告书的目录应按照设计任务的日程安排和设计程序来确定，排列必须清晰、统一、识别性强，并标明页码。

5.1.2.2 立项说明

设计师在接到设计任务后，首先要对设计任务的要点进行科学、合理的判断，明确设计要解决的主要问题、主要设计目标、设计方式、项目负责人、参与人员及时间安排。在立项说明中，应说明影响该设计任务的主要因素，并确立设计的开展方法、分工和基本日程表。

5.1.2.3 设计调研

按照设计日程安排，对确定要调研的项目内容开展信息资料的收集工作。设计调查的方法很多，不同的内容采取的调查方法也不同。例如，对于产品使用情况的调查，设计师可以采用走访、问卷调查、使用过程拍照、亲身体验等方式获得相关信息；而对于产品的结构、技术和工艺方面的信息则需要在企业相关部门的配合下，通过收集、分析获得；至于诸如产品的市场需求状况、消费趋势、技术发展趋势、竞争产品情况等因素，设计师无法以自身的知识和经验直接获得，则要最大限度地调动社会资源，采取行之有效的方法获得必要的资料。总之，设计调查的内容和方法要取决于设计任务的类别、时间计划和信息资源条件等。调研的结果可以用文字、表格、图表和照片等形式表示。

5.1.2.4 调研资料、分析研究

确定调查范围，明确要解决的问题，主要包括对市场现有同类或相关产品、国内外同类或相关产品的生产状况以及销售、需求状况进行的调查，以得到尽可能详细而准确的报告。这类调查对于企业进行设计和生产决策是极为重要的参考依据。调查的结果可以用文字、表格图片和照片等形式表示，并对调研资料进行分析、研究，找出关键问题，确定开发缺口和设计方向。

5.1.2.5 设计构思的展开

设计构思的展开是设计程序中最具活力的创新过程，它不仅反映了一个设计师的创新能力，同时对设计最终结果有着重要的影响。这个过程是根据产品创新的需要和前期设计调研及分析所得到的结果，运用创新思维进行展开构想，以获得大量的构思方案。在设计说明中，应将各种构思方案加以提炼、总结，归纳出具有方向性和代表性的创新方案，展现新产品概念的浓缩性信息。这些关于新产品概念的信息通常是以文字、草图、草模等形式来显现的。

5.1.2.6 设计展示

设计展示包括对设计方案的评估、展开设计构思、设计效果图、人机工学因素研究、技术可行性研究、色彩计划等，主要以图示、图表和文字说明的形式来表示。

5.1.2.7 方案确定

方案确定是指设计者和设计团队对于设计方案的选择意见，主要包括所选方案的设计效果图、工程图（包括结构图、外形图、零件图等）、模型或样机等。

5.1.2.8 综合评价

在综合评价部分，利用效果图、模型或样机的展示照片，并以简洁、明确、客观的语言表明该设计方案的优点及不足。设计方案的评价一般应包括

如下几方面内容。

技术性能指标的评价：包括产品的适用性、可靠性、有效性、合理性等方面。

经济指标的评价：包括产品的研发费用、一般管理费用、生产费用和销售费用等。

美学价值指标的评价：指从产品设计的美观程度来评价设计，主要包括产品的造型、色彩、材质感等方面。

其他评价因素：主要指产品的社会效益方面。

5.2 设计表达

5.2.1 设计表达概述

5.2.1.1 设计表达的概念

作为设计创造的主体，设计师在产品开发过程中担负着将产品的三个基本要素——视觉感受（形态）、功能和技术条件加以整合，使之由抽象转化到具象、从不可见转化到可见的实体形态，从而被人所感知的职能。在这一过程中需要不断地将整合的结果以直观的形式记录和表现出来。由此可见，设计表达在工业设计中具有重要意义。

对于“设计表达”一词的理解，学界内存在不同的观点。有学者从美学层面出发，认为设计表达的是“设计者内心情感的外化”；也有学者从操作层面出发，认为设计表达是“一种技能和手法，用于传递信息”。尽管这两种见解都有其合理成分，但都忽视了形式与认知的联系。台湾云林大学杨裕富教授在经过与其他的表达模型（语言表达、文学表达、造型艺术表达）比较后，提出了设计表达模型，并对设计表达的含义进行了定义。杨裕富认为：“设计表达是指（个体或群体的）设计者将（个体或群体或设计者或消费者或顾客的）内在的意识、意思或情感，用设计的手法予以呈现；或设计者将内在的意识、意思或情感，投射到具体的设计品（设计成果）上；或设计者将设计构想（灵机一动），用设计的手法予以具体的呈现。”如图5-1所示。

具体到工业设计而言，所谓设计表达，是指设计师凭借自己的经验、已有的领域知识和设计知识库等，对产品的信息（技术信息、语意信息和审美信息）进行编码加工，通过设计师的情感理解、文化内涵融入及与实用功能、技术相结合，以一些视觉符号的组合来表述设计的实质内涵，使产品

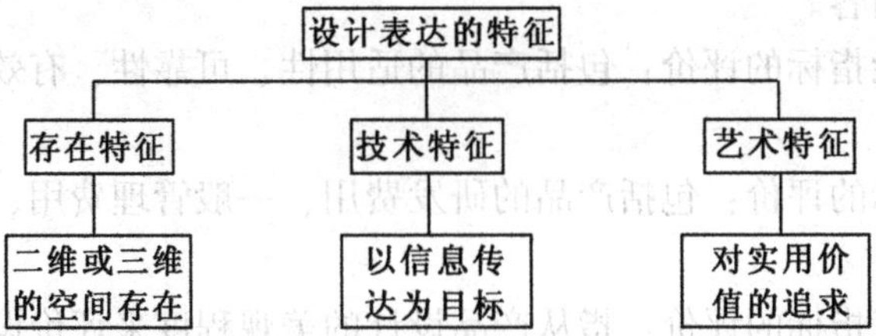

图 5-1　设计表达的模型

具有美感、识别性与可操作性，并且运用“明喻”“暗喻”“联想”“类比”和“综合”等手法帮助用户认识、学习、操作不熟悉的产品（包括产品的外形、色彩、质感、使用方式、情感表达以及所处的环境等）用来实现设计意图的最终结果或产物——设计作品及产品的物质表现手段。

5.2.1.2　设计表达的特征

马克思说：“人按照自己的尺度，也就是美的尺度来创造。”这个美的尺度，说到底就是以人为中心的设计。设计作为人类社会生产实践的产物，其对象都源自于人的需要，因此带有强烈的功利目的性。这种功利目的性的显著特征是强调物的“用”。另外，人造物在满足人的生理需要的同时，也影响着人的心理和精神需求，即在“用”的同时也伴随着“美”的感受。由工业设计的造物目的所决定，在实践中追求“用”与“美”的和谐统一的特征贯穿于工业设计的理论与实践之中。设计的造物性质决定了设计表达中的存在特征、技术特征和美学特征，如图 5-2 所示。

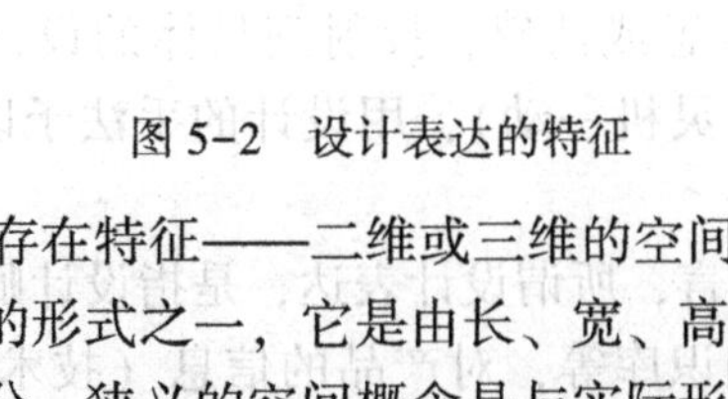

图 5-2　设计表达的特征

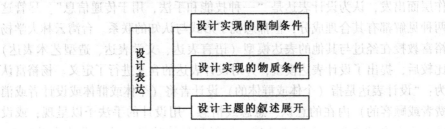

（1）设计表达的存在特征——二维或三维的空间存在。

空间是物质存在的形式之一，它是由长、宽、高构筑的形态。对空间的理解有狭义和广义之分。狭义的空间概念是与实际形体相对的，是指实际存在的物质所处的维度的部分或所占据的维度的部分；广义的空间则是指

"三维的形态"，包括实体空间和虚空间两类。实体空间即前述狭义空间的概念，而虚空间是指超出其实际存在所占的空间，或者说是一种物质周边的"场"。实体是相对客观的、不变的，它厚重而封闭；但虚空间是相对的，通透而缥缈，它随着环境、视点乃至观察者的心理变化而变化。实体与空间是相伴而生的，虚空间的存在，是对实体的肯定和补充，忽略了虚空间的表现力，实体就会变得苍白而没有生命力。

空间在设计中发挥着异常重要的作用。美国著名学者赫伯特·A. 西蒙在其著作《设计科学：创造人工物》一书中指出：设计问题的解决可以通过"代理"，即用一种变化的和不同的方式进行并加以解决。他认为对物体的空间状态进行所谓的"代理"是设计科学中的重要问题。"既然多数设计尤其是建筑和工程设计，都涉及在真正的欧几里得二度或三度空间中的物体或组合，对空间以及空间中的事物的代理（或再现性替代），就理所当然地成为设计科学的中心问题"。在书中，赫伯特·A. 西蒙对如何运用"代理"的方法去解决实际中设计问题提出他的主张："如果这些设计问题与物理对象有关，对它们的解答还可以通过基底蓝图、工程制图、透视图或立体模型予以再现（替代）。如果这些问题与行动有关，就可以用动态图解或程序予以再现。"

（2）设计表达的技术特征——以信息传达为目标。

T. 艾林格认为传达信息是产品外观形象的主要功能，他指出："信息功能是一个物品外观形象的主要要求。没有关于存在状况的信息，就不能规定或判断一个产品。没有关于产品使用方式或它的质量的信息，就无法使用这一产品。没有关于产品制造厂家的信息，就无法认定并把厂家介绍出去。"所以，设计的根本目的，在于信息的充分释放。因此，设计亦可认为是信息的传达，它的起点是人，终点也是人——经由视觉媒介将信息传达给人。

有人将"设计信息"界定为设计师与受众对话合力的产物，而设计说服问题就成为设计信息的传达过程中的重要问题。"设计说服，是将设计作为一种交流的语言或方式，运用设计来引导他人的态度和行为趋向预期的方向"。根据认知心理学的理论，说服是一种信息加工的过程。在信息传递交换的过程中，说服过程被分为四大要素，分别为信息源、信息媒介、信息及信息的接受者（目标受众）。在设计说服中，信息源是传递信息的主体，即设计者（制造者）；信息媒介一般是设计结果的载体，如产品的形态、媒体广告、环境等；设计信息是信息源要传递给说服对象的信息内容；接受者是接受信息的对象。这四个要素共同作用，影响或决定了设计说服的内容、方式和结果。图 5-3 是设计说服的要素模型。

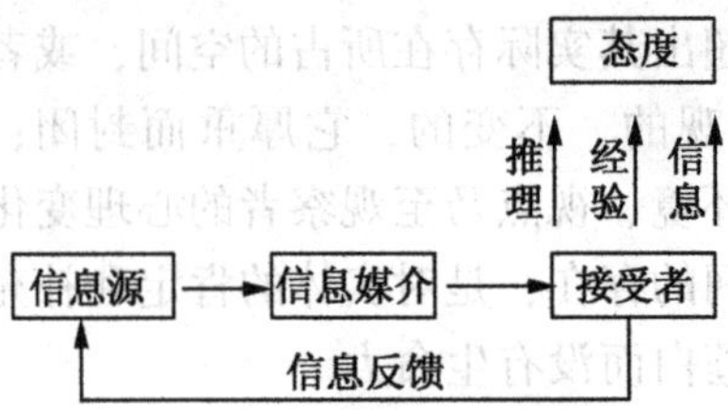

图 5-3　设计说服的要素模型

目前，设计界的学者倾向于从设计语言学、符号学的角度来分析这一问题，对于设计本身所包含的信息媒介及其包含的信息进行了较为深入的分析。马克斯·本泽在《符号与设计——符号学美学》一书中对设计信息的范围进行了界定。他指出，设计对象相对来说具有更大的环境相关性、适应性和依从性，因为不仅物质性要素甚至连功能性要素都是它的造型和结构设计的符号储备。因此，设计信息可以看作一种多层次的信息综合体，它可大致分为技术信息、语意信息和审美信息三个层次。设计信息的层次和环节概念同时也表示了表层与深层、形式与内涵、可视与不可视、感性与理性等多元的信息成分概念。(见图 5-4)

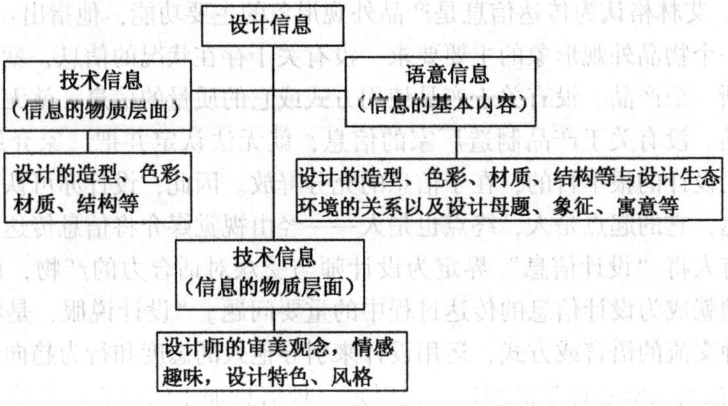

图 5-4　设计信息的层次图

总之，设计表达作为设计活动中的组成部分，设计师把设计表达作为沟通的手段和媒介，目的在于“说服”设计受众接受设计，确保所表达的产品由虚拟的概念转化为现实的产品，这使得设计表达以信息的有效传达为目标，视觉语言的形式运用服务或服从于这一目标。

(3) 设计表达的艺术特征——对实用价值的追求。

一般而言，基于人的生理特点，人在心理学的许多方面都具有非理性、直觉和情感的因素，这也导致工业设计像其他许多创造性学科一样，很难达到广泛程度的理性标准和处理方法。相应的，在产品设计中存在一定程度的形式自由度，设计师可以根据他的审美经验、文化背景或社会习俗以及他的感受来确定和完成对产品形态的塑造。就这一点而言，设计表达中的艺术特征与造型艺术的艺术特征在客观上是相同的，并且其视觉语言要素的内涵性与造型艺术类似，都具有象征功能，也存在着不受符号规则制约的成分，呈现出表现性、体验性的一面。

但是，就追求的价值和目的而言，设计表达中视觉语言运用与造型艺术是存在很大区别的。造型艺术的视觉语言的运用是艺术家个性化的自我表现，视觉语言运用本身即可视为目的，即语言的自我目的化。而设计表达中的视觉语言本身不能自成目的，它只有在遵循已有的认知规则情况下，在充当设计的媒介物时，且其所传递的信息被受众正确理解并接受时才能实现其价值。对此，A. 季阿西就明确指出："显而易见，设计师与他今日的职业形象相适应，无非是工业的合作者，他有助于工业产品的销售。"

正是由于工业设计服务于以科学为基础的并推行合理化的工业生产，这就决定了不管设计师在设计表达时如何运用视觉语言，都无不服务于对实用价值的追求，这决定了产品设计表达的艺术特征。

5.2.2 设计表达的产生与发展

产品形态的塑造在工业设计中具有重要意义。在欧美的不少国家，设计行为被称作 form giving（赋予形状），日本设计师黑田宏治甚至认为"造型"是设计赖以确立的基本力量之一。

产品的设计表达，一方面依赖于绘画艺术；另一方面由于工业设计与制造技术密切相关，所以工业设计所获得的结果——产品形态需要以标准化的语言传达给制造者，于是设计表达必然要使用"工程的语言"——工程图学及其他相关的表达方式。以下从工程图学对设计表达的影响以及工业设计自身的形态表达特点两个方面加以论述。

5.2.2.1 工程制图对产品设计表达中的视觉语言的影响

工程制图是一门研究图示法和图解法以及根据工程技术规定和知识来绘制和阅读图样的科学，是一切工程技术的基础，被称为"工程的语言"。它随着近代工业的发展，历经上百年的应用，已形成了一套完善的、标准化的工程语言和工具，在近现代工业的设计、制造过程中技术思想的表达、传递与积累上发挥了并依然在发挥着极其重要的作用。可以说，没有“工程图”，就没有飞机、没有汽车、没有楼房、没有桥梁、没有现代工业。（见图 5-5）

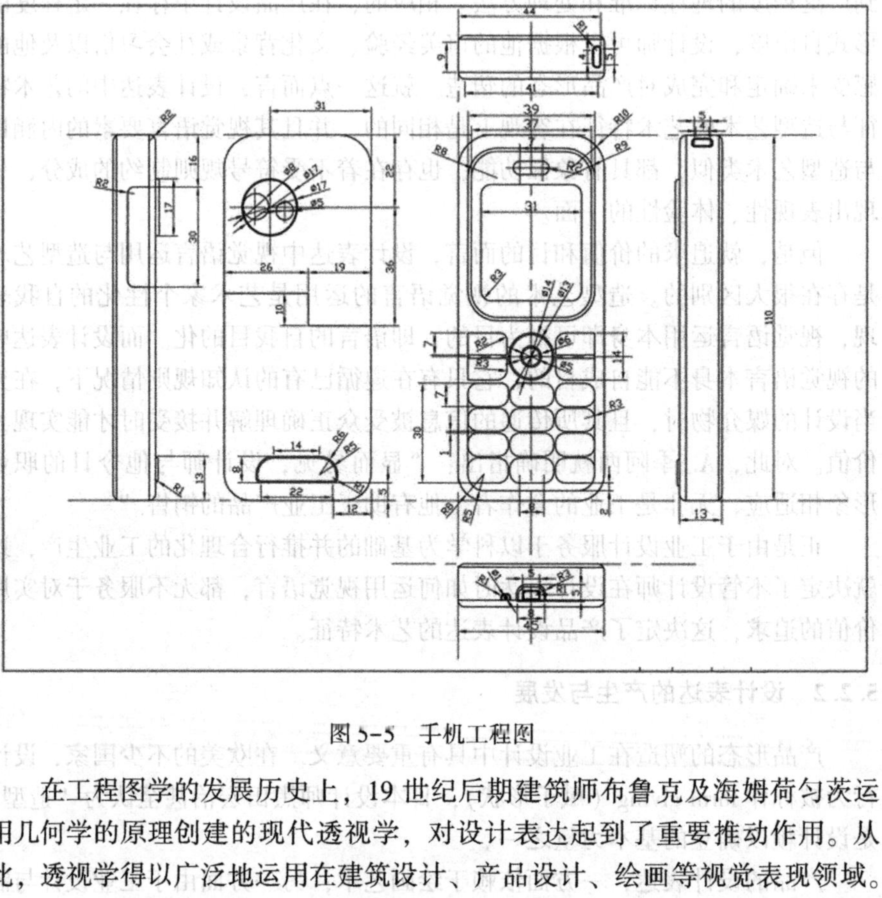

图 5-5 手机工程图

在工程图学的发展历史上，19 世纪后期建筑师布鲁克及海姆荷匀茨运用几何学的原理创建的现代透视学，对设计表达起到了重要推动作用。从此，透视学得以广泛地运用在建筑设计、产品设计、绘画等视觉表现领域。此时，法、德、英等国发展了用钢笔、铅笔、水彩等工具绘制建筑透视图的技法，这一技法亦在产品设计中得到运用。在这一时期，最有代表性的还是在法国巴黎美术学院中所盛行的淡彩渲染技法。

随着计算机技术的发展，人们在传统工程图学基础上建立了现代工程图学。现代工程图学是以几何学和现代透视学为基础，依靠计算机来表现二维绘图和三维造型的手段。其常用的依托软件有 Autodesk 的 Auto CAD 和 Autodesk Inventor。现代工程图学应用计算机软件可以表现标准件、常用件、零件图，三维装配、分解动画，创建零部件工程制图。它们既广泛应用于机械、建筑等行业，也在工业设计领域应用。

在产品设计程序中，当设计方案最终确定后，就进入设计制图阶段。设计制图包括外形尺寸图、零件图以及装配图等。这些图的制作必须按照国家标准。一般较为简单的设计制图，只需按正投影法绘制出产品的主视图、俯视图和右视图（或左视图）即可（如图 5-6 所示）。

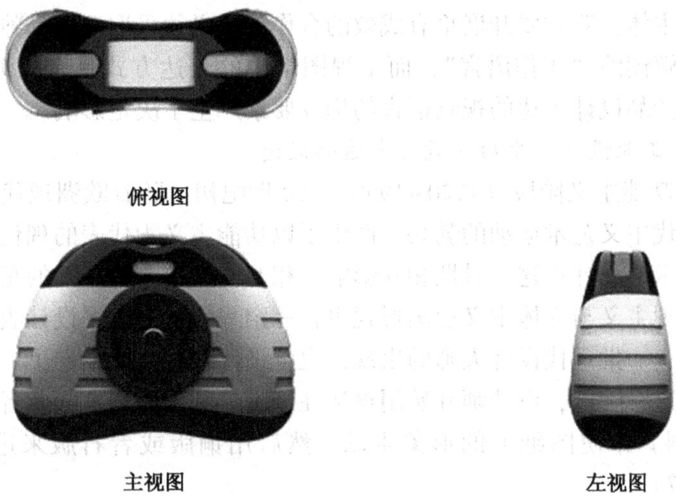

图 5-6　数码相机三视图

设计制图既为工程结构设计提供了依据，也为控制外观造型提供了依据，所有进一步的设计都必须以此为基础。

下面介绍工程图学对产品设计表达的视觉语言的影响。

第一，工程图学中的数学知识和方法，为产品设计表达所遵循。由历代图学家们运用数学的方法和数学语言，建构起了完备的图学理论体系，它不仅推动了科学技术的发展，而且对产品设计表达的发展起到了重要的指导作用。如比例尺的应用、投影理论在绘图中的应用以及对基本视图的认识与应用等，它不仅是工程制图中必须严格遵循的数学规则，而且也是设计表达不可逾越的基本原则之一。

第二，工程图学的制图方法为产品设计表达所沿用。工程制图作为工程技术人员用来表达设计意图和工程制造的根据，具有专业性的特点。在长时间的理论和实践中，工程技术人员总结、归纳的关于工程图学的制图方法、工具使用技巧，为工业设计师在进行产品设计表达时所沿用。

第三，工程图学的表达方式决定了产品设计表达的视觉语言的主要构成要素。工程图是工程技术界的“共同语言”，它作为信息的载体，由图像信息和文字信息两部分所组成。图像信息通过各种线型构成的图形和物体的形状来表达，而文字信息则通过工程注字来描述，它们相互补充，缺一不可，显示了设计者的设计思想、物体的尺度，使整个图面具有信息传递的功能。设计表达作为工业设计这一人类理性造物活动的一个环节，设计信息的有效传达是设计表达的重要任务。在产品开发过程中，工程师和设计师都是设计信息传达主体，双方要开展卓有成效的合作，就必须采取双方都熟知并能正确理解和解读的“工作语言”，而工程图学中的表达方式具有先天的优势，因此其对产品设计表达的视觉语言的构成要素产生了决定影响。

5.2.2.2　工业设计诞生后对设计表达的促进

（1）功能主义阶段（1920~1950）。20世纪初，随着欧洲现代主义设计运动和现代主义艺术运动的勃兴，产生了以功能主义为代表的现代主义设计运动。艺术与设计在这一时期相互影响、相互促进。值得一提的是，现代艺术中的表现主义与立体主义绘画形式也在一定程度上影响了设计表现图的风格，并且，一批现代设计大师的出现，也将设计表现技法推向了一个全新的高度。在这一阶段，设计师开始用钢笔在纸上绘制，并用水彩或者乌贼墨棕（一种颜料）来使图纸上的形象生动，然后用铜版或者石版来进行复制。（见图5-7）

图5-7　水彩室内设计效果图

发明于1900年左右的蓝图技术带来了用彩色铅笔在黑白图纸上上色的方法，这种方法对以后的表现技法影响深远。20世纪20年代，职业化的工业设计师开始在美国出现，当时的设计工具主要以铅笔为代表，并由此产生了高光表现技法（见图5-8）。20世纪50年代左右，随着易于成形的塑料的普及，设计师开始寻求表现塑料制品形态及色彩的新技法。由于马克笔具有速干性和丰富的色彩，非常适合表现塑料材料产品，因此成为设计表现工具的主流选择。可以说，马克笔是顺应时代要求而产生的设计工具（如图5-9所示）。

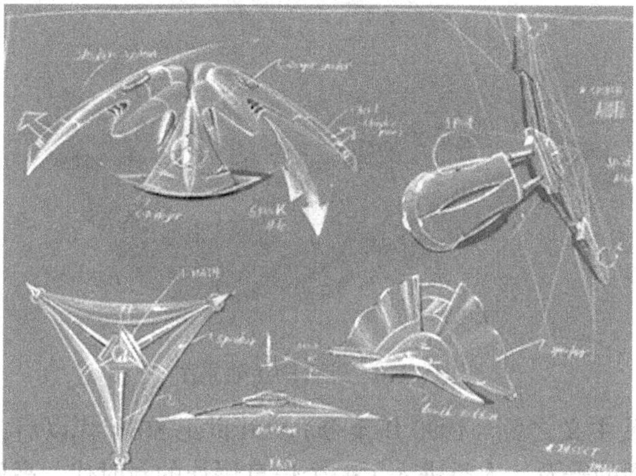

图 5-8 铅笔高光效果图

图 5-9 马克笔效果图

（2）国际主义阶段（1950~1980）。20 世纪 50 年代以后，随着设计新思潮的不断涌现，设计表现技法的发展也呈现出一种多元化的趋势。随着工业设计在各国的普及和深入，工业设计的重要性在西方工业国家得到普遍认同。这一时期各国设计师开始对设计表现技法在设计中的作用进行反思。设计表现技法逐步显现摆脱绘画性、观赏性而向服务于制造和实用性方面的转变。另一方面，在传统的设计表现技法基础上，水粉表现、喷绘表现、马克笔表现、彩色铅笔表现及其综合表现技法得到广泛应用，它们不仅为人们带来了新的设计表现语言，使整个产品设计表现技法的内容更为丰富，同时也

推动了产品设计表现技法的进一步发展，并为日后计算机辅助产品设计积累了大量的形式语言。(见图 5-10)

图 5-10　综合画法效果图

(3) 现代主义之后（1980 年至今）。20 世纪 80 年代以后，随着计算机技术和互联网的普及，人类进入了一个信息爆炸的新时代。高度发展的科学技术与代表新世纪潮流的工业设计在世纪末形成了一股合力，在国际经济竞争中扮演了重要的角色。3DMAX，ALIAS，PRO-E，UG 等设计软件在企业、设计公司和院校得到大量运用，使得产品设计表现在观念上发生了重要变化。

近几年，基于虚拟现实技术上的工业设计方法成为设计艺术学的前沿热点之一。在传统的工业设计中，我们一直使用二维的平面图来表达设计思想，即使是使用计算机三维软件，最终也只能得到某个视角的立体图，不能完整表达设计者的意图。而基于虚拟现实技术上的工业设计方法是数字化的 Web 3D 模型作为设计思想的载体，全面表达设计师的设计意图，是人机接口技术的重大突破，它将设计师的理念和作品以平常人可以理解的方式传达，并且通过网络沟通设计师、制造者和使用者的信息，使信息交互的深度、广度和速度都得到了很大的提高，体现了现代设计技术发展的大趋势。

5.2.3　设计表达的分类

设计的造物性质决定了设计表达是以视觉为认知窗口，以形状、色彩、材质为表现内容来传达和阐述信息的。这种被传达和阐述的信息就是客观存于二维或三维空间中的产品整体和细部。

设计表达领域内的每一次变革都离不开工具和材料的革新。造型技术或制造技术的变迁，是与设计工具及使用工具的表现方法的变化相对应的，并且设计工具及表现方法也是与时代对形态的要求相对应着生产的合理性方向发展，造型技术根据形态的要求而变化。造型技术与制造技术的进步当然是相辅相成的，从这个意义上说，制造技术与造型技术几乎是相同意义的。如美国出现职业的工业设计师是在20世纪二三十年代。当时的设计工具以铅笔作为代表。著名设计师雷蒙·罗维于1934年为宾夕法尼亚的铁路机车设计了由圆滑曲线构成的流线型形态，至此，以往给人以繁杂机械印象的火车头一下子焕然一新了。这种经典的流线型造型不仅被大量应用于交通工具的设计，也被广泛应用于文具与生活用具的设计中，它作为现代化的象征席卷了整个世界。这种形态应用了当时的新技术——金属冲压加工，使得产品圆弧的变化成为可能，反映出了时代的气息。从设计工具来看，表现出这一新时代自由形态的，可以说就是铅笔。另外，现代化的象征是光泽。金属镀层及艳丽的漆面与大型曲面的最光亮之处相协调，于是产生了在黑色纸上用白色铅笔描出反光部分的高光表现技法。高光表现技法是通过描绘光与光的反射，浮现出形状的立体感，进而表现被描绘对象与环境的关系。物与环境的存在方式成为时代的主题，就产生了以上的表现技法。(见图5-11)

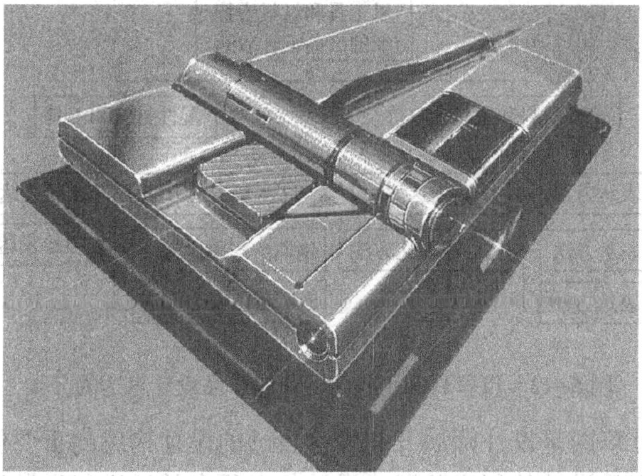

图5-11 底色高光效果图

根据设计表达活动的特点，常用设计媒介实体可分为图纸媒介、数字媒介和物理模型三类。以上媒介形式在物理上的存在形式分别是二维的平面图形、三维的立体及其翻转而成的空间等。设计表达的分类如图5-12所示。

5.2.3.1 二维设计表达——图纸媒介

图纸媒介是指设计表达中采用徒手画等方式表现设计思想的纸质介质。尽管当今计算机辅助设计系统、视频技术等新技术手段为设计者表达自己的

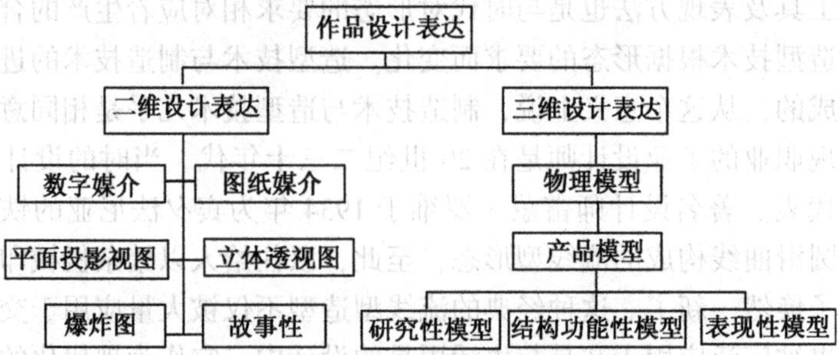

图 5-12 以表达空间状态为特征的产品设计表达的分类

设计思想提供了更多的途径，但就设计过程来说，图纸作为设计者的语言，特别是对于“自我交际”，即反思和精确表达自己的思想来说，仍然是不可或缺的。

与图纸媒介相联系的是绘图的工具与材料。以图纸、工具、颜料作为媒介的表现方法已被人们熟知，常用的表达方法如图 5-13 所示。

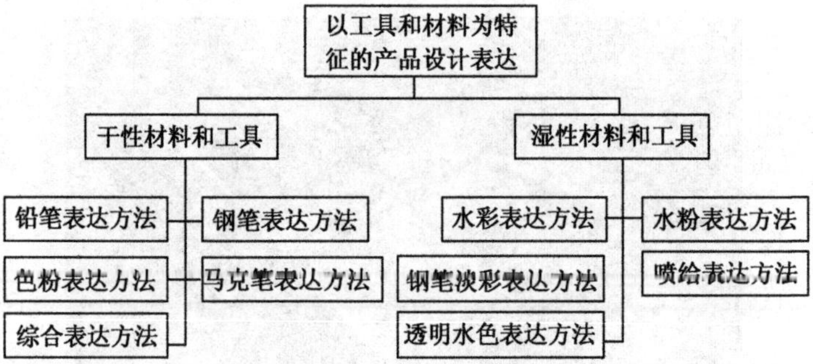

图 5-13 以材料和工具为特征的产品设计表达的分类

绘制设计草图是设计师展开和表达自己的设计构思的重要创造手段和过程。在进行产品设计的创意阶段，设计师必须有效地进行发散思维，以获得更多的构思方案。由于头脑中的构思会稍纵即逝，必须快速地加以记录，而钢笔、马克笔等工具具有表现快速的特性，因此是画设计草图的重要工具。设计草图的绘制无特别的规范和限制，往往同一画面既有透视图、剖面图又有细部图，甚至结构图。设计草图更加偏重于思考过程，所以它也是设计师之间、设计师与设计委托人之间交流的重要手段。

在设计方案基本确立以后，一般用较为正式的设计效果图对优选方案进行深入表达，目的是直观地表现设计方案的视觉效果。绘制图纸媒介效果图，根据使用材料的不同，有多种表达方法，如水粉、透明水色、色粉、马克笔的表达技法和使用多种材料的综合表达方法以及喷绘表现方法等。效果图的目的大多在于提供决策者审定、实施生产时作为依据。这类效果图对表现技法要求较高，需要经过一定的训练。

5.2.3.2 二维设计表达——数字媒介

这类设计表达是指设计师利用电脑手绘板及 Photoshop，Coreldraw，Illustrator等二维软件，在二维空间中表现产品。电脑手绘草图及产品的三视图（见图5-14）是直接表现产品的正视图、侧视图、俯视图等必要的视图。其优点是作图较为方便，不需另作透视图，对于产品几个特定面的视觉效果表现最直接，尺寸比例没有任何透视误差、变形等；其缺点是表现较窄，难以更好地表现产品形态空间效果。

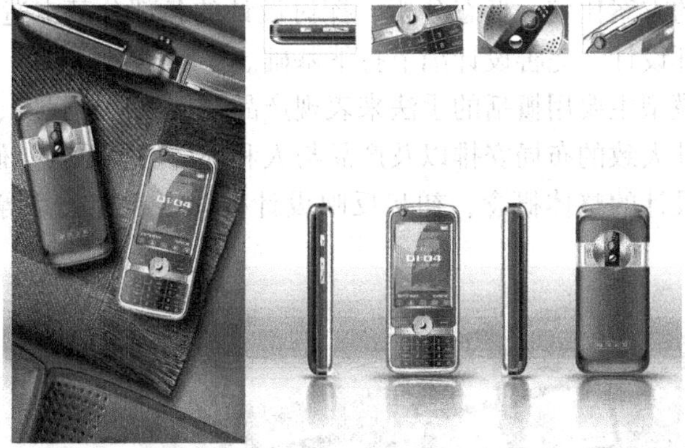

图5-14 手机产品设计二维效果图

5.2.3.3 三维设计表达——数字媒介

计算机辅助设计系统正逐渐成为设计过程中不可缺少的角色。Maya，Rhino，Alias，Softimage 3D，3DMAX 等三维建模和渲染软件，UG，ProE，Cimatron 等 CAD/CAM 软件的应用和功能不断强大，使得效果图也由传统的手绘方式转化为由计算机辅助完成。这些三维软件不仅仅给设计师提供了更灵活的设计空间，还提供了强大的材质、灯光等渲染系统，使设计者能够充分发挥自己的想象力，丰富了表现手段。

5.2.3.4 三维设计表达——模型表达

产品模型是表现产品设计意图最直观、最真实的一种形式。制作模型的目的是为了将设计师的设计方案以形体、色彩、尺度、材质等语言加以具象化的说明，用以与工程技术及企业管理人员进行交流、研讨、评估，检验设计方案的合理性，为进一步调整、修改和完善设计方案提供实物参照，同时也为制作产品样机和产品投产提供依据。最终完成的模型还常常被用来展示，获取订单等。美国著名咨询设计公司IDEO的总经理汤姆·凯利在其著作《创新的艺术》——来自美国一流设计公司的创新课程中曾经这样评价模型的重要性："制作模型就是解决问题。它是一种文化和语言。你可以制作关于任何东西的模型——一种新产品或服务，或者是一种特别的改进。重要的是要让球前进，为得分而努力。"因此，模型是设计师进行设计表达的重要设计方法。在设计过程中，设计师在设计的各个阶段，可根据不同的设计需要采用不同的模型和制作方式来表现设计构想。我们根据产品设计过程中的不同阶段和用途把模型分为以下三类。

(1) 研究性模型。研究性模型又可称为草模或粗模。这类模型是设计师在设计的初级阶段，根据设计的构思，对产品的各部分的形态、大小、比例进行初步的方案比较、形态分析，探讨设计的各部分基本造型的优缺点，为进一步展开设计、完善设计细节打下基础。

研究性模型主要用概括的手法来表现产品造型风格、尺度、比例、形态特征、功能件大致的布局安排以及产品与人和环境的关系等。研究性模型强调表现产品设计的整体概念，初步反映设计概念中各种关系等。(见图5-15)

图5-15 汽车研究性模型

研究性模型的特点是，只具有大致的形态，没有过多细部的装饰和线条，一般亦不施加色彩，设计师以此来进行方案的推敲。一般而言，研究性模型是针对一系列设计构思进行设计表现的，所以通常制作出多个形态的模型进行设计比较和评估。(见图5-15)

由于研究性模型的作用和性质，在选择材料时以易加工成型的材料为主，如油泥、石膏、泡沫塑料、纸材等。

（2）结构功能性模型。结构功能性模型主要用来研究产品造型与结构、功能的关系，这类模型需严格按要求进行制作，要能将产品的结构尺寸、连接方式、过渡形式等都清楚地表达出来。为此，有些结构功能性模型经常采用1：1的比例，部分结构件和零部件直接使用真实的部件代替。如乘用车的结构功能模型，其轮胎、仪表、座椅等都是真实的零部件。功能模型主要用来研究产品的一些物理性能、机械性能以及人和机器的关系，分析检验各部组件的尺寸与机体上的相互配合关系，然后在一定条件下做各种试验，并测出必要的数据，如一些大型产品的外形曲线面的反光效应、人机试验等。这些试验使产品具有良好的使用性能和美的外观造型。（见图5-16）

图5-16 1：1汽车结构功能性模型

（3）表现性模型。表现性模型又称产品样机展示模型。它是在结构功能性模型的基础上发展而来的，主要以表现产品最终真实形态、色彩、表面材质为目的。表现性模型是采用真实的材料，严格按照设计的尺寸进行制作的实物模型，几乎接近实际的产品，可作为产品样品进行展示，是模型的高级形式。（见图5-17）

在产品设计研发过程中，表现性模型是采用最多的一种模型形式。它真实感强，为研究人机关系、产品形态、结构尺寸、制造工艺、市场宣传提供了完美的三维实体形象。正因为如此，在制作表现性模型时，要注意整体造型、外观尺寸、材质肌理、色彩、界面的设计等，都必须与最终设计效果完全一致。

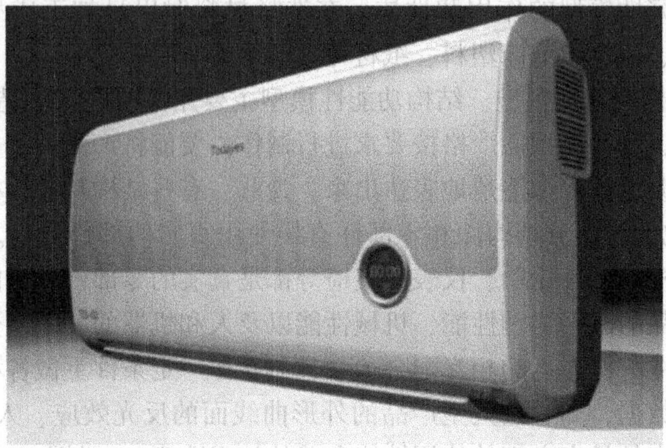

图 5-17　产品样机展示模型

这类模型可用于摄影宣传，制作宣传广告、海报，把实体形象传达给消费者。所以，这类模型是介于设计与生产制造之间的实物样品，常被作为项目审批、投标审定、展示说明、归档收藏、研究分析及批量生产等的重要参考依据。

5.2.3.5　数字媒介

数字媒介又可称为数码媒介、电子媒介。电子媒介是一种具象的、直接的、多维的、动态的、较少受时空限制，传播速度较快的符号媒介，在设计活动中的数字媒介通常指计算机，它面向视知觉的是屏幕。计算机具有快速的运算能力，能快速廉价地传输与沟通信息。由于采用统一的使用者接口和语言（0 和 1 的信息表述），因而几乎所有传统媒介能传递的信息（文字、图片、声音等）都能用数字媒介代替，所以是一种通用媒介。数字媒介上的影像与传统图像比较，还具有精确细致、虚拟性、实时性和复制性强的特点。

数字媒介给人们获取与加工信息的方式带来了深刻的变革。法国学者马克·蒂亚尼在《非物质社会——后工业世界的设计》中指出：“这些变革反映了从一个基于制造和生产物质产品的社会向一个基于服务的经济性社会（以非物质产品为主）的转变。”

数字媒介介入设计表达领域，从某种程度上抹去了个人的风格化特征，使设计师能够更加专注于对设计本身问题的解决。它意味着计算机的出现不仅将设计师的双手从以往繁杂、重复性的劳动中解放出来，而且更重要的是深化了人们造物活动的可能空间，为人脑所产生的无穷的想象力和创造力提供了更加广阔的实现平台。

具体地说，数字媒介在产品设计表达中可以分以下几类。

第一类是在计算机内生成的、用数码相机或摄像机得到的或经过扫描转换而成的数字图像，这些基本上是二维的表达。

第二类是计算机三维建模，用完整的参数表达更多的设计内容，并可以与后续的数字工程结合。

第三类是用视频、动画以及影像等媒体的表达，可以表达设计和使用的部分过程。

第四类是利用交互多媒体表达，根据媒体集成性和交互性的特点，结合产品发布，使产品信息的受众（设计师、技术人员、客户、企业营销人员或消费者等）更加完整、准确地了解产品的性能、使用方式等。

第五类是基于虚拟现实技术进行虚拟空间的营造、数字场景的制作。具体到工业设计领域，应用虚拟现实技术进行产品设计，可以通过互联网技术建立互动的虚拟产品，以便参与设计的相关人员和用户（包括处于不同地方的人员）对产品设计方案进行分析研究。

该技术是以三维虚拟数字模型作为信息的载体，数字模型与虚拟现实设备（立体眼镜、头盔显示器、数据手套、跟踪器等）及投影设备结合在一起，从而生成产品的虚拟现实。研究人员利用该技术逼真地模拟出产品在现实环境中视觉、听觉和触觉等特征，使用户产生身临其境的感觉。更重要的是，每个用户通过对虚拟产品的操作和修改都可以及时地在数字模型上予以体现，为研究人员对产品在受众中的认知度及产品流行趋势的研究提供了极大的便利，从而极大地缩短产品开发的时间，降低了新产品开发的风险，实现了人与人之间、人与机器之间的信息交互，这是现代设计技术发展的大趋势。

6 产品设计评价

6.1 产品设计评价概述

在日常生活中，人们常常参照一定的标准（有客观标准，也有主观标准；有比较明确的标准，也有相当模糊的标准；有定性的标准，也有定量的标准）对某一个或某一些特定事物、行为、认识、态度（一般可以将这些事物、行为、认识、态度统称为“评价客体”）进行各种各样的评价，评价其价值高低或优劣状态，并通过评价而达到对事物的认识，进而指导一定的决策行为，因此，“评价”就是人们参照一定的标准对客体的价值或优劣进行评判比较的一种认知过程，同时也是一种决策过程，它是人们认识事物的重要手段之一。

6.1.1 设计评价的意义

评价是新产品开发过程中非常重要也是非常必要的环节。因为新产品开发是一个极具风险性的过程，可能出现以下几方面的失误：

(1) 对市场需求估计有误

①产品功能目标落后于实际需要，进入市场已经属于淘汰性产品。

②产品功能水平超出市场实际需要，用户在技术或经济上无条件使用。

③产品开发方向及其所产生的其他影响违反有关规定。

(2) 对产品能否占领市场估计有误

①产品或其制造方法缺乏独到之处，也没有成本优势，不能替代其他产品。

②产品的性能并不先进，而被更先进的产品所替代。

③面临强大竞争对手及其有效服务工作的强有力的挑战。

(3) 对经济效益估计不当

①产量不大而无法集中购买原材料，也无法成批组织生产而使成本过高。

②不能充分利用原有技术与设备造成投资过大。

③不能及时培训技术与管理人员而使产品质量不高，无法实现经济

目标。

为了最大限度地降低风险，在产品开发的各个阶段都应该进行相应的评估。特别值得一提的是，在概念设计完成后的综合评价更是其中最为重要的评价，其对概念产品的评价结果，将为决策层的战略决定提供最重要的科学依据。

总的来说，设计评价的意义是多方面的。首先，通过设计评价，能有效地保证设计的质量。充分、科学的设计评价，使开发团体能在众多的设计方案中筛选出各方面性能都满足目标要求的最佳方案。其次，适当的设计评价，能减少设计中的盲目性，提高设计的效率。在确定工作原理、运动方案、结构方案、选择材料及工艺、探索造型形式各个阶段，都进行必要的评价并以此做出决策，能够适时摒弃许多不合理或没有发展前途的方案，使设计始终循着正确的路线。这样，就使设计的目标较为明确，同时也能避免设计上走弯路，从而提高效率，降低设计成本。

6.1.2 设计评价的分类

在设计中，评价一般是经常性的，也是形式多样的。为了对设计评价问题有一个较为全面的认识，可从以下几个方面对设计评价体系进行简单的归纳分类。

6.1.2.1 从设计评价的主体区分

据此有消费者的评价、生产经营者的评价、设计师的评价和主管部门的评价等几种评价形式。这几种评价，在评价标准、项目、要求等方面都有一定的特点。消费者的评价多考虑成本、价格、使用性、安全性、可靠性、审美性等方面；生产经营者多从成本、利润、可行性、加工性、生产周期、销售前景等方面着眼；而设计师则多从社会效果、对环境的影响、与人们生活方式提升的关系、宜人性、使用性、审美价值、时代性等综合性能上加以评价。在评价时，消费者关注的焦点是功能和价格；生产经营者关注的焦点是成本、利润和市场销售前途；设计师是介于这二者之间的，以更崇高的准则综合考虑消费者和经营者的利益，在充分满足二者基本要求的前提下，尽力从更广泛的角度进行设计评价。设计师所关注的焦点是先进性和广义的功能性（包括技术功能、使用功能、环境功能、审美功能、教育功能、经济功能、社会功能等，涉及物质和精神两个领域）。至于主管部门的评价，在标准和范围上一般较接近于设计师的评价，但更偏重于方案的先进性和社会性，其评价的对象多为产品形式。

理想的设计评价应是综合上述四个方面的评价，此时，设计评价结构可

表示为

$$E = E(a,\ b,\ c,\ d) \qquad (6-1)$$

式中：E——综合评价；

a——消费者的评价；

b——生产经营者的评价；

c——设计师的评价；

d——主管部门的评价。

也就是把综合评价视为四个评价主体的评价函数。在实际评价时，应尽可能向这种综合的评价结构努力。

6.1.2.2 从评价的性质区分

从评价的性质区分可分为定性评价和定量评价两种。

定性评价是指对一些非计量性的评价项目，如审美性、舒适性、创造性等所进行的评价；定量评价则是指对那些可以计量的评价项目，如成本、技术性能（可以用参数表示）等所进行的评价。在实际评价时，一般都有计量性和非计量性两种评价项目，在做法上可以采用不同的方法分别加以评价，得到两类评价结果，然后再综合起来进行考虑，做出判断和决策。另外，也可以采取综合处理的方式，对两类问题统一用适宜的方法评价。

在设计评价中，有不少的评价项目都属于非计量性的，这也是造成评价困难的重要原因。对于非计量性问题的评价，不可避免地要受到评价者主观因素的影响，从而使设计评价的结果具有较大的差异乃至错误。各种不同的评价方法的作用之 ，就是尽可能地减少主观因素对设计评价的影响，使其更为客观。

6.1.2.3 从评价的过程区分

设计评价可分为理性的评价和直觉的评价两种。例如，在价格或成本上，A方案较B方案便宜，这种判断是理性的；对于色彩问题，认为红色较蓝色好，则属于直觉的评价。所以，理性的评价，其评价的过程是以理性判断为主的；直觉的评价，其评价的过程是以直觉或感性的判断为主的。在设计过程中，往往需要同时运用理性和直觉两种判断过程，也就是一种交互式的评价。一般而言，设计师的评价过程，其工作多是基于他个人从事专业工作得到的经验来做判断。因为评价的项目大都是非计量性的，尤其是在造型项目上，更是要依赖其直觉感受来做评价。为弥补因个人偏见而造成的评价上的偏差，在评价中一般都是采用模糊评价的方法，或以多人的方式进行评价，最后再综合，由此得出结论。

6.1.3　产品设计评价的一般程序

新产品开发设计评价是一个复杂的统计活动过程，如图 6-1 所示，大致可以分为以下几个阶段：

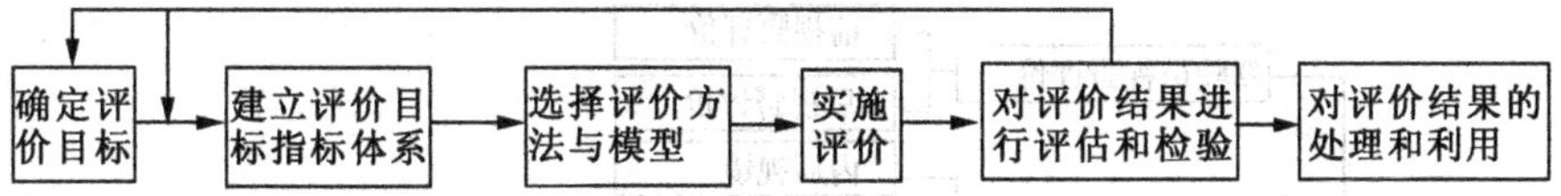

图 6-1　设计评价流程图

（1）确定评价目标。

（2）建立评价目标指标体系。具体包括评价目标指标的细化与结构化，指标体系的初步确定，指标体系结构的优化，定性变量的数量化等环节。

（3）选择评价方法与模型。具体包括评价方法的选择，权数构造，评价指标体系的标准值与评价规则的确定。

（4）实施评价。具体还包括指标体系数据收集，数据评估，必要的数据推算，评价模型参数求解等。

（5）对评价结果进行评估和检验。以判别所评价模型、有关标准、有关权值，甚至指标体系的合理与否。若不符合要求，则需要进行一些修改，甚至返回到前述的某一环节。

（6）对评价结果的处理和利用。具体还包括评价结果的书面分析，撰写评价报告，提供与发布评价结果，资料的储备与后续开发利用。

6.2　设计评价目标指标体系

6.2.1　评价目标指标

设计评价的依据是评价目标指标。评价目标指标是针对设计所要达到的目标而确定的、用于确定评价范畴的项目。一般来说，所有对设计的要求以及设计所要追求的目标都可以作为设计评价的评价目标指标。但为了提高评价效率，降低评价实施的成本和减少工作量，没有必要把评价目标指标（实际实施的评价目标指标）列得过多，一般是选择最能反映方案水平和性能的、最重要的设计要求作为评价目标指标的具体内容（通常在 10 项左右）。显然，对于不同的设计对象和设计所处的不同阶段，以及对设计评价要求的不同，评价目标指标内容也就要有所区别，应具体问题具体分析，选择最合适的内容建立评价目标指标体系。对评价目标指标的基本要求是：

（1）全面性：尽量涉及技术、经济、社会性、审美性的多个方面。

（2）独立性：各评价目标指标相对独立，内容明确、区分确定。

图 6-2 为某款概念汽车的人-机评价目标指标体系。

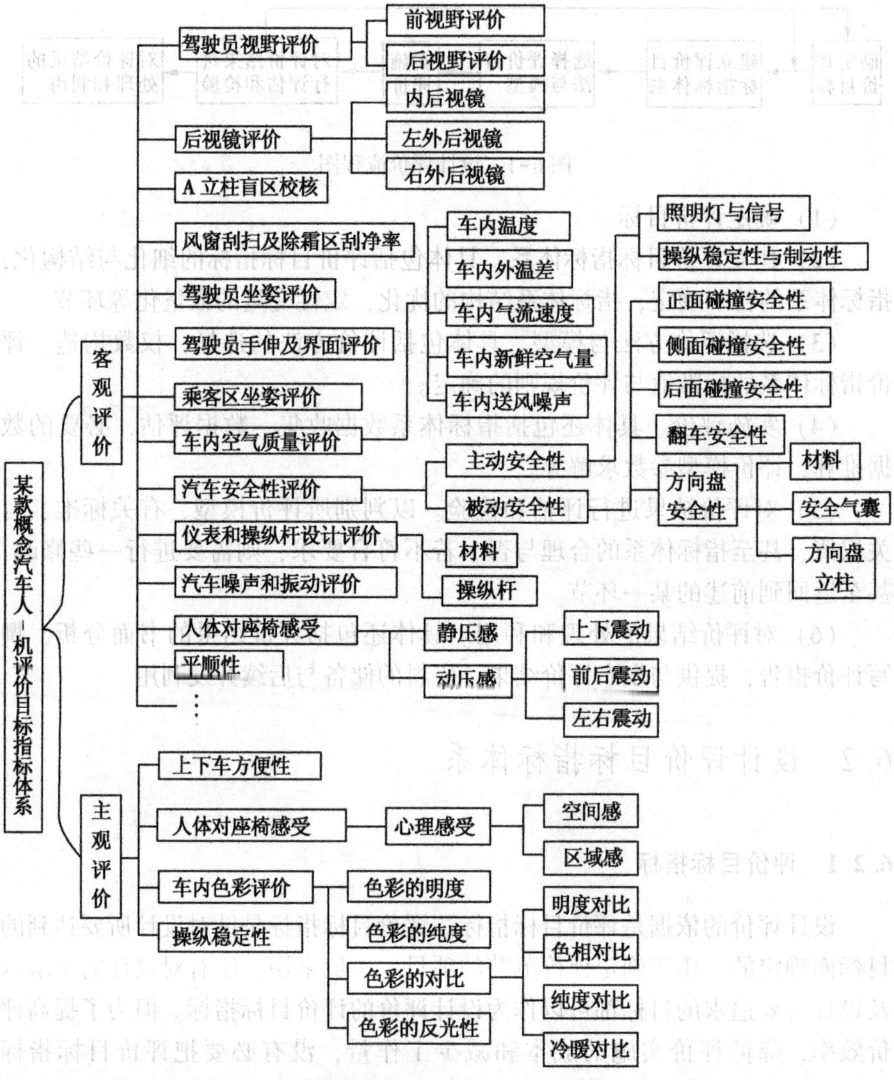

图 6-2　某款概念汽车的人-机评价目标指标体系

在选定评价项目以后，常要根据各评价项目的重要程度分别设置加权系数。加权系数也称权重系数，其数值越大表示重要性越高。各项目的加权系数之和常取为1，当然也可取成10，100或其他数值，选取1时计算工作较简便。

6.2.2 评价目标树

目标树方法是分析评价目标指标的一种手段，目标树建立是由系统分析的方法对评价目标指标系统进行分解并图示而成的，将总的评价目标具体化，即把总目标细化为一些子目标，并用系统分析图的形式表示出来，就形成了某个设计评价的目标树。图6-3是一个目标树的示意图。

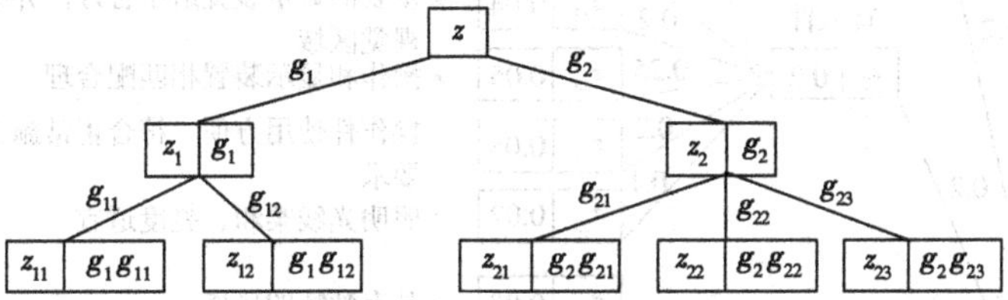

图6-3 评价目标树

图中z为总目标，z_1，z_2为z的目标，z_{11}，z_{12}又分别为z_1的子目标，z_{21}，z_{22}，z_{23}则是z_2的子目标。目标树的最后分支即为总目标的各具体评价目标指标。图中g_1，g_2，g_{11}，g_{12}，g_{21}，g_{22}，g_{23}为加权系数。子目标的加权系数之和为上一级目标的加权系数，加权系数满足式（6-2）所示的关系。

$$\begin{cases} g_1 + g_2 = 1 \\ g_{11} + g_{12} = g_{21} + g_{22} + g_{23} = 1 \end{cases} \qquad (6-2)$$

应该指出的是，前面提到在确定评价项目时，一般选定10个左右的项目以构造评价目标，这里的10个项目应理解为评价目标指标树中的第一级子目标所对应的评价项目。在实际评价中，为准确起见，常要把第一级目标细化成更多的子目标，由此进行逐项评价。通过评价目标树的分析，使人对评价体系有了直观的认识，对总目标、子目标、实际评价目标及其重要程度一目了然，使用起来十分方便。图6-4是以“机械产品艺术造型评定方法”为例所做的评价目标树。

6.2.3 设计评价目标指标体系的建立

评价目标指标体系的构造过程大致可以分为以下四个环节：理论准备、指标体系初选、指标体系测验、指标体系应用，其流程如图6-5所示。

6.2.3.1 理论准备

综合评价指标体系的设计者应该对待评价领域的有关理论有一定深度和

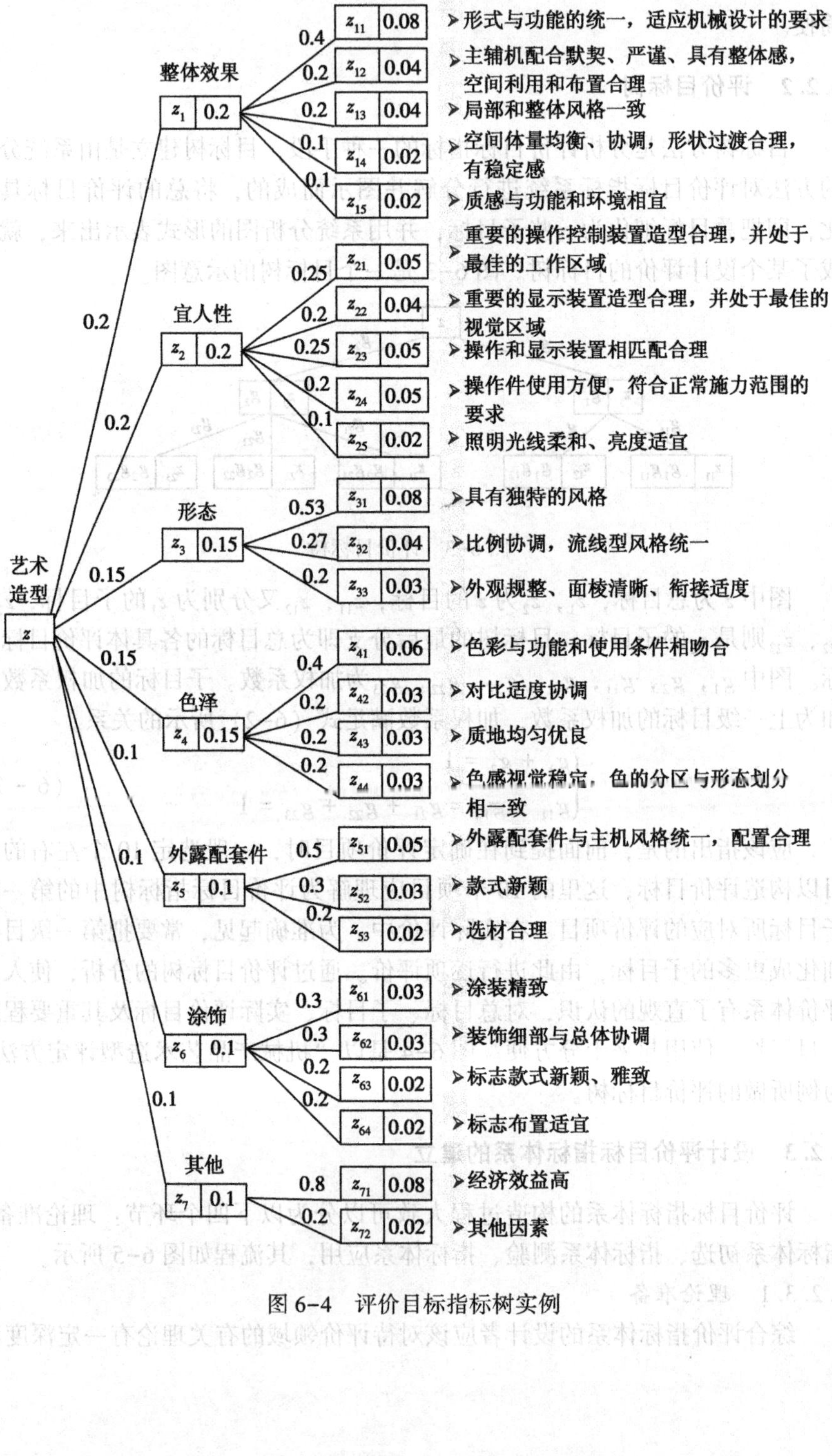

图 6-4 评价目标指标树实例

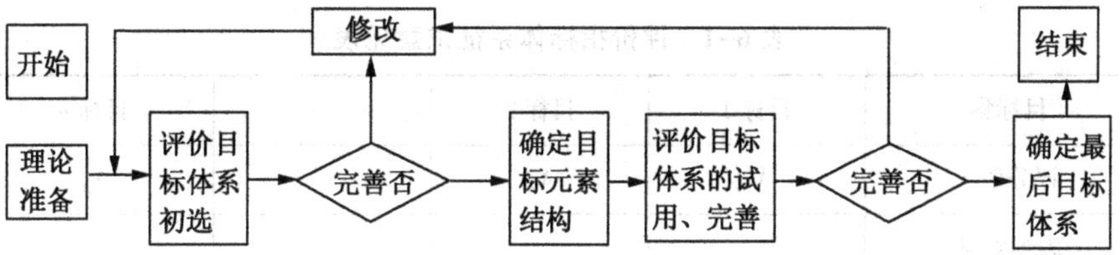

图 6-5 评价目标指标体系的构造流程

广度的了解，全面掌握该领域描述性指标体系的基本情况。在进行新产品开发的评价时，设计者应该对产品的相关领域知识有较深刻的认识。通常评价目标指标体系的设计者最好既是该领域的理论专家，也是该领域的实践行家。

6.2.3.2 评价目标指标体系的初选

在此过程中，设计者需构建出评价目标指标体系的框架。指标体系的初选方法有分析法、综合法、交叉法、目标属性分组法等多种方法。这里采用系统分析法。系统分析方法是将评价目标指标体系的度量对象和度量目标划分成若干个不同的组成部分或不同侧面（即子系统），并逐步细分（即形成各级子系统及功能模块），直到每一部分和侧面都可以用具体的统计指标来描述、实现，其基本过程如下：

（1）对评价问题的内涵与外延做出合理解释，划分概念的侧面结构，明确概念的总目标和子目标。这是相当关键的一步。

（2）对每一个子目标或侧面进行细分解。由于新产品开发的评价是一个很复杂的问题，这种细分解也是非常重要的。

（3）重复第（2）步，直到每一个侧面或子目标都可以直接用一个或几个明确的指标反映。

（4）设计每一子层次的指标。最后得到图 6-4 所示的树状层次结构。

6.2.3.3 评价目标指标体系的完善

在初步确定评价目标指标以后，为了使目标更加科学合理，要通过测验对初步确定的目标进行优化。优化可采用“专家评定法”，专家评定法是一种利用专家群体的知识经验、推理偏好和价值观来进行评价体系优化的方法。该方法用专家组意见的集中和协调程度等指标，来确定评价目标指标体系中的各项指标。其实施办法如下：

将征求意见的指标制成表格发给专家组各成员，如表 6-1 所示，请专家在必须设立的指标项中按照重要程度打分，分值为 0~100；如果认为哪一项指标设置不合适，请提出意见、看法附在表后。

表 6-1　评价指标体系征求意见表

目标集	目标 1	目标 2	…	目标 n
评分值 X	X_1	X_2	…	X_n
附加意见				

收集专家意见进行统计，如表 6-2 所示。

表 6-2　专家打分汇总表

专家 \ 评分值 \ 目标	目标 1	目标 2	…	目标 n
专家 1	X_{11}	X_{12}	…	X_{1n}
专家 2	X_{21}	X_{22}	…	X_{2n}
⋮	⋮	⋮		⋮
专家 p	X_{p1}	X_{p2}	…	X_{pn}
分值和	X_1	X_2	…	X_n

表中分值和用式（6-3）计算：

$$X_j = \sum_{i=1}^{P} X_{ij} \tag{6-3}$$

专家意见的集中程度用每一目标得分的算术平均值 $\overline{M}_j$ 来表示，根据表 6-2，由式（6-4）计算，$\overline{M}_j$ 值越大，表明该项指标越重要。

$$\overline{M}_j = X_j/p \qquad j = 1, 2 \cdots n \tag{6-4}$$

专家意见协调程度可用变异系数 V_j 表示，由公式（6-5）计算

$$V_j = \sigma_j/\overline{M}_j \tag{6-5}$$

式中：V_j——第 j 目标评价结果的变异系数，表示专家意见的协调程度，即专家们对于第 j 目标相对重要性的波动程度，V_j 越小，表明专家们意见的协调程度越高；

σ_j——第 j 指标的标准偏差。

实际操作中可以设定一个临界值，将变异系数与之相比，如果超过临界

值，就将统计结果返回各个专家，请各个专家重新按表打分。经过几轮反复，使各专家对面向新产品开发策划的综合评价指标体系的选择意见基本趋于一致。

6.3 设计评价方法

目前的设计评价方法比较多，归结起来可以分为三类：经验评价法、试验评价法和数学分析评价法。经验评价法是根据评价者的经验对方案做定性的粗略分析和评价，适合于方案不多、问题不复杂的情况。试验评价法是通过试验（模拟试验或样机试验）对方案进行评价，这种评价方法得到的评价参数准确，但代价较高。数学分析评价法是运用数学工具进行分析、推导和计算，得到定量的评价参数。下面介绍几种实用的设计评价方法。

6.3.1 经验评价法

经验评价法中最常用的方法为点评价法，这种方法的特点是对各比较方案按确定的设计目标逐点做粗略评价，并用符号“+”（行），“-”（不行），“?”（再研究一下），“!”（重新检查设计）等表示出来，根据评价情况做出选择。表6-3为点评价法的实例。

表6-3　点评价法实例

评价条目	待评方案		
	方案一	方案二	方案三
满足功能要求	+	+	+
加工装配可行	-	-	+
使用维护方便	+	?	+
宜人性符合要求	+	?	+
满足环保要求	+	?	+
制造成本满足要求	+	-	+
造型整体效果优良	+	-	+
总　评	5+	3+	7+
结　论	方案三最佳		

6.3.2 数学分析评价法

6.3.2.1 名次计分法

这种评价方法是由一组专家对 n 个待评方案进行总评分，每个专家按方案的优劣排出这 n 个方案的名次，名次最高者给 n 分，名次最低者给 1 分，以此类推。最后把每个方案的得分数相加，总分高者为最佳。这种方法也可以依评价目标，逐项使用，最后再综合各方案在每个评价目标指标上的得分，用计总分方法加以处理，得出更为精确的评价结果。为了提高评价的客观性和准确性，在用名次计分法进行设计评价时，最好是采取逐项评价的方式，即使不逐项评价，也应建立评价目标指标或评价项目，以便使评价者有一个基本的评价依据。表 6-4 所列是名次记分法的实例，其中有 5 名专家，5 个待评价方案（这里只对待评价方案进行了一次总评，如要在逐个评价目标指标上都评价，则要在每个评价目标指标下各用一次表 6-4 所示的表格记分，然后再统计结果）。

表 6-4 名次计分法实例

方案 \ 评分 \ 专家	专家 A	专家 B	专家 C	专家 D	专家 E	总 分
方案一	5	3	5	5	4	22
方案二	4	5	4	3	5	21
方案三	3	4	3	4	3	17
方案四	2	1	1	2	2	8
方案五	1	2	2	1	1	7
结 论	方案一最佳					

在名次计分法中，专家意见的一致性程度是确认评价结论是否准确可信的重要方面。对于评分专家们的意见一致性程度，可用一致性系数 c 来表示。一致性系数的计算公式如式（6-6）：

$$c = \frac{12s}{m^2(n^3 - n)} \tag{6-6}$$

式中：c—— 一致性系数；

m——参加评分的专家数；

n——待评价方案数；

s——各方案总分的差分和，计算式为：$s=\sum x_i^2-(\sum x_i)^2/n$，$x_i$ 为第 i 个方案的总分。

本例的一致性系数经计算后为 0.81。一致性系数 c 越接近于 1，表示意见越一致，当专家意见完全一致时，$c=1$。在重要的评价中，一致性系数的取值范围应满足要求。

6.3.2.2 评分法

评分法是针对评价目标指标，依直觉判断为主，按一定的标准打分作为衡量评定方案优劣的尺度的一种定量性评价方法。如果评价目标指标为多项，要分别对各目标指标评分，然后再经统计处理求得方案评价在所有目标指标上的总分。评分法的工作步骤如图 6-6 所示。

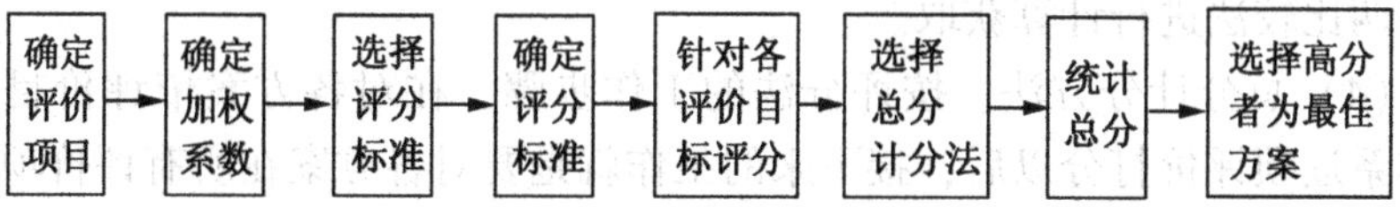

图 6-6 评分法的工作步骤

(1) 评分标准。评分法中一般常用 5 分制或 10 分制对方案进行打分，评分标准如表 6-5 所列。在使用评分标准对方案打分时，如果方案处于理想状态，评分为 10 分（或 5 分），最差时评分为 0 分，如果方案的优劣程度处于中间状态，可用以下方法确定其评分：

表 6-5 评分标准

10 分制	评分	0	1	2	3	4	5	6	7	8	9	10
	优劣程度	不能用	缺陷多	较差	勉强可用	可用	基本满意	良	好	很好	超目标	理想
5 分制	评分	0	1		2		3		4		5	
	优劣程度	不能用	勉强可用		可用		良好		很好		理想	

①对于非计量性的评价项目或虽为计量性的评价项目，但其计量性参数不具备时，可采用直觉及经验判断的方法确定其具体应属于哪种优劣程度区段，对照评分标准给出评分。此外，可以用前面所介绍的简单评分法对方案进行定性的分析，从而确定其优劣程度的顺序，并确定评分。

②如果评价项目中有定量参数，如性能参数的数值要求等，可以根据规定的最低极限值、正常要求值和理想值分别给0分、8分、10分（5分制时给0分、4分、5分），用3点定曲线的办法找出评分曲线或函数，从中求出其他定量参数值所对应的评分值。

（2）评分方式。为减少由于个人主观因素对评分的影响，一般须采用集体评分的方式，由几个评分者以评价目标指标为序对各方案评分，取平均值或去除最大、最小值后的平均值作为分值。

（3）加权系数。加权系数是评价目标指标重要性程度的量化系数。加权系数大，意味着重要程度高。为便于计算，一般各评价目标指标加权系数要进行归一化处理。加权系数可由经验确定，或者用前面层次分析法所介绍的两两比较法进行计算获取。

（4）总分计分方法。按评分法的工作步骤，在对各方案依评价目标指标体系逐项评价打分以后，接下来的工作就是要对各方案在所有评价项目上的得分加以统计，算出其总分。总分的计算方法很多，常用的计算方法如下：

①分值相加法。分值相加法计算简单、直观，如式（6-7）所示：

$$Q = \sum_{i=1}^{n} p_i \tag{6-7}$$

式中：Q——方案的总分值；

p_i——i评价目标指标的评分值；

n——评价目标指标数。

②分值相乘法。分值相乘法所得的各方案的总分相差大，便于比较，如式（6-8）所示：

$$Q = \prod_{i=1}^{n} p_i \tag{6-8}$$

③均值法。均值法计算简单、直观，如式（6-9）所示：

$$Q = \frac{1}{n}\sum_{i=1}^{n} p_i \tag{6-9}$$

④相对值法。相对值法能看出与理想方案的差距，如式（6-10）所示：

$$Q = \sum_{i=1}^{n} p_i / Q_0 \tag{6-10}$$

式中：Q_0——理想方案的总分值。

⑤有效值法。有效值法考虑了各评价目标指标的重要程度，如式（6-11）所示：

$$N = \sum_{i=1}^{n} p_i g_i \tag{6-11}$$

式中：N——有效值；

g_1——各评价目标指标的加权系数。

在计算总分的时候，可以根据具体情况选用相应的计分方法。取得总分以后，其高低就可综合地体现方案优劣，分值高者为优，对于采用有效值的情况，有效值高者为优。

对于要求比较高的评价或各评价目标指标的重要程度差别很大（加权系数差别大）的情况，通常选用有效值法。在具体计算时，有效值法采用集合加矩阵的方法加以表达。

整个设计评价目标指标体系可视为一个集合，评价目标指标集合可表示为 $U=\{u_1, u_2, \cdots, u_n\}$；各评价目标指标加权系数也是一个集合，可表示为 $G=\{g_1, g_2, \cdots, g_n\}$。

有 m 个方案对应 n 个评价目标指标上的评分值，可用矩阵表示为式(6-12)：

$$P = \begin{bmatrix} p_1 \\ p_2 \\ \vdots \\ p_m \end{bmatrix} = \begin{bmatrix} p_{11} & p_{12} & \cdots & p_{1n} \\ p_{21} & p_{22} & \cdots & p_{2n} \\ \vdots & \vdots & & \vdots \\ p_{m1} & p_{m2} & \cdots & p_{mn} \end{bmatrix} \tag{6-12}$$

m 个方案的有效值矩阵为

$$N = GP^T = [N_1, N_2, \cdots, N_j, \cdots, N_m]$$

式中 N_j的数值越大，表示此方案的综合性能越好。

6.3.2.3 技术–经济评价法

技术–经济评价法的特点是：对方案进行技术、经济综合评价时，不但考虑各评价目标指标的加权系数，所取的技术价和经济价都是相对于理想状态的相对值。这样更便于决策时的判断和选择，也有利于方案的改进。技术–经济评价法的过程为先求出方案的技术和经济指标——技术价和经济价，而后再进行综合评价。

（1）技术评价。技术评价目标指标是求方案的技术价外，即各性能评价指标的评分值与加权系数乘积之和与最高分值的比值，计算式如式（6-13）所示：

$$W_t = \frac{\sum_{i=1}^{n} p_i g_i}{P_{\max}} \leqslant 1 \tag{6-13}$$

式中：W_t——技术价；

P_i——技术评价指标的评分值；

g_i——各技术评价指标的加权系数；

P_{max}——最高分值（10 分制中为 10 分，5 分制中为 5 分）。

技术价 W_t 值越高，说明方案的技术性能越好，理想方案的技术价为 1；W_t 小于 0.6 表明方案在技术上不合格，必须加以改进才能考虑选用。表 6-6 是技术价与所反映的方案技术性能状况的对照。

表 6-6　技术价与技术性能状况对照

评价等级	理想	很好	好	基本满意	不满意
技术价 W_t	1	$\geqslant 0.9$	$0.8 \leqslant W_t < 0.9$	$0.6 \leqslant W_t < 0.8$	<0.6

（2）经济评价。经济评价的目标指标是求方案的经济价 W_e 即理想生产成本与实际生产成本之比值，计算式如式（6-14）所示：

$$W_e = \frac{H_i}{H} = \frac{0.7H_z}{H} \leqslant 1 \qquad (6-14)$$

式中：H——实际生产成本，元；

H_i——理想生产成本，元；

H_z——允许生产成本，元，H_z 应低于有效市场价格，一般可取 $H_i = 0.7H_z$。

经济价 W_e 值越大，经济效果越好，$W_e = 1$ 时是理想状态，此时实际生产成本等于理想成本。W_e 许用值为 0.7，此时实际生产成本等于允许生产成本。

（3）技术-经济综合评价。在求出技术价和经济价后，就可以利用计算或图示方法进行技术-经济综合评价。

①相对价 W 的两种计算方法。

a. 直线法，也叫均值法，如式（6-15）所示：

$$W = \frac{1}{2}(W_t + W_e) \qquad (6-15)$$

b. 双曲线法，如式（6-16）所示：

$$W = \sqrt{W_t W_e} \qquad (6-16)$$

相对价 W 值大，表明方案的技术、经济综合性能好，一般应取 $W \geqslant 0.65$。直线法的特点是 W_t 与 W_e 相差较大时，所得 W 值仍较大；而在双曲线法中只要两项中有一项数值小，就会使相对价降低较多。所以，用双曲线法更容易评价和决策。

②优度图。优度图也称 S 图，如图 6-7 所示，技术价 W_t 与经济价 W_e 构成的平面坐标系中，每个方案的 W_{ti} 和 W_{ei} 值构成点 S_i，S_i 的位置反映此方案的优良程度（优度）：坐标系中 $W_t=1$，$W_e=1$ 构成的点 S^* 为理想优度，表示技术-经济综合指标的理想值。OS^* 连线称为“开发线”，线上各点 $W_t=W_e$。S_i 离 S^* 越近，表示技术-经济指标越高，而离开发线越近，说明技术-经济综合性能好，用优度图的方法可形象地看出方案的技术-经济综合性能，且便于提出改进的方向。把各个方案所对应的点都标在优度图上时，很容易评选出最佳方案。如果两个方案的优度点相对于 S^* 点距离差不多时，可用双曲线法进行评判。

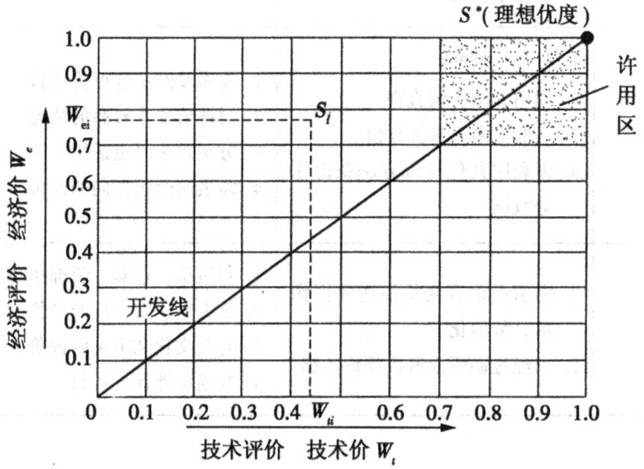

图 6-7 优度图

6.4 评价方法的选择和评价结果的处理

6.4.1 评价方法的选择

选择评价方法的依据是评价问题的性质和特点，只有充分明确评价的目的和要求，才能做出正确的选择。对评价方法的了解和对实际问题的分析是选择评价方法的关键。表 6-7 列出了几种评价方法的比较，可供选择时参考。

表 6-7 评价方法的比较

方 法	特 点	适用的情况
简单评价法	1. 简单、直观 2. 精度差，粗略分析	1. 定性、定量的各种评价项目 2. 对评价精度要求不高的情况
名次计分法	1. 简单 2. 精度较高 3. 一般需多人参加评价	1. 定性、定量的各种综合评价项目 2. 对评价精度有一定要求的情况 3. 方案数目不多的情况
评分法	1. 精度高，稍复杂 2. 需多人参加 3. 分多个目标评价 4. 工作量较大	1. 定性、定量的，但更适合定量项目 2. 需要考虑加权值的评价，有时也适用于不考虑加权值的评价
技术-经济评价法	1. 复杂，精度高 2. 如用 S 图，较直观 3. 一般需多人参加评价 4. 需利用其他评价方法获得评分数据	1. 技术及经济性评价项目 2. 对评价要求较高的情况 3. 方案较多时更适用 4. 需表明改进方向的评价
模糊评价法	1. 需引进语言变量描述使模糊信息数值化 2. 需经过调研而取得评价数据	1. 对造型、色彩、装饰质感等的评价 2. 宜人性、安全性的评价 3. 有关文化和审美的评价 4. 其他定性评价项目

6.4.2 设计评价结果的处理

在设计评价工作基本完成并获取许多评价数据信息后，如对其加以适当的处理，就会方便评定最佳方案，从而做出决策。数学分析的处理方法前面叙述过，以下讨论的是视觉化的处理方法。

6.4.2.1 曲线化处理

这种处理方法的思路是建立坐标系，把评分结果转化为坐标点，从而确定与评价结果相对应的曲线，以方便评价决策。图 6-8 为一假设的评价例子，包含了两种评价方案。如方案太多，可分设 n 个这种图加以表现。用这种表示方法，除了直观判断最佳方案外，还能清楚地看到某方案在哪些评价目标上有问题以便进行改进和提高。

6.4.2.2 图形化处理

图 6-9 所示是一种图形化处理评价结果的例子，各坐标轴代表一个评

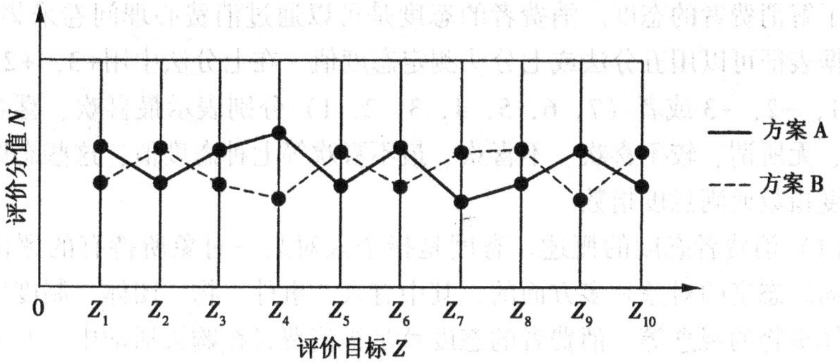

图 6-8 评价统计曲线

价目标，坐标上的点则表示出某方案在该评价目标上的分值。

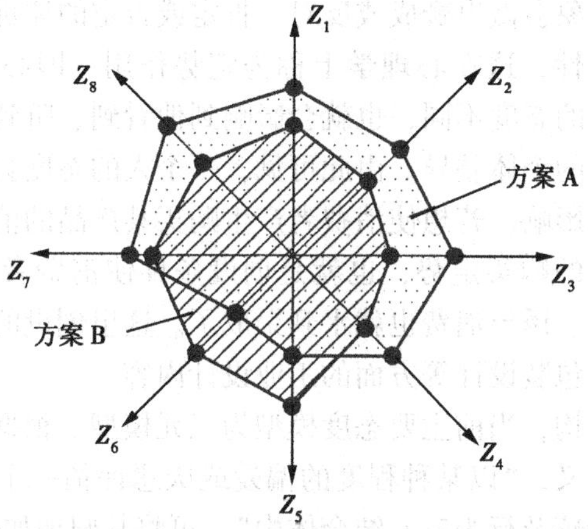

图 6-9 评价结果图形化

6.5 产品设计效果的心理评价

6.5.1 产品设计心理评价的新观念：人际化设计

6.5.1.1 消费者态度与满意度

消费者对产品设计的态度，是决定消费者购买意图和行为的重要因素。研究表明，对产品的好恶态度是预测购买情况的有利因素，也是设计效果心理评价的有效手段。对产品抱有肯定态度的消费者具有明确的购买意图；而对产品抱有否定态度的消费者则完全没有购买意图。产品的设计者和生产者必须了解消费者的态度。消费者的态度是可以通过消费心理问卷采集到的，其数据表征可以用五分法或七分法测定态度值。在七分法中用+3，+2，+1，0，−1，−2，−3或者（7，6，5，4，3，2，1）分别表示最喜欢、喜欢、较喜欢、无所谓、较不喜欢、不喜欢、最不喜欢等七种态度值，这些态度值又称态度指数或满意度指数。

（1）消费者态度的概述。态度是指个人对某一对象所持有的评价与行为倾向。态度的对象是多方面的，其中有人、事件、物、团体、制度以及代表具体事物的观念等。消费者的态度就是指消费者在购买活动中，对所涉及的有关人、物、群体、观念等方面所持有的评价和行为倾向。比如消费者对某些产品是否喜欢，对宣传产品的广告是否相信，对推销产品的营业员服务是否满意等。

人们对一个对象会做出赞成或反对、肯定或否定的评价，同时还会表现出一种反应的倾向性，这在心理学上称为定势作用，即心理活动的准备状态。所以，一个人的态度不同，也就会影响到他看到、听到、想到、做到什么事时，产生明显的个体差异。由此可见，一个人的态度会对他的行为具有指导性和动力性的影响。若想使消费者产生购买某产品的消费行为，必须造就消费者对该产品的购买定势，也就是创设条件使消费者对该产品产生好感，那么指导消费、诱导消费也就水到渠成了。这里创设的条件，包括产品设计、广告设计、包装设计等方面的工业设计内容。

关于态度的结构，当前主要态度模型为三元模型。根据伊格利和查肯对态度三元模型的定义，"以某种程度的偏爱或厌恶评估一个存在的倾向，一般表现在认知、情感及行为三元结合体中"，可将其归纳如表6−9所示。

表6−9　态度的三维模式

维　度	定　义	说　　明
认知反应	指我们对事物的观点和看法	比如对设计效果的主观评价
情感反应	指情绪，即我们喜欢还是不喜欢态度对象	效果评价时偏爱和好恶流露
行为反应	指行为的意图或行动倾向	纸上评点有动机未发生行动

态度的性质具有如下几方面的性质：

①态度不是先天遗传的，而是后天培养的。态度不是本能行为，虽然本能行为也有倾向性，但本能是生来俱有的，而所有的态度是学来的。比如消费态度的节俭和铺张浪费，都是后天习得的。

②态度必须有一个特定的对象。此对象可能是具体的，也可能是状态的

或观念的。比如消费者对广告的态度，对有奖销售的态度以及对新的消费观念的态度等。

③态度具有相对的持久性。态度形成的过程需要相当长一段时间，而一旦形成之后又是比较持久的、稳固的。如果消费者在某种产品的驱动下购买了该产品，使用后满意，消费者会保持相当长的印象，产生相信广告认牌购买的结果；反之，将产生“一日被蛇咬，十年怕井绳”的否定态度，而且改变这种态度是很困难的。因此，广告的创意设计的难点之一，就是如何改变受众的态度。

④ 态度是一种内在心理结构。态度是个体的内在的心理过程，它不能直接加以观察，但可以从个体的思想、言语、行为活动中加以推断。态度是一种行为趋势，这种行为趋势是由认知、情感、意向三元素表征的。就同一态度而言，认知、情感、行为三种成分之间是协调一致的，而不是相互矛盾的。

⑤态度的核心是价值观。态度来自价值判断，人们对某个事物所具有的态度取决于该事物对人们的意义大小，也就是事物所具有的价值大小。事物的主要价值，有的西方学者认为有六类价值观：理论的价值；实用的价值；美的价值；社会的价值；权力的价值；宗教的价值。消费品具有各种价值，消费者根据自己的需要和价值观来评价产品，选购商品。

⑥态度的一元化。态度的一元化表现为从肯定到否定、从正到负的连续状态；态度的变化也沿着这种从正到负的链条进行，态度的这种一元连续状态可以观察和测定，这为操作性地研究态度提供了方便。实际研究中的态度测量和态度问卷就是根据态度的这个性质制定的。

⑦态度具有可变性。尽管态度具有相对的稳定性，但它并非一成不变，人们可以运用各种手段和策略来对个体施加影响，促使他改变态度。产品设计、广告设计、造型设计、包装设计和色彩设计等工业设计诸方面，可以成为态度转变的诱因，如何提高诱因的刺激强度、可接受度、亲和度、满意度和忠诚度等，均是设计效果心理评价研究的课题。

(2) 消费者满意度的概述。

①消费者满意度的概念。消费者满意度（Customer Satisfaction Index，简称 CSI）源于 20 世纪 80 年代瑞典斯堪的纳维亚航空公司的“服务与管理”的观念。1986 年美国一家调研公司以 CSI 指标，首次发表了消费者对汽车满意度的排行榜。3 年后，瑞典人引进了美国人发明的这一 CSI 指标体系，建立了全国性的消费者满意指标。之后，日本的许多行业和公司也竞相模仿，1991 年 5 月，日本开始了全国性的消费者满意度调查。目前国际著名

品牌摩托罗拉、伊莱克斯、丰田、夏普等企业，都采用CSI指标研发新产品和调整营销策略。

CSI理论中的消费者，一是指企业内部成员，主要包括企业的股东、员工，此外，企业中的供、产、销及其他职能部门之间、上下工序之间亦为消费者关系；二是指外部消费者和用户，即购买或可能购买本企业产品和服务的个人和团体。这里主要讨论第二部分消费者研究。

国际著名市场营销大师菲利普·科特勒指出："满意是指一个人通过对一个产品和服务的可感知的效果与他的期望值相比较后所形成的感觉状态。"消费者满意度是指企业所提供的商品和服务的最终表现与消费者期望、要求的吻合程度的大小，相对应的有一系列不同的满意程度和态度指数。获得消费者满意的目的，是为了改变或提升消费者对产品或服务的态度。简而言之，用一个公式来表示：

满意度=产品绩效-消费者期望值

一般而言，消费者在购买和使用前对要消费的产品总会抱有一定的期望态度，这种期望态度会随人和购买地点与生产厂家和产品类别的不同而有差异，表现形式也有潜在的和显现的差别。这种期望态度对生产厂家与销售商的利害是双重的。当消费者对产品抱有期望时，就可能会产生购买行为，这对于商品的销售来说无疑是必要的，但是当购买行为完成后，消费者拥有了所要求的产品或服务时，必然会在使用中对得到的产品和服务提出评价。根据弗鲁姆的期望理论，如果这一评价超过了购买前的期望值，那么最终态度是满意的，反之就会不满意。如果评价与期望大体相当，那么再加上外界环境的引导，消费者的态度就不会稳定地朝某个方向前进，这在很大程度上会受公众态度的影响。

根据以上满意度的公式，消费者在购买行为发生之前的期望值与购买行为结束后消费者对所得到的产品与服务的评价之间的差异值就是消费者满意度的大小。很显然，如果能够对消费者的消费期望值有所把握，在产品设计时就能更有针对性，产品成功的可能也就更大。但是在实际操作中，真正对消费者消费期望进行把握却不是那么容易的事情。社会的急剧发展和信息获取的容易性导致消费者消费行为日趋复杂与多样化，消费期望的变化频率相对从前也快了许多，也许半年前通过调查得到结论然后进行生产，当产品面世时却发现消费倾向已经改变或消费者的期望已经变得和当初调查时不同了。因此，要使产品超过消费者的期望不是一件容易的事情。

②评价消费者满意有三个层次。

物质满意层次——消费者对产品本身的满意，包括产品的质量、功能、外观、包装等。物质满意是消费者满意的基石。如果产品本身没有过硬的质量，独特的诉求点，吸引人的外观，是不可能让消费者满意的。

精神满意层次——消费者在购买过程与使用过程中所体会到的精神上的愉悦。仅仅在产品的物质层面上做得好是不能令消费者感到真正满意的，在产品生命周期的各个阶段必须采取不同的服务手段，使产品充满人情味，消费者才可能真正接受商品。

社会满意层次——这种满意层次不再局限于商家—产品—消费者的模式，它面向的是整个社会，要求企业的经营活动不仅局限于目标消费群体，而且还要考虑到有利于社会文明的发展、人类的环境和生存与进步的需要。产品不光是要给目标消费群体带来好处，而且由新产品带来的一种新的人与人之间的关系所产生的影响，需要企业能进行预测。

③消费者满意度的构成要素。消费者满意度大体有以下三个要素：

和商品品质有关的方面——包括商品的硬件和软件部分。硬件指商品的形、材、质、包装等。软件指商品的品牌、广告、信息等无形部分。这些主要是由消费者的主观感受来确定的，消费者在这些方面感受越好，满意度也越高。

和服务项目有关的方面——包括对人的服务。服务的迅速性（机械化、功能化）、设备化服务和系统服务等。消费者虽然由于自身所处位置的局限，不可能从整体上对服务进行把握，但他们会从自己听到和看到的以及对服务的亲身体验对服务进行评价并建立服务的口碑，口碑好，则满意度就高。

和用户沟通有关的方面——包括使用者之间的沟通、使用者与未使用者之间的沟通，以及由这些沟通所形成的新的生活形态和生活方式。如果沟通的结果是正向的，以及感受到的是一种好的全新的方式，则满意度就高。

6.5.1.2 *产品设计效果的满意度评价研究*

（1）以满意度为导向的整体产品评价。从现代市场学的角度来评价产品观念，则产品并不仅是指产品本身，还包括产品的外延以及由产品而带来的一些社会要求（见图 6-10）。

（2）产品的主体属性。首先是产品要能真正满足消费者需要。产品的质量是产品属性里的核心要素，是消费者是否愿意为产品付出代价的依据。产品的质量包括产品的适用性、可靠性、实现度和性价比等。适用性是指产品适合使用的程度大小，适用性的标准主要是消费者的满意程度。可靠性是指产品在正常使用的情况下正常发挥其功能的安全程度。实现度指产品功能的达到程度，通常产品功能会受各种因素的影响而不能全部发挥，实现的越

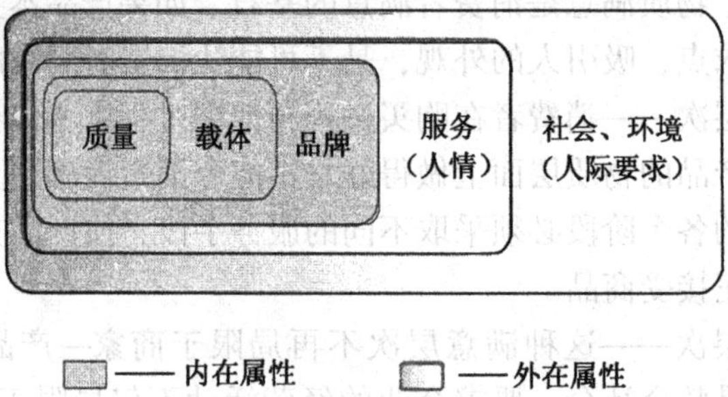

图 6-10 满意度导向的整体产品评价

多，说明产品在定位与功能实现上越成功。性价比是指产品所能提供的性能与它的销售价格水平之比。消费者常常会用性价比来评价一件产品的好坏优劣，因此，企业在开发产品时，要注意提高产品的性价比，而不要只是盲目地提高产品的绝对质量。

载体是指产品的外在表现形式。任何一种功能都必须依附一定的形式表达出来，所以载体是质量得以实现的物质形式。它包括产品的物质基础、象征性和表述性等。物质基础是指产品的材料、结构等，它们决定着产品的使用状况，对功能的实现状况起着关键作用。象征性与表述性主要是指产品的外观是否具有美感，以及是否能对功能给出合理的表达，以及是否能与周围环境相协调。

品牌形象是指产品外部形象的四个部分和内在的品牌竞争力，它包括产品的标识、包装、品牌宣传及企业总体形象等内容。品牌形象是消费者对产品的总体印象，它对于产品的总体购买人数有着最为直接的影响作用，也是消费者了解产品的首要信息。因此，建立良好的品牌形象对企业的成长与产品的销售有着长期而稳定的影响。

由于产品是让人使用的，消费者时时刻刻都会与产品发生亲密的接触，因而在产品的主体属性中最受关注的焦点就是产品的人性化因素。

设计产品最终是为了让产品到达消费者手中并让消费者满意，进而形成重复购买，从而达到消费者忠诚的目的。在进行产品主体属性的人性化设计中，消费者满意度必须放到第一的位置上，对于人性化设计所要评价的方方面面，最终指标只有一个，就是消费者满意度。产品主体属性人性化设计的评价要素，参见图 6-11 所示。

(3) 产品的附加属性。产品不仅包括有形的物体，而且还包括无形的附加的服务以及产品在人群中流动所形成的一种人们之间的关系。例如咨询

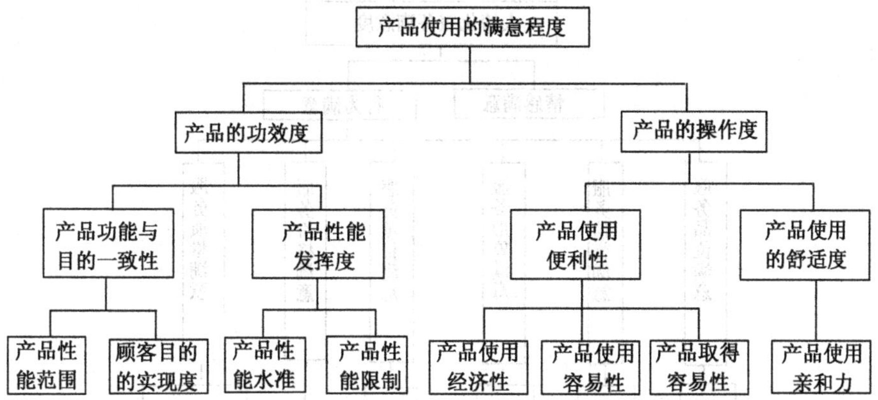

图 6-11 产品主体属性人性化设计满意度评价要素

公司提供给对方的信息与决策，幼儿园提供的幼儿看护工作，旅游公司提供的导游服务以及人们上网查资料、聊天所享受到的信息时代的方便与快捷等，虽然它们没有创造有形的产品，但它们提供的服务同样满足了人们的需要，因而都属于无形的服务产品。服务是消费者外延需求的核心部分，也是当代企业竞争的焦点。它必须由企业提供，由于它不是产品的物化部分，因而无法凝结在产品主体属性中。在服务设计中，最重要的一点是进行服务的人情化设计。

服务虽然是企业与用户或商家与消费者之间的一种单向关系，但它也是一项人与人之间的沟通关系。在这其中，消费者作为一个个体在企业强大的组织形式面前实际上处于弱势地位，因而在消费者内心就会产生一种潜意识的不平等感。创造一种舒适的环境与气氛，让消费者能感受到平等与受关爱，使消费者在购买与使用产品的过程中能体验到自己受到重视，感受到购买的不是产品，而是透过产品的一种无微不至的人情味十足的服务。如在产品使用过程中厂家提供的定期检修与维护，商品销售过程中商家提供的小孩看管和无条件退货等服务设计元素，也是以消费者满意度作为评价指标进行项目管理的。关于产品附加属性的人情化服务细化的评价要素，参见图 6-12 所示。

6.5.1.3 产品设计的人际化评价研究

(1) 人际化设计是人本主义设计观的新观念。商品在真正进行使用时是脱离厂家和商家控制的，此时的产品往往会形成消费者之间的一种互动关系，形成消费者之间一种最直接的接触和沟通。此时产品最大的功能是它的媒介作用，由这种媒介产生了一种新的人际认知和人际交往，这种新的人际

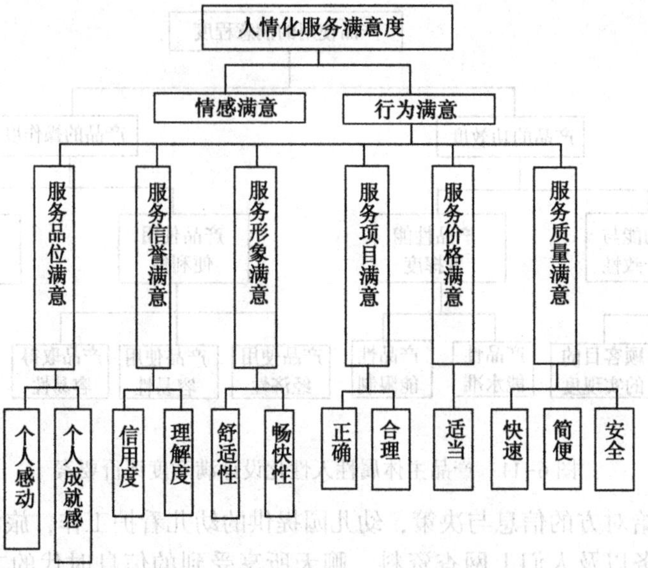

图 6-12　产品附加属性人情化服务满意度评价要素

关系往往能代表一种新的生活方式。如果在产品历程里的这个重要的环节上沟通不能很好地进行下去，将会大大降低消费者的满意度，而使整个产品的运作功亏一篑，进而影响到以后的销售状况。当今中国的社会系统已经逐渐由生产型社会走向消费型社会，两者之间最大的差别就是前者是整个社会处于供不应求的局面，是以生产厂商为主导的；而后者的状况是社会商品供过于求，是以消费者为主导的。在产品越来越同质化的今天，要想在功能上保持长期的领先往往是不可能的，我们常常可以看到当一个功能先进的产品在市场上畅销时，仿冒者会在极短的时间内跟进，这时商品之间功能上的差异性就不那么明显了。如今，已没有哪一种商品只考虑它的用途而不进行选择就购买的了。商品的功能性作用的重要性正逐步下降，而非功能性因素所起的作用正逐步上升。在让·鲍德里亚那里，“消费”有着它特定含义，现代社会的消费不再是与生产相对应的商品流通占有环节，而是一种“能动的关系结构”，被消费的不仅是物品本身，还有消费者周围群体和周围世界的意义。因而无论是作为企业还是作为一名设计师，都要考虑到这一层面的问题，在设计时要充分考虑到产品的非物质功能，产品作为一种社会存在的客体和沟通的媒介，它不仅影响到使用者，更会影响到使用者周围的人和世界。让产品能够在消费者之间形成一种积极的良性互动的关系，形成使用者周围的人际满意，这也是人际化设计所要真正关注的问题。人际化设计是人本主义设计观的新进展，为此，我们应先了解人本主义设计观的内涵和外延，如图 6-13 所示。

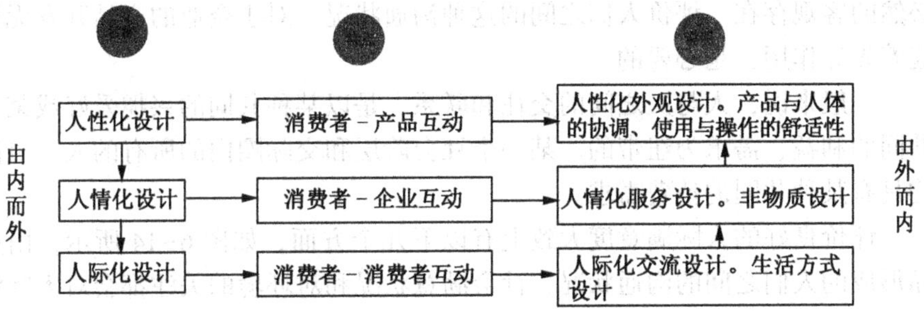

图 6-13　人本主义设计观展开图

图 6-13 中人际化设计观念实际上是人本主义设计观的一种体现。它是人性化设计的一种延续和发展，与人情化设计一起，由内而外共同组成了人本主义设计观的三个层次。在人性化设计中，作为设计师主要考虑的是产品的外形、机能与人的协调关系，主要评价的是产品的宜人性，其理论依托主要是人机工程学。在人情化设计中，要求企业和商家提供的服务要充满人情味，处处为消费者提供方便，以达到“双赢”的目的，最终实现消费者忠诚。在人情化服务设计中所提供的产品不是实物化的产品，而是一种非物质化的“服务产品”。而在人际化设计中，要求设计师要优先考虑消费者群体内和群体间的互动关系，以及消费者的沟通途径、沟通方式、兴趣点等。还要评价产品是否能带来消费者之间的互动，产生的互动是积极的还是消极的，这种互动关系是新型的还是旧式的？所以它设计的不是具体的产品形态，而是一种生活方式。

（2）人际化设计的评价内涵。

①人际化生存设计评价。在设计界以前的设计理论与实践中，大家探讨了许多关于设计的人性化的问题，但我们认为，人性化的设计并不能解决产品中存在的所有问题，人性化的设计也并不一定都是好的设计。如果一件设计服务了人，人们用着非常舒服、非常方便，但是却危害了他人的利益或环境，从长远来看，使人类的生存受到威胁（如泡沫饭盒、塑料袋等），这样的设计能评价为好的设计吗？

人际化生存设计评价，主要探讨由产品所影响到的人们的生活方式，是否会对人类自身的长远利益以及人类的生存产生影响。透过产品所形成的人们的生活形态是否健康？由产品所带来的人与人之间的关系是紧张还是愉悦？人们使用产品后所产生的结果怎样，是否会危害到人类自身的利益……

②人际化沟通设计评价。首先明确一点，作为人生活在社会中，并不是独立存在的，他必须和周围的人和物发生千丝万缕的联系。因而沟通是一种必然的客观存在。评价人们之间的这种沟通状况，对于企业的产品开发无疑起着先导作用，是必要的。

一般来说，人与人之间的交往和联系，是以某种共同的兴趣爱好或某种共同的利益、需求为纽带的。某一个社会阶层和交际圈内的所有的人，可能均具有某种共同的消费需求。

评价良好的人际满意度大致上有以下几个方面，如图6-14所示，由产品形成的人们之间的沟通状况、社会满意状况和对环境的关注都会对人际满意度产生影响作用。在人际化设计中，把以下因素作为设计的出发点，考量人们的生活形态和生活方式，无疑会对产品开发具有极好的指导意义。

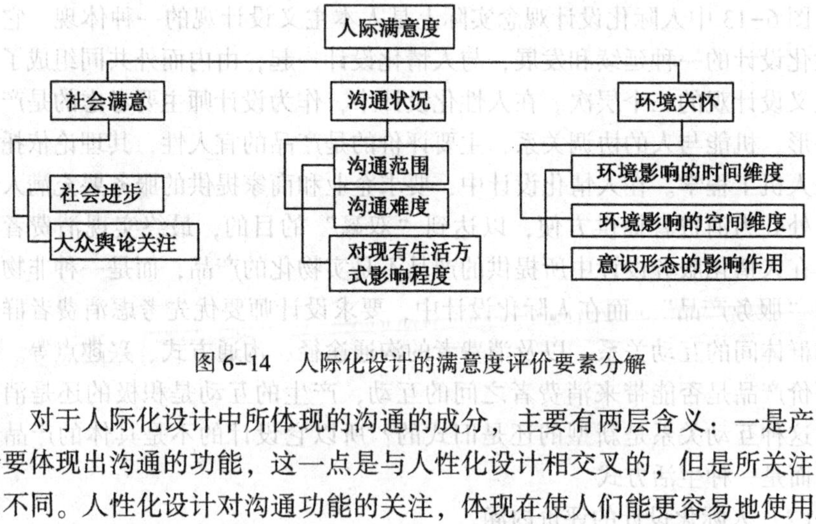

图6-14　人际化设计的满意度评价要素分解

对于人际化设计中所体现的沟通的成分，主要有两层含义：一是产品本身要体现出沟通的功能，这一点是与人性化设计相交叉的，但是所关注的方向不同。人性化设计对沟通功能的关注，体现在使人们能更容易地使用产品上，评价的是亲和性设计。而人际化设计所要关注的是产品要有利于人与人之间的沟通。它不再仅仅关注产品为单个人服务，而是站在更高的角度来评价产品流动在人与人之间，在人与人接触中所起的作用。二是设计师要把目光锁定在人和人的沟通上。人在各种社会关系中与不同的人之间产生接触充满了文化的、心理的含义，正如我们能感觉到每个人的多元化的态度反应，我们的视觉。触觉、嗅觉、听觉采集到的信息，这些反馈对于沟通评价来说都是有意义的。

③人际化设计“分享”和“交融”的评价。在沟通中，有一个很重要的概念就是“分享”。最近的群体研究将“分享的理解”描述为群体过程的

关键，而且，各种研究呼吁要对社会性的分享认知和集体的理解行为，作群体水平上的评价。根据 Fiol（1993）的观点，群体成员为了保持一致性和多元化之间的平衡，必须适时地表示同意或不同意。Wellens（1993）建议要获得最佳的群体情景意识，既要有足够的重叠以确保合作，又要允许足够的分歧保持环境中群体的生机。

产品作为引发一定行为诱因的符号载体，在实际刺激物不出现时，也能产生同样的反应结果，比如我们谈论大学生时尚手机，并不是真在使用它，但也能激起反应。而恰恰是这种反应，正是设计效果心理评价的中介变量。

寻呼机之所以会被淘汰，很大一部分诱导因素是手机短信的使用，它使静态的消息系统转变为一种交互式的客户界面，使人们之间的人际沟通更加方便。现代社会越来越趋于开放与交融，当代人们生活方式的变革，无不与信息沟通有关，而 CSI 作为一种设计效果心理评价的手段，可以较好地了解沟通（产品认知）、确认沟通（产品定位）、认同沟通（产品策划）、升华沟通（产品内化）。所以，在产品开发中，需要运用 CSI 评价，把握沟通状况这条主线，采集产品符号语言的差异性，让产品设计展现独特的意义和文化特征，体现特定消费群体的品位、情调和审美，吸引他们的注意力，强化他们的类别归属感，以达到唤起他们的购买欲望的目的，使消费者分享和认同设计效果心理评价的愉悦。

对于企业来说，研究产品的人际流动，当然不能是被动静态的研究，而是通过研究找到对策，引导人际沟通向所需的方向发展。例如，当企业如果想把一种全新的、从未在市场上出现过的产品推出时，就需要进行适当的广告设计，因为这种产品从未被人用过，没有形成任何合适的人际关系，大家反应评价冷淡是必然的。通过宣传引导，人们了解了产品后，产品生命周期中的革新者就会首先进行产品体验；而后，通过人际沟通，新产品的满意度评价会形成分散，产品会越走越远，从而被大多数人采用。

6.5.2 新产品开发心理评价的相关理论

6.5.2.1 新产品扩散理论与设计

新产品一旦研制成功，投放市场，产品的生命周期便开始运行，但各种新产品的命运却不尽相同：有的新产品打不开销路，没过导入期就到衰退期，过早夭折；有的新产品初上市，销路尚好，度过导入期，随着时间推移，销量逐渐走下坡路，没有形成成长的势头而被市场所淘汰；也有的新产品初上市时，也许并不为很多消费者所接受，但随着时间的推移，其销路逐步推广，最后深入到每个消费者家庭，完成产品的正常市场周期运行。由此可见，在产品生命周期的四个环节中，成长期最重要，倘若新产品顺利度过成长期，那么这个新产品就是成功的，反之则是失败的。研究产品成长的规律，实际上就是分析新产品的扩散过程，这对企业开发新产品和设计人员的决策是至关重要的。

（1）新产品的扩散过程。新产品的扩散过程，是指消费者接受新产品并且不断在消费者总体中展开的过程。接受和拒绝新产品是消费者的个体现象，扩散则是一种群体现象。把消费者作为一个整体来研究消费问题时，新产品的扩散过程实际上就是消费者群体接受新产品的过程。新产品的扩散过程决定了该产品的产品生命周期运行成功与否，也决定了该产品销售量增长的过程，只有消费者接受率不断增长，这种产品的销售量才会呈上升的势头，所以国外市场研究专家十分重视对新产品扩散过程的研究。他们认为，新产品的扩散过程是一种动态的运动过程，若以时间为自变量，以消费者群体的接受率为因变量，则两个变量的关系呈S形，这一曲线表明大部分新产品扩散过程的规律，如图6-15所示。

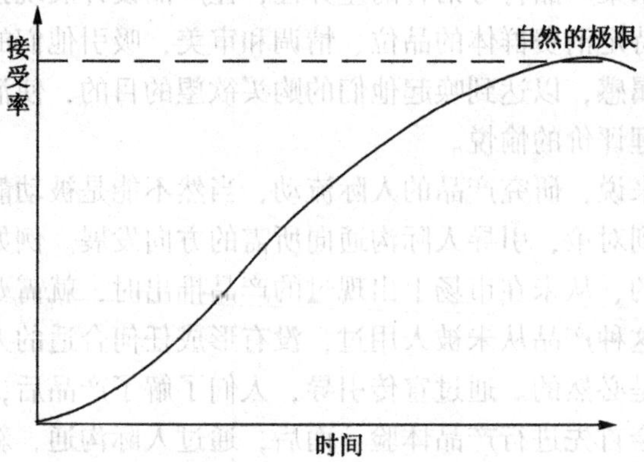

图6-15　新产品的扩散曲线

这条S形曲线说明：新产品在导入期，消费者的接受率较低，因为潜在的消费者对该产品的性能、质量和价格等信息，还缺乏了解或缺乏比较和评价的标准，对使用新产品所带来的好处和利益存在疑虑，所以这时只有少数“革新者”接受新产品。随着时间的推移，有关新产品的信息不断在消费者总体中扩散，消费者对产品的接受率相应地不断增长，产品顺利越过成长期，直到该产品的拥有和使用趋近饱和时，产品进入成熟期后，若没有更新产品替代这种产品的作用，该产品的社会拥有率将稳定在一个水平上不发生很大变化，即到达自然极限；若有另一种新产品可以替代这种产品，并具有更多的优点，则该产品的社会拥有率将逐渐降低，产品进入衰退期，最后被另一新产品完全取代。

（2）影响新产品扩散的因素分析。影响新产品扩散的因素很多，以消费者为研究主体，那么来自消费者外部的因素，诸如社会经济因素、产品本身特性、产品的传播渠道以及从众现象等，称之为影响新产品扩散的客观因素。而来自消费者内部的因素，诸如消费者的知觉、动机、态度、价值观、尝试和评价等，称之为影响新产品扩散的主观因素。下面就这两方面的因素加以分析。

①影响新产品扩散的客观因素。

A. 社会经济因素。消费者的经济收入对新产品的接受和扩散有重要的制约作用。国内外的研究表明，若经济发展繁荣，消费者收入水平提高，新产品扩散速度快，反之则变慢，甚至停滞不前。我国在改革开放之前，经济发展速度慢，人们收入普遍不高，电视机、电冰箱等耐用消费品社会拥有率极低，产品扩散很困难。改革开放之后，国家经济发展快，人们的收入水平提高了，电视机的扩散速度就非常惊人。

B. 新产品本身的特征。产品本身的特征是影响其扩散的重要因素。如果新产品的优越性能非常明显，容易被消费者接受，它的扩散速度就会比较快。比如，药物牙膏之所以能够以较快的速度在市场上扩散，就是因为它有消炎镇痛、止血除臭、防龋健龈等优点，对预防和辅助治疗一些牙科疾患如牙本质过敏、牙周炎、牙龈出血、牙痛及口臭等确有显著疗效，这些可感性很强的优点，是普通牙膏无法比拟的，因而药物牙膏迅速替代了普通牙膏。

C. 产品的使用方法是否复杂。是影响新产品扩散的又一因素。使用新产品越需要复杂的知识和技能，产品就越不易被消费者接受。比如传统照相机的使用需要相当复杂的知识，很多人苦于难以掌握使用方法而不敢购买，因此这种照相机的扩散速度缓慢。现代的工业产品，往往结构复杂，而新产品往往又是非专家购买和使用，这就要求产品设计者从使用者角度出发，尽量简化操作难度和复杂性，在产品广告宣传中侧重“使用方便”的宣传，这样新产品的扩散速度才会加快，产品说明书的服务设计是一个重要的研究方向。

D. 新产品是否可试用。这是影响新产品扩散速度的又一因素。一般的消费者都是在试用新产品觉得满意之后，才会变成新产品的经常使用者。比如食品类的新产品初上市时，应提供小包装供消费者品尝；大件的耐用消费品，若允许消费者试用，一般可以提高新产品的扩散速度。国外有些厂商实行产品试用可退货的销售方式，增强了消费者对产品的信任度，也促使消费者了解新产品的优良性能，结果证实消费者退货率很低，而销售量却大大增加，这是提高新产品扩散速度的重要途径。

E. 新产品的传播渠道。新产品扩散过程中，应充分运用传播手段，这是促成扩散的重要方法。传播新产品的渠道主要有两种：一种是大众传播媒介物，如报刊、广播和电视等，这主要靠产品的广告设计者充分运用广告宣传的侧重点和表现方式来达到目的。另一种是人际传播渠道，如家庭成员、同学同事、亲朋好友之间口传信息，而这种口传信息将导致产品形象的优劣。这种人际交往形式的传播是影响新产品扩散的重要原因。比如高压锅扩散的速度远不及电视机，其原因就是易引起使用事故，虽然极其少见，但消息往往不胫而走，迅速传播开来，给人造成使用不安全的不良印象，这就使高压锅在蒸煮食品方面具有的许多优良性能被相对减弱，使高压锅的市场发展缓慢。

F. 从众现象。当一个人的活动趋向于其他人的活动时，这种行为便是从众现象。从众是一种社会心理现象，对消费者群体接受新产品的过程影响较大，因此从众是影响新产品扩散的因素之一。我们常看到这种情景：当消费者想要购买一种既缺乏有关知识又无使用经验的商品时，自然希望能跟随别人去购买或在有经验的人指导下去购买商品。无锡小天鹅集团的推销员在推销“小天鹅”全自动洗衣机时，就考虑到消费者的从众心理，取得很好的市场效益，使新产品迅速扩散。他们注意到消费者对电脑控制的全自动洗衣机缺乏知识，疑虑较多，如果推销员给予满意的回答，消费者便会顺从消费指导。于是他们重视推销员的素质，组成以大学生为主的推销队伍，在全国各销售点上做生动形象的现场示范。在当时全国洗衣机滞销的不利条件下，他们的全自动洗衣机逐步扩大市场，荣登当年全国洗衣机品牌的销量榜首，在消费者中产生从众购买的效应，产品供不应求。由于中国消费者总体文化水平不高，往往在购买时缺乏自信，容易受外界条件左右而产生顺从购买行为，因此要加速新产品扩散，充分发挥广告和推销设计是十分重要的。

在现实生活中，消费者所选购的产品，在质量、样式和色彩上并没有一定客观标准的情况下，消费者是否接受新产品，受集体一致性程度的影响而表现出从众的倾向。比如在百货商店里，经常会出现这样的情况：某个柜台前面围着几个人，他们在买新产品，这时，不时会有他人前来探望，有时顾客会越围越多，争相抢购，他们甚至能为抢购到新产品而感到幸运。因此，我们某些个体摊位，为了推销某种商品，甚至雇人充当顾客，有意造成一种抢购的情境以诱发消费者的从众行为。

②影响新产品扩散的主观因素。影响新产品扩散的，除了外部条件之

外，消费者的主观内部因素也十分重要。一个产品在客观上是否全新，往往并不十分重要，关键是消费者是否知觉它是新的，对产品的知觉决定了消费者对新产品的反应，也决定新产品的扩散过程。任何一种新产品，仅在一段有限的时间内，即导入期是新的，而在相当长的成长期内，对消费者来说则是潜在的新产品。比如，电视机在我国20世纪60年代中期就导入市场了，过了十多年后才作为新产品被广大消费者接受。所以，研究新产品扩散的主观因素，主要研究潜在消费者的行为规律，分析他们接受新产品的过程。这里主要包括消费者的知觉、动机、态度、价值观、尝试和评价过程，是新产品扩散的主观因素的重要环节，这些环节可以制定出一个消费者对新产品接受过程的模型流程图（见图6-16），图的方框中标明接受新产品过程的步骤，方框上面标示的是阻力来源何处，下面标示的是生产设计者对于降低阻力的策略。

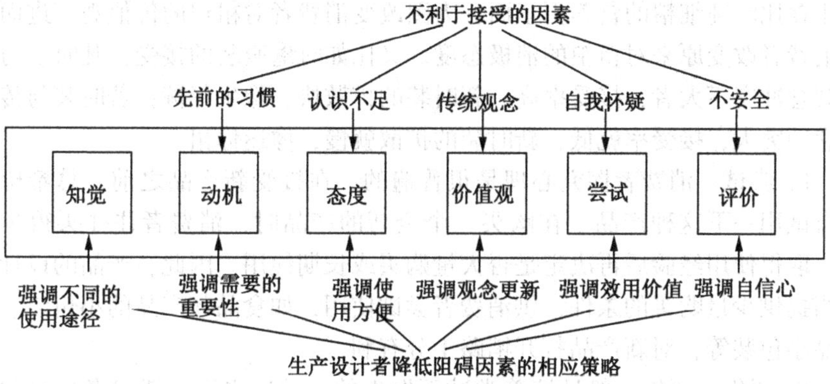

图6-16 消费者接受新产品过程的模型图

现分析图6-16消费者接受新产品过程的各环节说明如下：

A. 知觉。知觉是接受过程的开始，必须有关于新产品的刺激源，才能引起消费者知觉和需要知觉，才可以实行接受过程。在知觉阶段中，新产品的广告设计可以集中于宣传新产品的用途，当潜在的消费者注意到这些用途时，他可能会觉得这种产品将会满足自己的某种需求，这样就会使他进入接受过程的下一个环节。

B. 动机。消费者旧有的购买习惯是新产品接受的阻力，要诱发消费者产生购买新产品的动机，必须针对阻力，宣传新产品需要的重要性和优越性，使消费者对新产品和新产品购买有一种良好的印象，同时利用人际交往的压力使人感到某种消费需求的迫切性。例如，当前计算机的拥有率较高，如果一个家庭至今还未有计算机，那么他与人交往时，就会受到压力，促成他消费计算机的同调性。因此，强调需求的重要性是提高购买动机的有效策略。

C. 态度。肯定态度的建立是新产品扩散的重要步骤。产品导入期，只有极少数的革新者持肯定态度，广大的潜在消费者态度不明显。如果在成长期，潜在消费者仍感到自己对产品的知识不足，缺乏信任，则他们可能对新产品持否定态度，而影响新产品的扩散过程。所以，产品的生产者和设计者应充分宣传新产品的使用方便、操作简单，消费者就可能转变自己的态度，愿意接受新产品。

D. 价值观。消费者的价值观是影响消费行为的重要因素。如果新产品与消费者的价值观念、消费态度协调一致，新产品就比较容易迅速扩散；反之，若新产品与消费者原有观念和习惯相冲突，扩散过程就会受阻而减慢。比如，消费者对于粗粮一般缺乏积极的态度，因此要宣传吃粗细粮搭配的混合主食比吃纯细粮的营养更全面，力图改变消费者对粗粮的价值观，进而达到消费者改变原来对粗粮的消极态度。又比如时髦服装的接受，凡时装与传统观念冲突不大者，接受率高，新时装的扩散快，像牛仔裤；若时装与传统观念冲突大，接受率就低，新时装的扩散就慢，像迷你裙。

E. 尝试。消费者探究心理是很普遍的，在接受新产品之前，总希望先亲自试用一下这种产品。在购买一个全新的产品时，消费者往往买得少一些，取得使用经验后再决定是否大量购买或长期使用。因此，产品的设计者应当提供少量购买的条件，供消费者尝试使用，如食品新产品的小包装、化妆品小包装等，对新产品打开销路丨分有利。

F. 评价。评价一般是接着尝试而发生的。尝试之后，消费者总要归纳他们的印象，对新产品做出总体评价。如果消费者不相信自己对新产品所做出的评价，也就是说消费者对新产品存在疑虑心理，担心它的质量是否可靠，性能是否稳定等，这种不放心导致的不安全感，将成为阻碍新产品接受的根源。所以，产品的设计人员和广告制作者，应把重点放在设法帮助消费者理解使用的方法，大力宣传成功的使用经验，增强消费者的自信心和信任感，加快新产品扩散的进程。

6.5.2.2 产品生命周期理论与设计

（1）一般产品生命周期。产品生命周期是现代营销管理中的一个重要概念，是营销学家以统计规律为基础进行理论推导的结果。所谓产品生命周期，就是产品从进入市场到最后被淘汰退出市场的全过程。任何新产品，都要经过创新时期进入市场，经过成长时期、成熟时期和衰退时期退出市场。新产品在创新时期也要经历四个阶段：准备阶段、预告阶段、首次投放阶段和成长阶段。这四个阶段对不同的新产品也不尽相同，受到学习程度、投放的迫切性、产品种类、企业经验和市场需要等因素的影响，阶段结构会有所变化。

产品创新阶段（也称导入期），是指在市场上推出新产品，产品销售呈缓慢增长状态的阶段。在此阶段，销售量有限，并由于投入大量的新产品研制开发费用和产品推销费用，企业几乎无利可图。成长阶段，是指该产品在市场上迅速为消费者所接受，成本大幅度下降，销售额迅速上升的阶段，企业利润得到明显的改善。成熟阶段，是指大多数购买者已经接受该项产品，产品市场销售额从显著上升逐步趋于缓慢下降的阶段。在持续时间相对来说最长的阶段中，同类产品竞争加剧，为维护市场地位，必须投入更多的营销费用或发展差异性市场，由此，必然导致企业利润趋于下降。最后，衰退阶段，是指销售额下降的趋势继续增加，而利润逐渐趋于零的阶段。

对产品生命周期的一般形态，西方市场学家哥德曼和马勒做了较为系统和深入的研究，对发展一种理想的产品生命周期形态提出了相关的理论。一个有规律的产品生命周期形态如下：

理想的产品生命周期形态，一般具有以下特征：产品开发期短，使公司的新产品研制开发费用较低；引入期和成长期短，使产品销售额和利润迅速增长，很快进入高峰，这意味着在产品生命周期可获得的最大收入；成熟期可以持续相当长的时间，这实质上延长了公司的活力期和增大利润数额，这一趋势对公司极为有利；衰退期非常缓慢，销售和利润缓慢下降，而不是突然跌落，使公司措手不及。

大多数的时尚商品生命周期曲线呈非连续循环，这些产品生命周期很短，一上市即热销，而后很快在市场上消失。厂商既无必要也不愿意做延长其成熟期的任何努力，而是等待下一周期的来临。

（2）产品生命周期中的消费者类型。

革新者：时尚的带头人，包括那些对新事物极为敏感、率先接受创新的少部分人。革新者是一批新技术的热衷者，他们积极追求高新技术产品，这些人一贯认为新技术可以改善人们的生活，他们购买新产品经常只是为了满足探索新产品的新功能的心理，因此他们是最新产品的首批消费者。革新者人数并不多，仅占采用者总人数的2.5%左右，但他们是产品通往生命周期的把关人，如果能将这部分人吸引过来，则是市场成功的保证。

早期接受者：又叫早期少数，他们可被称为有远见的人。早期采用者在产品生命周期中，很早就对新产品产生浓厚的兴趣。但他们不像革新者那么惯于冒风险，他们只是想了解产品，尽早享受到高科技产品带来的利益。他们不需要大量的广告，而是凭着自己对新产品的直觉和感观来购买产品。他们占最终采用者的10%~15%，是新产品从首次投放阶段进入成长期的中坚力量，是打开市场的关键。

早期多数：这些人是产品的主要买主，可以被称为实用者。他们对新产品有一定的兴趣，他们考虑问题较为小心、周全，也更为实际。他们愿意在新产品出现时采取观望的态度，看看是否能从革新者和早期消费者的经验中获得益处。即使购买，也需要大量完整的产品介绍或有某些他所信任的权威的支持才能下定决心购买。这类人约占总采用人数的34%，因此如能吸引他们将是企业盈利和发展的保证。

晚期多数：这些人属于保守型消费者。他们往往对新产品的学习和应用的能力较弱，因此，直到产品进入成熟期或其他同类产品已被淘汰的时候，他们才会购买。一旦决定购买，也要购买有名望的大公司的产品，而且要寻求更多的技术支持。他们对价格非常敏感，又很挑剔，而且对产品的要求也很高，但他们又不想花更多的钱来得到好的产品，所以他们的要求很少能得到满足，因此，他们比早期消费者更容易放弃创新产品。保守型消费者占市场比例很大，为34%左右。如果企业能够谨慎地将它们吸引过来，新产品就会有很好的前景。

守旧者：这些人属于怀疑论者，他们对时尚的东西根本没有兴趣，等他们采用的时候早已不流行了。他们是最后采用的人，大体占16%左右。这些人不是潜在消费者，因此不必重视。

6.5.2.3 鸿沟理论与设计

美国著名的战略管理专家迈克尔·波特指出，“产品设计效果价值取决于消费者的感知和认同，如果消费者没有感觉到真正获得了价值，那么企业的努力就无法得到回报”，“消费者绝不购买他们未认同的价值，无论这种价值有多么真实”。消费者的生活、工作、学习和娱乐的模式正在变得越来越复杂，这在某种程度上是由于他们可选择的产品、服务和信息的数量在不断地增加。有两种力量引起这一选择多样化：首先，新技术在生产阶段和产品的内部功能性方面都更加灵活和可通融，这就使得消费者能够购买到更为适合他们个人需要的东西。其次，企业和设计师都有着数量不断增加的营销模式，力求得到消费者的满意。不断增长的技术与管理知识，使营销企业和设计师知晓能够想象的几乎所有的创新。这就产生了一个鸿沟，而这一鸿沟使得企业的设计师们很难确定应该制造什么，尤其是对消费者中比较前卫的类别，如革新者、早期使用者等。因为在当前信息爆炸和商品极大地涌流面前，消费者已经难以知道和确定它们的价值所在，这种不确定因素使得使用者和设计者之间的鸿沟正在加大。现代设计策划项目的结果，几乎总是提出可能包括对产品、信息、环境、服务，甚至新的营销构想的整合产品的系统建议。

“鸿沟”的概念主要讲的是当高新技术产品进入市场后，首先欢迎它的是由技术热衷者（革新者）和有远见的早期接受者所构成的早期市场，随后就陷入了“鸿沟”，这时的销售量不稳定，几乎进入滞销，如图 6-17 所示。如果这时产品能顺利地跃过这一鸿沟，它将很快地进入早期多数、晚期多数构成的大众市场，甚至吸引保守者。那时，以生产为主的企业在这个阶段就能获得高收益。因此，跨越鸿沟是企业成功的必经之路。

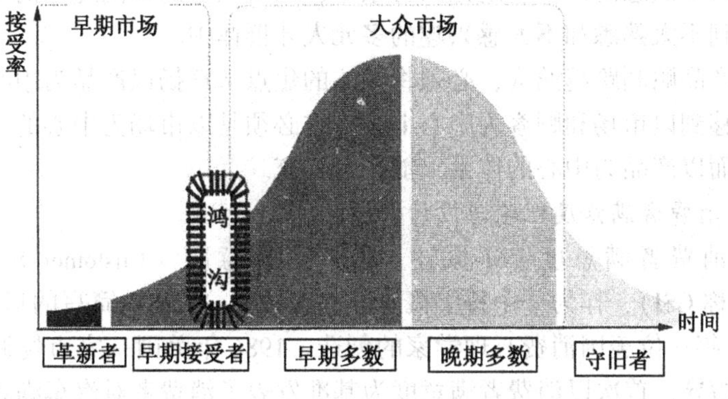

图 6-17 产品生命周期中的“鸿沟”

在早期接受者与早期多数消费者之间有一个深而宽的鸿沟，这在高新技术产品生命周期的消费者类型模式中，是最艰难而且也是最重要的跨越。早期接受者所要购买的是一种不断创新的时尚产品，显示自己的优越感，因而，对于新产品所存在的缺陷与不足，他们都能忍耐与接受。而早期大多数恰恰相反，他们要购买的是实用的、稳定的产品，而不是彻底创新的产品。他们需要改良而不是改革。当他们购买产品后，只希望产品不要出现故障，并且能够得到厂家的很好的售后服务。

由于早期消费者和早期大多数之间的差异性，早期消费者并不能对早期大多数的购买行为起到一个很好的引导作用。

要想使产品真正进入早期大多数市场，企业应进行大量而广泛的促销活动并且伴有周全的售后服务。一向实用的早期大多数消费者是不会因一星半点广告介绍、不方便的售后服务而动心购买产品的，因此跨越鸿沟的成本很大，这主要在销售成本上体现，企业和设计师对此要有充分的思想准备。

在高新技术产品中有两个“天然的”市场规律——开发早期市场和开发大众市场。通过强有力的技术优势以及将其转化为产品的可信性，来开发早期市场；另外，凭借市场领先优势并将其转化为公司品牌价值，来开发主流市场，即存在一个早期企业绩效小的发展初始时期，它代表着早期市场的新产品绩效贡献；继之以放慢到不增长的一个时期（鸿沟期即导入期和成长期之间），随后是迅速增长的第二阶段（成长期），绩效的增长是产品在大众市场扩散的结果。

跨越鸿沟需要从空想者（革新者和早期接受者）的支持环境，移回到现实主义者（早期大众）的怀疑论中。这意味着从熟悉的以产品定位问题背景移动到不熟悉的以市场定位的背景中，从所熟悉的相同趣味的设计专业人员群体到不太熟悉和不太感兴趣的多元人才群体中。

要使产品顺利跨越鸿沟，必须将关注的焦点从宣扬以产品为中心的价值属性，转移到以市场和顾客为中心上去。它必须是以市场为中心的消费者价值体系，而以产品为中心的体系只能作为补充。

6.5.2.4 消费者满意度理论与设计

（1）消费者满意度 CSI 概述。消费者满意度（Customer Satisfaction Index，简称 CSI），作为一个科学概念，并正式以“CSI”简写的形式出现，始于 1986 年一位美国消费心理学家的创造。1986 年美国一家市场调研公司以 CSI 为指导，首次以消费者满意度为基准发表了消费者对汽车满意程度的排行榜，引起理论界和工商企业界的极大兴趣和重视，随后便得到广泛应用。1989 年，瑞典引进美国人发明的 CSI 指标体系，建立了全国性的消费者满意指标（CSI），进一步推动了 CSI 理论与实务的发展。1990 年，日本丰田公司、日产公司率先导入 CS 战略，建立消费者导向型企业文化，取得了巨大成功，很快引发了一股 CS 热潮，逐步取代原来的 CI 战略。1991 年 5 月，美国市场营销协会召开了首届 CS 战略研讨会，研究如何全面实施 CS 战略以应付竞争日益激烈的市场变化。此外，法国、德国、英国等国家的一些大公司也相继导入 CS 战略。至此，CS 理论和 CSI 指标体系在西方发达国家迅速传播并不断发展完善，CS 战略成为企业争夺市场的制胜法宝，从而形成了经营史上又一次新的浪潮。

CS 战略的基本指导思想是：企业的整个经营活动要以消费者满意度为指针，要从消费者的角度，用消费者的观点而非生产者和设计师自身的利益和观点来分析考虑消费者的需求，尽可能全面地尊重和维护消费者的利益。

构成 CSI 的主要思想和一些方法曾经讨论过，有的企业也尝试过。但是，作为一种科学化和系统化的理论，一种整体经营战略，一种全新的经营哲学和方法，并学会用CSI导向设计、导向生产、导向经营、导向战略整合，这是20世纪末90年代新经济时代的生产者和设计师所关注的热点。CSI产生的原因有三个方面：

①市场竞争与环境变化。商品经济的高度发展导致了商品供应的不断丰富，经济全球化趋势的加强，导致了市场竞争的不断加剧，大多数行业由卖方市场转向买方市场，企业赢利不再依靠强大的生产力就可获得，让消费者满意才是企业的生命之源。于是，千方百计让消费者对企业及其产品、服务满意，就成为生产者和设计师全部经营活动的出发点与归宿。

另外，日趋激烈的市场竞争，使企业的产品在质量、性能、信誉等方面难分伯仲，也使企业间通过产品向大众传达的信息趋于同一，从而使社会大众很难从日趋同一的产品信息中，感受到企业的独特魅力。企业以CSI为指导所产生的消费者导向型优质服务，能使企业与竞争对手区别开来，产品和服务所达到的消费者满意是消费者购买决策的决定性因素。最早对这种竞争环境变化做出系统性反应的斯堪的纳维亚公司提出了“服务与质量”的观点，自觉地把生产率的竞争转换为服务质量的竞争。20世纪80年代后期，美国政府专门创设了国家质量奖，在产品和服务的评定指标中，有60%直接与消费者满意度有关。

②质量观念和服务方式的变化。依据传统的标准，凡是符合用户要求条件的，就是合格产品。在激烈竞争条件下，新的质量观念是：生产者的产品质量不仅要符合用户的要求，而且要比竞争对手更好。现代意义上的企业产品是由核心产品（包括产品的基本功能等因素）、有形产品（质量、包装、品牌、特色等）和附加产品（提供信贷、交货及时性、安装使用方便及售后服务等）三大层次组成。现代社会中系统的服务，正占据越来越重要的地位。美国管理学家李斯特指出：“新的竞争不在于工厂里制造出来的产品，而在于能否给产品加上包装、服务、广告、咨询、融资、送货、保管或消费者认为有价值的其他东西。”在这种趋势下，企业新的质量观要求企业进行CS设计，靠服务方式的创新和服务品质的优异来提高消费者的满意度，从而争取消费者，这已成为越来越多优秀企业的共识。

③消费者消费观念的变化。在“理性消费”时代，物质不很充裕，产品质量、功能、价格是选择商品考虑的三大因素，评判产品用的是“好与坏”的标准。进入“感性消费”时代，消费行为由“量的消费”逐步提高到“质的消费”，对服务的消费需求增加，对商品品质、服务水准要求日增，消费者往往关注产品能否给自己的生活带来活力、充实、舒适和美感。他们要求得到的不仅仅是产品的功能和品牌，而是与产品有关的系统服务。

于是，消费者评判产品用的是“满意与不满意”的标准。企业必须要用CS经营思想创造出迎合消费者新的消费观念，满足消费者需求的产品来。从20世纪90年代开始，“服务取胜”已被更多的企业和设计师认同。这时企业活动的基本准则，应该是使消费者满意。进入21世纪后，不能使消费者感到满意的企业将无立足之地。

在信息社会，企业要保持技术上的领先和生产率的领先已越来越不容易，靠特色性的优质服务赢得消费者，努力使企业提供的产品和服务具备能吸引消费者的魅力要素，不断提高消费者的满意度，将成为企业经营活动的方向。美国摩托罗拉公司确立的消费者服务的“零抱怨”策略，中国无锡商业大厦“购物零风险”的服务特色，都是CS战略在企业经营实践中的体现和发展。CS经营思想热潮始于汽车业，目前已扩展至家用电器、电脑、机械制造、银行、证券、运输、商业、旅游等行业，发展十分迅猛，业绩十分突出。因此，无论从理论意义上还是从实践意义上看，CS理论和CSI评价体系确实开辟了企业经营的新思想和新方法。

(2) 消费者满意度CSI理论研究成果。根据国家自然科学基金资助项目的成果报告（中科院心理所徐金灿等），消费者满意度研究综述主要包括四方面成果：

①差异模式。在20世纪早期，美国开始对消费者满意度进行大量研究。Olshavsky等学者探查了消费者期望的差异理论及对产品绩效作用的有关理论。满意度的差异理论提出，在个人水平上，满意度是由差异的方向和大小决定的，差异是消费者对产品是否满足自己需要的实际体验（即产品绩效）与最初的期望相比较所产生的结果。这可分为三种情况：

A. 产品的绩效与期望相同，此时差异为零；

B. 产品绩效大大低于原来的期望，此时会产生负差异；

C. 当产品绩效高于最初的期望时，就会产生正差异。

在第二种情况下消费者就会对产品（或服务）产生不满。在对期望的研究中，Miller认为期望有以下四类：理想的、预测的、应该的和最小可忍受的，并且提出由于期望类型的不同，消费者的满意情况就可能不一样。Gilly的研究也表明差异、绩效和满意度之间的关系，随期望类型的不同而改变。

②绩效模式。在该模式中，消费者对产品（或服务）绩效的感知，是消费者满意度的主要预测变量，他们的期望对消费者满意度也有积极的影响，如图6-18所示。这里的绩效是相对于他们支付的货币而言，消费者所感知的产品（或服务）的质量水平。相对于投入来说，这种产品或服务越

能满足消费者的需要，消费者就会对他们的选择越满意。

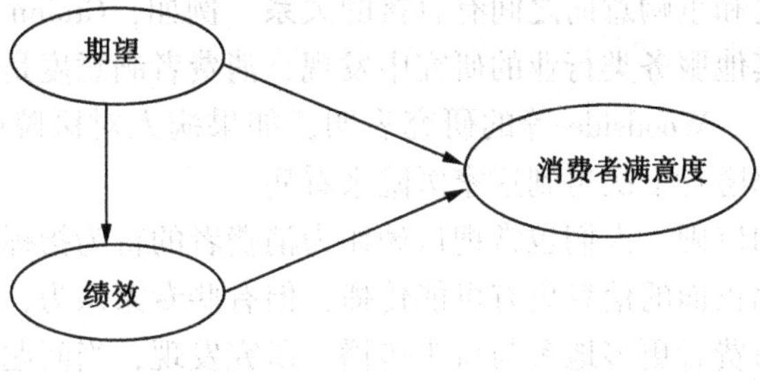

图 6-18 绩效模式

③期望模式。期望对消费者满意度有直接的积极的影响。根据该产品在最近一段时间的绩效表现，消费者对作为比较支点的期望，不断进行调整。绩效和期望对满意度的作用大小，取决于它们在该结构中的相对强弱。相对于期望而言，绩效信息越强越突出，那么所感受到的产品绩效，对消费者满意度的积极影响就越大；绩效的信息越弱越含糊，那么期望对满意度的效应就越小。

④服务模式。专家认为，服务的绩效信息要比产品的绩效信息弱。这种模式常常用在整体水平上，来研究消费者的满意度情况，例如瑞典的消费者满意度指数就是以该模式为基础确定的。

目前，在对消费者满意度的研究中，人们虽然提出了差异模式、绩效模式、期望模式、服务模式及其他理性期望模式等消费者满意度的结构，但是由于消费行为本身的复杂性及对比的标准不一样，就会产生满意情况不同，这就要求对消费者满意度的结构进行深入的探索和研究。

（3）满意度对消费者行为的影响。

①满意度和购物意向。因为研究消费者满意度的真正目的是预测消费者的反应。因此，人们开始从行为学的角度来研究消费者满意度。一种观点认为，消费者满意度对购物意向的影响，是通过态度间接地起作用的。例如 Oliver 的研究发现，高水平的满意度可增加消费者对品牌的偏爱态度，从而增加对该品牌的重复购买意向。Bearden 和 Teel 在对汽车服务的研究中发现，消费者满意度对购买意向的影响，受到态度的中介作用。但也有人认为，消费者满意度对购买意向有直接作用，例如，一项调查发现，有相当大比例的不满意消费者，不愿意再购买同样品牌的产品。La Barbera 和 Mazursky 发现消费者满意对重购意向有相当强的影响，但满意度对重购意向的影响强度随消费者品牌忠诚水平的增高而减少，Oliver 和 Swan 的研究表

明，消费者满意度对重购汽车的意向有很大影响。在服务领域，也有一些实验证明，满意度和重购意向之间有直接的关系。例如，Croinn 和 Taylor 在对银行、餐饮和其他服务类行业的研究中发现，消费者满意度是影响重购意向的重要变量之一。Woodside 等的研究表明，如果病人对医院的护理工作比较满意，他们都愿意下次再到这家医院来看病。

②满意度和口碑。人们也常把口碑作为消费者的行为指标之一。有人认为负面的信息比正面的信息更有可能传播，但有些专家认为，满意的消费者会比不满意的消费者更多地参与口头传播。研究发现，当问题比较严重而销售员对消费者的抱怨不做反应时，不满意的消费者更有可能进行负面的信息传播。Fuchills 提出传播负面或正面的信息，依赖于消费者对产品的期待，当他们对产品有较多的期待时，负面的口碑就会增多。Valle 等认为，虽然满意的消费者不愿意向商场的工作人员说出自己的满意体验，但他们更有可能向亲朋好友提起。还有人提出，满意度对口碑的影响绝大部分是以情感方式而不是认知方式进行的。Yi 提出消费者满意度是口碑的一个重要的决定性变量。Dabholkar 等的研究表明，消费者满意对推荐别人到该商场购物有重要影响。

③品牌满意度和品牌忠诚度。Engel 把品牌的满意度定义为消费者对所选品牌满意或超过其期望的主观评价的结果，他把消费者对品牌的满意度分为明显满意度和潜在满意度。前者是指消费者把期望和绩效进行明显对比，对产品绩效进行评价而产生的对产品的满意情况，这是在精细加工的基础上对品牌评价的结果；后者是指当缺乏评价品牌的动机或能力时，消费者就不可能对期望和绩效进行明显对比，此时这种没有被消费者意识到的满意度，就称为潜在满意度，它是隐含评价的结果。

Blomer 等认为，明显满意度直接作用于真正的品牌忠诚度，因为明显满意度是基于对品牌的肯定的明确评价，这就会使消费者对该品牌进行承诺，而对品牌的承诺则是产生真正品牌忠诚的必要条件。所以，明显满意度将与真正的品牌忠诚度正相关。潜在满意度是建立在对品牌选择的隐含评价的基础上，消费者只是接受该品牌，不一定会产生对该品牌的承诺。潜在满意度虽然与真正的品牌忠诚度之间存在着正相关，但没有明显满意度与真正的品牌忠诚度之间的相关大，他们的研究结果也证明了这一观点。

另外，他们还发现评价品牌选择的动机和能力，对真正的品牌忠诚度有着直接的影响。研究消费者满意度的最终目的是为了提高企业的竞争能力，吸引消费者来购买和使用自己企业的产品或服务。目前，对满意度影响消费行为的方式，还没有一个统一的认识，有人认为满意度是通过态度来对人的消费行为间接地产生影响的，而有人则认为满意度直接起作用。

④消费者满意度的测量。从生产者来看，对消费者满意度的测量是提高产品设计的一部分。通过对消费者满意度的测量，可帮助企业和设计师找出提高产品设计的途径，以提高企业的竞争优势。

Blomer 等认为产品的绩效包括产品的操作性绩效和表达性绩效，前者是指产品的物理绩效是否满足实际需要（也称物理绩效），后者是指该产品所带来的心理上的满足感（也称心理绩效）。当产品的操作性绩效小于原来对它的期望时，消费者就可能产生不满；但当产品的操作性绩效大于原来的期望时，消费者不一定就会满意，即没有不满意，只达到初始附加值水平。只有在表达性绩效等于或超过原来的期望时，即达到激励附加值水平时，消费者才可能满意。因此，要想使消费者满意，必须使产品在操作和表达上都达到消费者的期望，否则，消费者就会产生不满。在实际运用中，对消费者满意度的测量常遵从以下步骤：

A. 了解产品或服务的评价因素，一般以物理绩效和心理绩效为主；一般用于产品设计、广告设计、包装设计等。

B. 在每个维度上，让消费者对要调查的企业及其竞争对手进行评价表态；一般用于品牌设计。

C. 让消费者对企业的总的满意度进行评价表态，一般用于企业设计。

通过满意度的调查，可让企业的管理层发挥企业优势，克服本身不足，以增强自己的竞争能力。

7 产品设计案例

本章以两款产品的设计过程为例，分别从产品的构造与原理、同类产品市场调研、使用者心理因素调研、造型分析、色彩分析、材质分析、KJ 法分析、设计目标分析、思维导图、设计草图、二维效果、三维效果等方面展示了按照产品设计程序与方法进行产品开发的一般过程。

7.1 电暖宝设计案例

7.1.1 设计调研

7.1.1.1 构造与原理

（1）必要构造：开关、外壳、加热物质、充电插孔、充电线及插头。

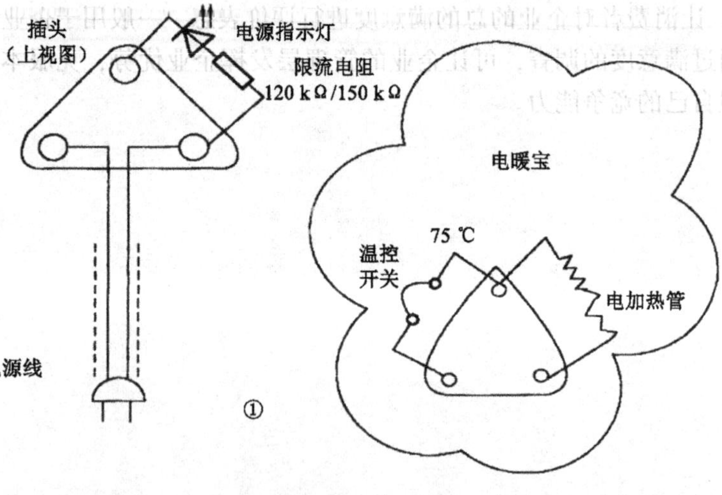

图 7-1 电暖宝内部接线图

注：本章中 7.1 电暖宝设计案例的作者为东北林业大学工业设计专业金帆同学、王东琦同学、刘诗宇同学、高雅同学；7.2 听觉障碍儿童趣味电话设计案例的作者为杨佳欢同学。

(2) 发热原理：电暖宝分为电极式和电热丝式两种。其中电极式电暖宝中有正负两个电极，直接和袋中液体接触，通电后溶液带电加热，加热时间较短（2~8分钟）。电热丝式暖手宝内部有绝缘体线圈，通过对电热丝加热达到升温加热的目的。

7.1.1.2 电暖宝的分类

按介质分类：

(1)固体电热饼：其填充物是保温棉

工作原理：用双控温电热储能式结构，逐渐释放热能。内设自动过热保护装置及自动保温指示装置，一个由PTC热敏电阻开关控制的小电炉，PTC是正温度系数的热敏电阻，当电流通过时自身会发热，当温度到达一定值时，它的电阻会急剧增大，可以视为断开，即停止消耗电能，之后靠保温棉对电炉保温并缓慢放热

(2)软质液体电热宝：使用新技术储能发热剂，加热升温迅速。一次性注水，永久使用，独特防爆免烫装置，温控保护；使用寿命长；保温持久

工作原理：是在固体电热饼的基础上改进的，采用电极式加热方法，优质控温与热熔断器双重温控保险。正常情况下袋内液体温度达到65℃时温控器会自动切断电路，停止加热；而一旦温控器控制失灵，热熔断器切断电源，终止加热，需更换新产品，请不要尝试修复

(3)内置锂电池发热：可作为充电器

按发热方式分类：

(1) 电极式：通过电极与溶液直接接触，对溶液进行加热从而达到暖手的目的，结构简单，制造成本低，但是由于电极和溶液直接接触，危险性较大。

(2) 电热丝式：内置电热丝进行发热，由于多了一个线圈和多处绝缘设计，因此成本较高，但是安全系数较高。

7.1.1.3 品牌分析

(1) 目前市场上的暖手器品牌。见图 7-2 所示。

图 7-2 暖手器品牌

(2) 各主流品牌产品概述。

ZIPPO 的注油式怀炉价格最高，产品单一。

华生、彩虹产品是传统的固体电热饼。

乐雪儿、易普、彩阳产品样式繁多，主要是软质液体电热宝和卡通造型棉质的暖手宝。

YIWA、皮皮、三洋、伊暖儿以简约小巧的锂电池发热式暖手蛋为主。此种形式的暖手宝是本次设计的主要类型。

(3) 市场关注度由高到低。

皮皮>伊暖儿>乐雪儿>易普>彩阳>三洋>ZIPPO>YIWA>华生>彩虹

(4) 价格区间关注比例统计。

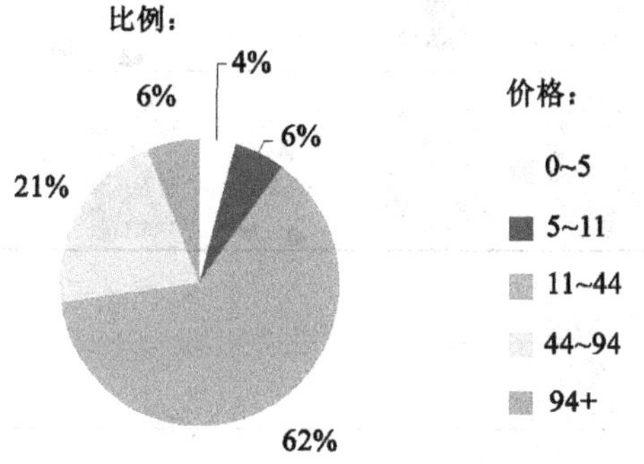

根据统计结果和价格统计，11～44元价格区间购买人数最多，但大部分都是购买卡通棉质取暖垫、手套等类似产品。传统固体电热饼造型颜色单一，购买者也很少，软质液体电热宝因为其加热充电不安全，需求量同样很少。

现在消费者喜爱锂电池发热式暖手蛋。最早的暖蛋类产品是由日本三洋公司推出的，其造型简单，色彩温暖，但价格很高。后来国内厂家仿造三洋产品陆续推出类似产品，销量大好。

（5）各品牌电暖宝产品及设计理念实例分析。

品牌	实例	设计理念
zippo	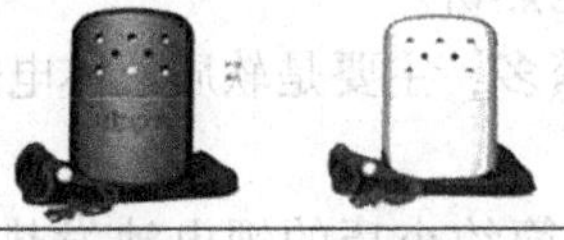	复古 经典 简洁
华生	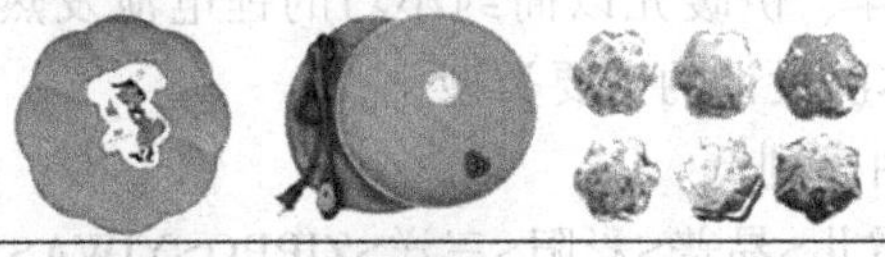	传统 实用
彩虹	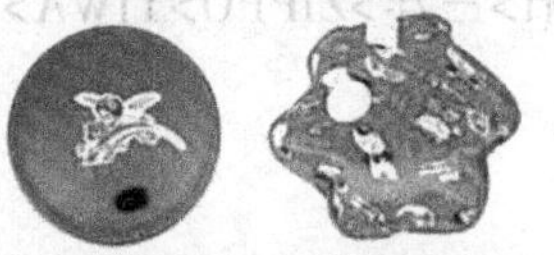	传统 保守 实用
乐雪儿		种类繁多 卡通化
易普		种类繁多 卡通化
彩阳	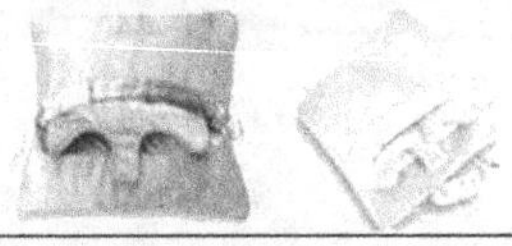	关爱
YIWA		时尚 简洁
三洋	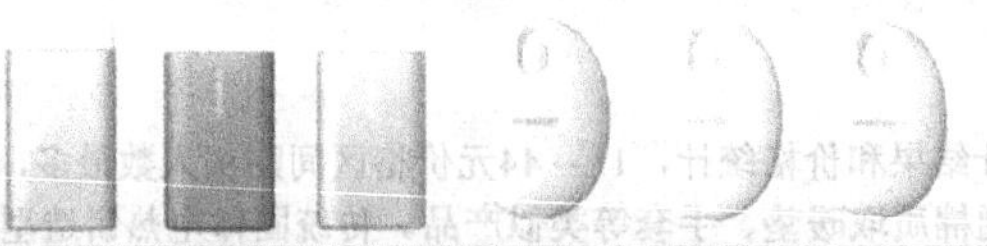	以人为本 创新 关怀 时尚
皮皮		时尚 简洁 易用 关爱
伊暖儿		时尚 简约

7.1.1.4 造型分析

形状不仅决定了暖手器受欢迎的程度，而且不同的消费群体对造型要求也不同。造型还限制功能区、控制区等结构的位置，不同的造型给人们带来不同的心理感受。

	规则方形显示产品简洁大方，给人以明快、宁静的感觉，易被大众接受
 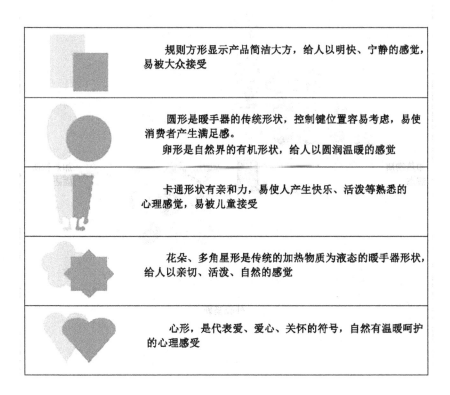	圆形是暖手器的传统形状，控制键位置容易考虑，易使消费者产生满足感。 卵形是自然界的有机形状，给人以圆润温暖的感觉
	卡通形状有亲和力，易使人产生快乐、活泼等熟悉的心理感觉，易被儿童接受
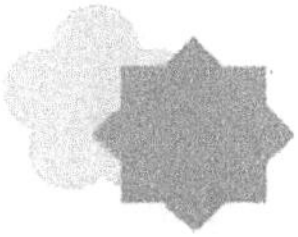	花朵、多角星形是传统的加热物质为液态的暖手器形状，给人以亲切、活泼、自然的感觉
	心形，是代表爱、爱心、关怀的符号，自然有温暖呵护的心理感受

暖手器比较重要的部分是外壳和内部加热物质，根据外壳形状不同，分为坚硬和柔软两类外壳。由于加工生产技术手段不同，发热原理也不同。根据内部加热物质状态，又分为液态和固态。

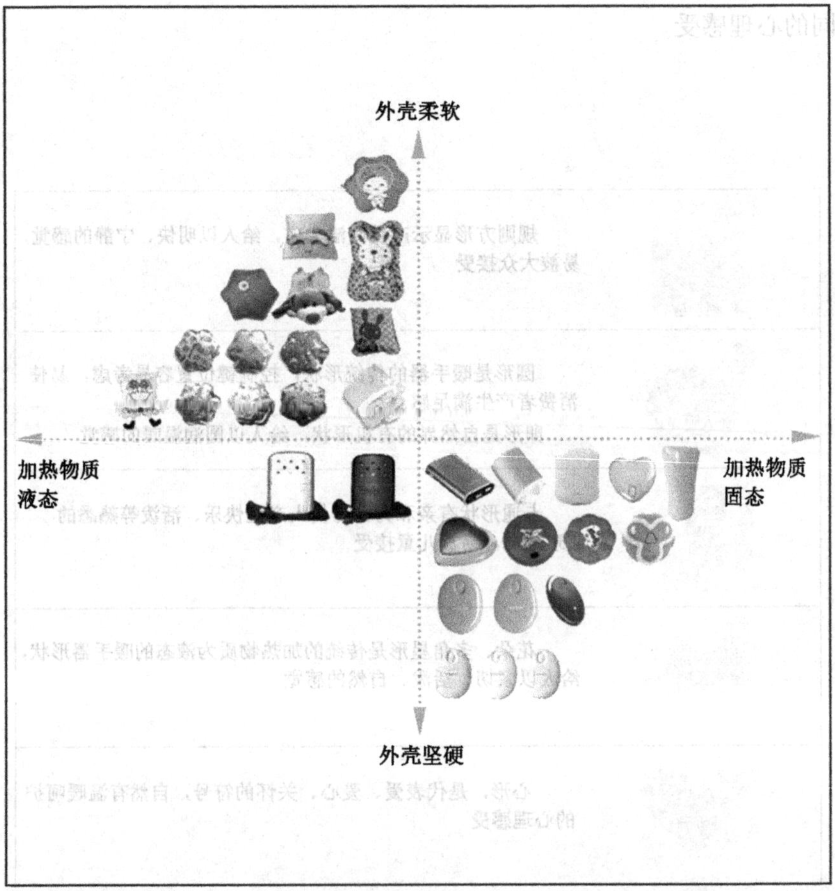

由于生产厂家地域、文化背景的差异（如彩虹、华生很传统），针对的用户群不同，产品的形态和给人的感觉也大不一样。有针对中老年人设计的传统暖手炉，有针对时尚的青年人设计的暖蛋，有针对儿童设计的卡通可爱的棉质取暖产品等。

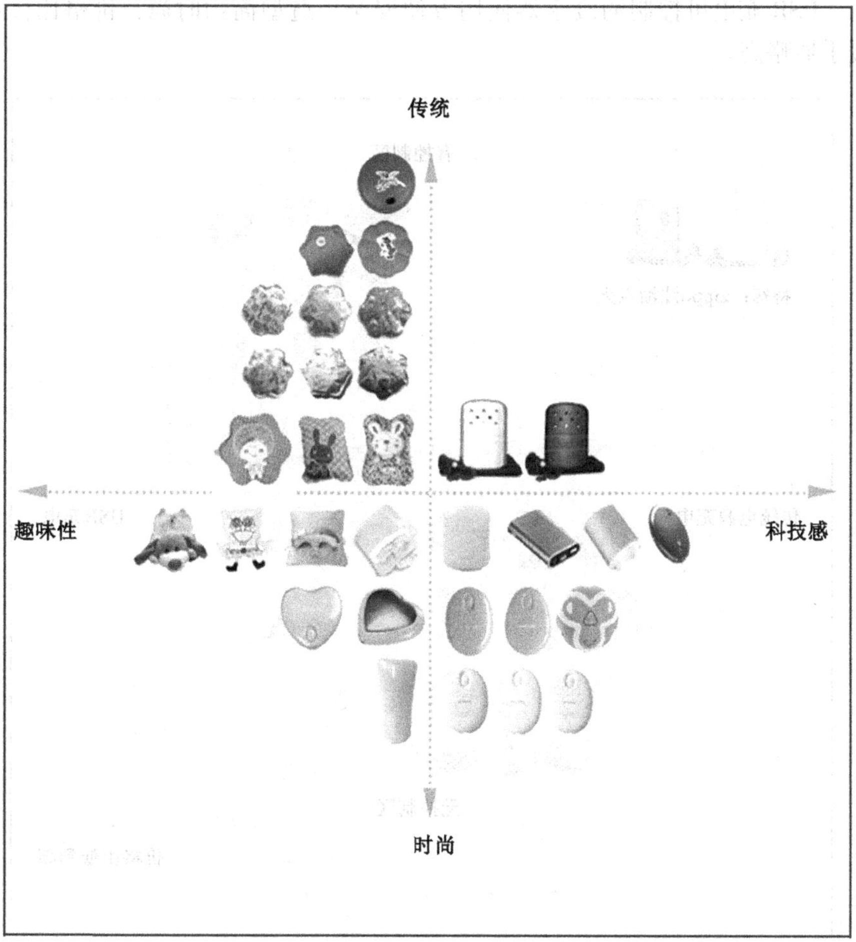

现在市面上暖手器充电方式主要分为两种：传统电源充电式和 USB 充电式。随着科技的发展，便捷的 USB 充电式渐渐成为主流充电方式，充电后也可作为各种电子设备的移动电源。

产品按是否可控制分为两种，传统的暖手器充电时即可使用，无开关，易被烫伤。有开关的暖手器，可在需要取暖时打开开关，不使用时关闭，既安全又节约能源。

USB 充电可控制的暖手器使用方便安全、造型简约时尚，价格比传统暖手器略高。

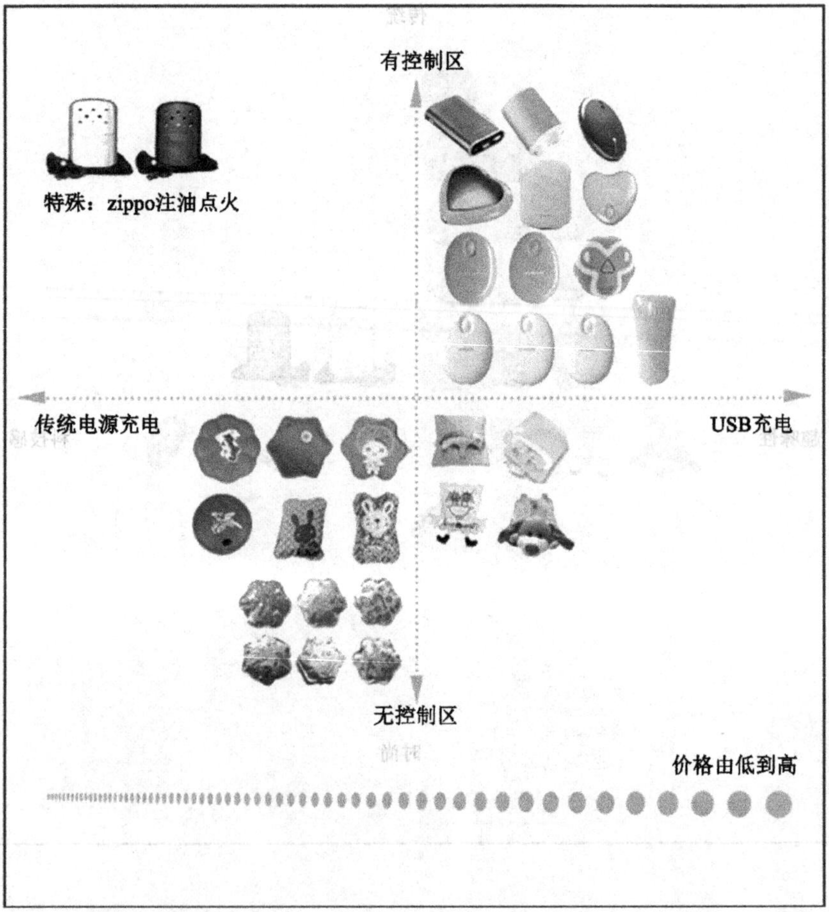

7.1.1.5 色彩分析

（1）暖手宝色彩设计过程中的心理因素。消费者在选用暖手器时，视觉的第一印象往往是对色彩的感知。合理的外观配色不仅具有装饰性和审美性，而且还具有重要的象征意义，视觉能够影响感受和情绪状态，能够寄托消费者的理想，使之产生情感共鸣，具有重要的心理功能。

色彩的心理功能是由色彩刺激引发消费者的记忆、联想、想象和顿悟，从而使消费者的内心产生复杂的心理反应，对色彩信息进行解码，这些心理反应往往受消费者的年龄、经历、性格、情绪、民族、修养等多种因素的制约。

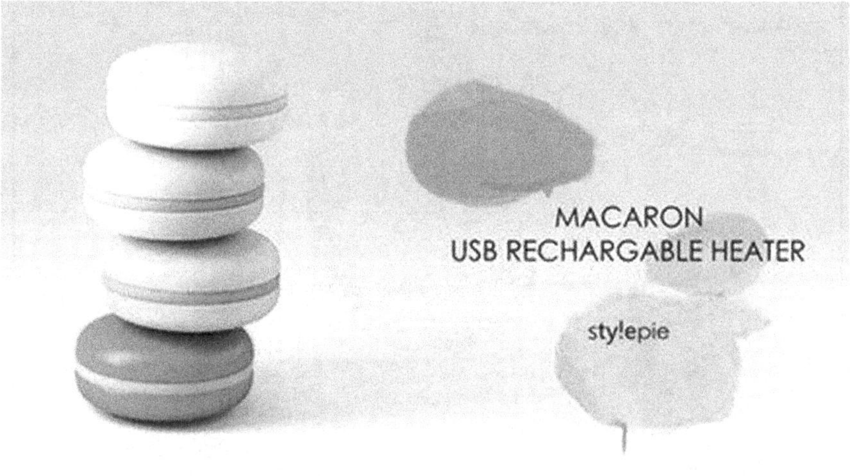

(2) 色彩心理感受还受时代、地域、文化和习俗等因素的影响。

消费者在购买产品时除了关注产品造型外，色彩也是关注的重点。亮丽纯度高的暖色给人以明快、温暖、愉悦的感觉；干净的冷色给人以宁静纯洁的感觉。过去看到的、摸到的我们会有一个总的印象，不需要实际去体验。这与造型、材料等许多因素有关，其中色彩是重要因素，把它们和脑中原有记忆联系起来，从而引起情感上的共鸣。

传统固体电热饼造型颜色单一，购买者也很少，软质液体电热宝因其加热充电不安全，需求量同样很少。现在消费者较喜爱锂电池发热式暖手蛋。

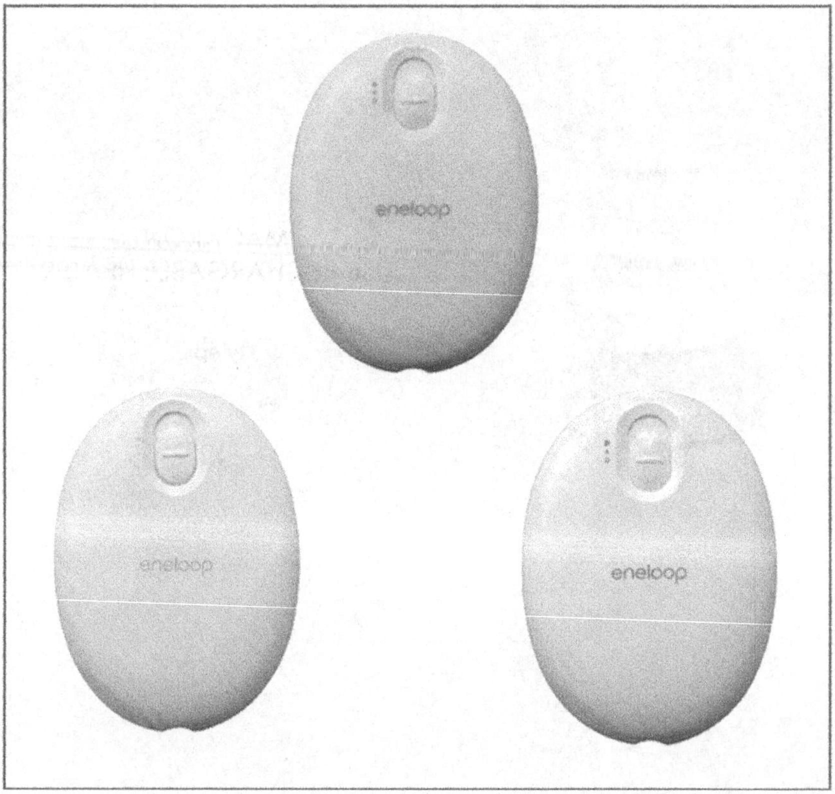

暖手器色彩分为有彩色和无彩色，色调分为冷暖色调。根据市场分析，有彩色和暖色调的产品需求量大，给人以温暖的感觉。无彩色和冷色调产品也有需求，以男性居多。通常有彩色的需求量比重较大，消费者会依据喜好及特殊需求如服装搭配等选择。

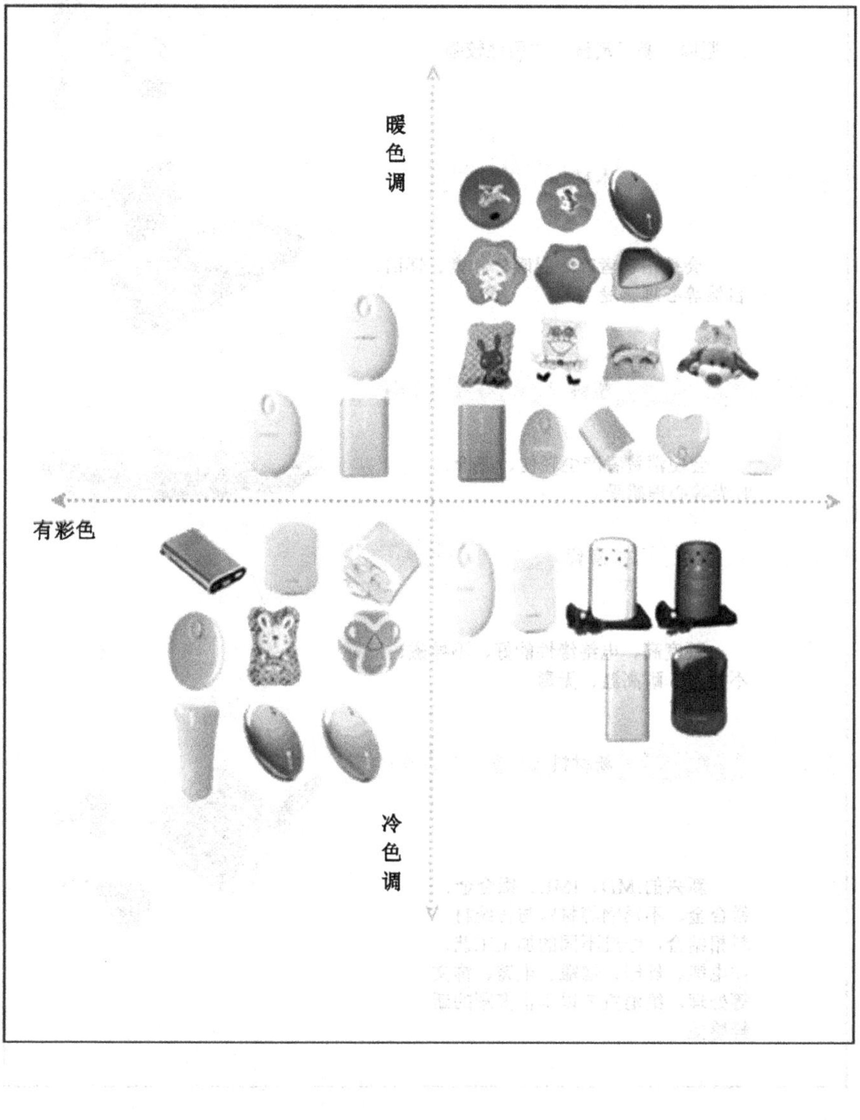

7.1.1.6 材质分析

暖手器无论是卡通造型还是圆润几何体，其形态设计均是从视觉上给予消费者以温暖的感觉，其材质设计更是给予了视觉和触觉上的双重体验。在暖手宝的设计中合理采用材质，能够增加产品的美观性以及实用性。

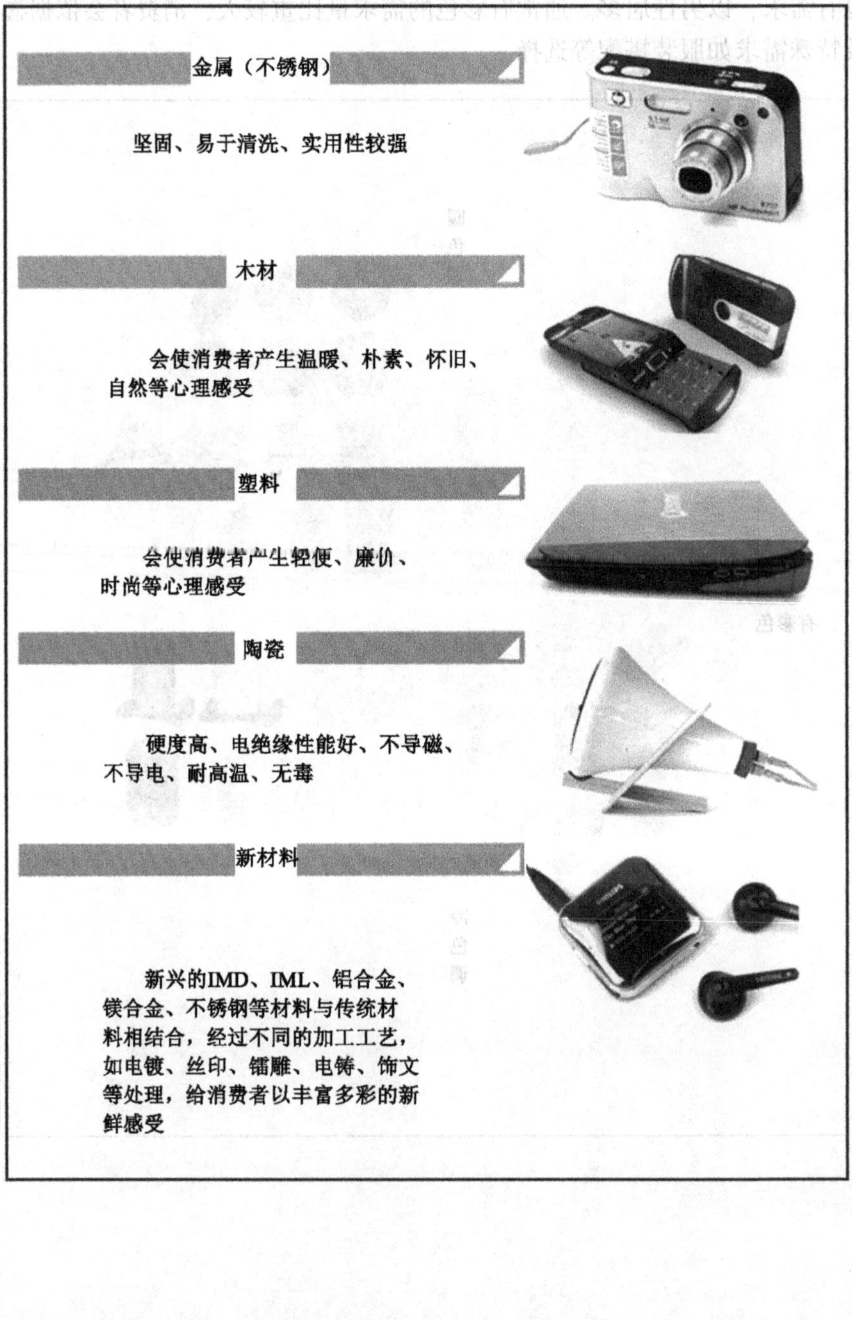
金属（不锈钢）
坚固、易于清洗、实用性较强
木材
会使消费者产生温暖、朴素、怀旧、自然等心理感受
塑料
会使消费者产生轻便、廉价、时尚等心理感受
陶瓷
硬度高、电绝缘性能好、不导磁、不导电、耐高温、无毒
新材料
新兴的IMD、IML、铝合金、镁合金、不锈钢等材料与传统材料相结合，经过不同的加工工艺，如电镀、丝印、镭雕、电铸、饰文等处理，给消费者以丰富多彩的新鲜感受

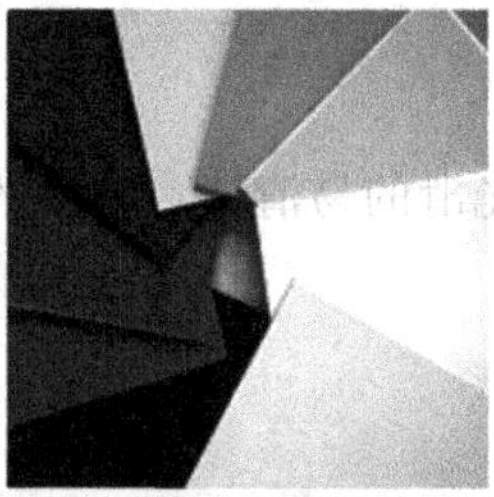

ABS塑料

制造工艺简单，光泽度好，易于上色，
相对其他热塑料来说成本较低

PC塑料

具有突出的冲击韧性和抗蠕变性能，有很高的耐热性、耐寒性、耐磨性，有一定的抗腐蚀能力，但成型条件要求较高

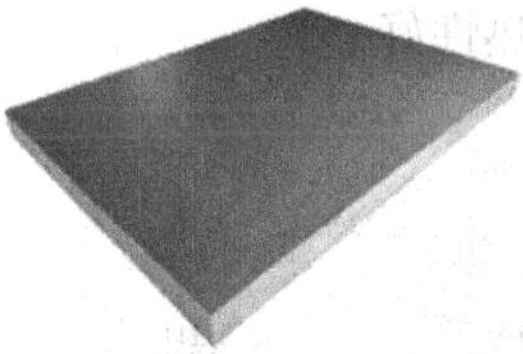

铝合金

铝合金密度低，但强度比较高，接近或超过优质钢，塑性好，可加工成各种型材，具有优良的导热性和抗蚀性，可以采用热处理获得良好的机械性能、物理性能和抗腐蚀性能

陶瓷材料

陶瓷材料具有高熔点、高硬度、高耐磨性、耐氧化等优点，陶瓷的线膨胀系数比金属低，当温度发生变化时，陶瓷具有良好的尺寸稳定性

对不同需求的消费者，在选用材料时不仅要考虑材料的质感、加工工艺、耐磨性、强度等因素，还需充分考虑材料与消费者的情感关系及情感联想。这就要求设计者根据消费者不同的心理需求，在对不同材质工艺的性能特征深入分析和研究的基础上，科学合理地加以选用，从而设计出具有不同情感价值的暖手器。

主要材料分析：

通常采用abs塑料，有光滑和磨砂质感两种。光滑的易清洁，磨砂的手感好，更显温暖。

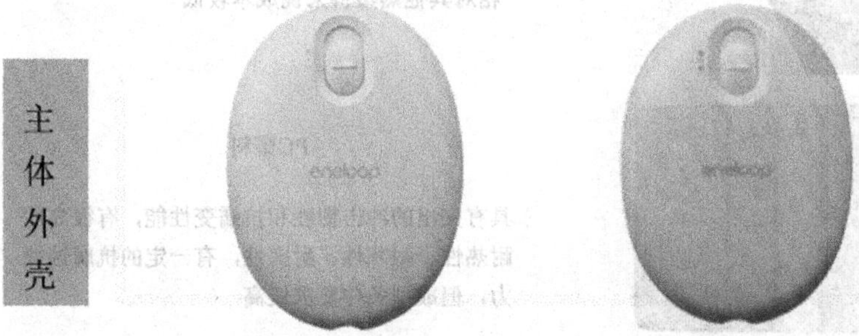

金属经拉丝处理，有很强的质感，易清洁，导热性好。

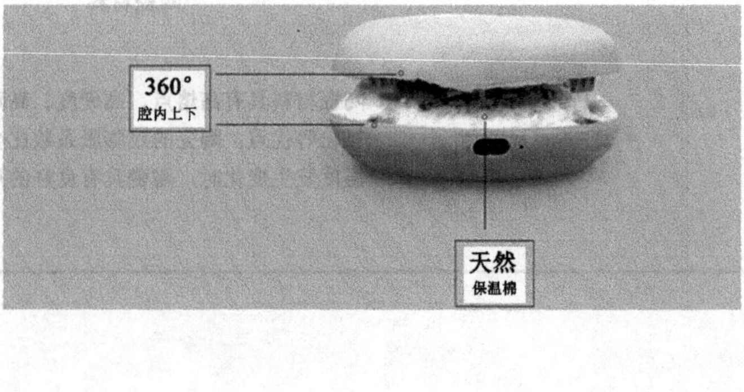

7.1.1.7 KJ 法分析

（1）KJ 法问题分析 1。

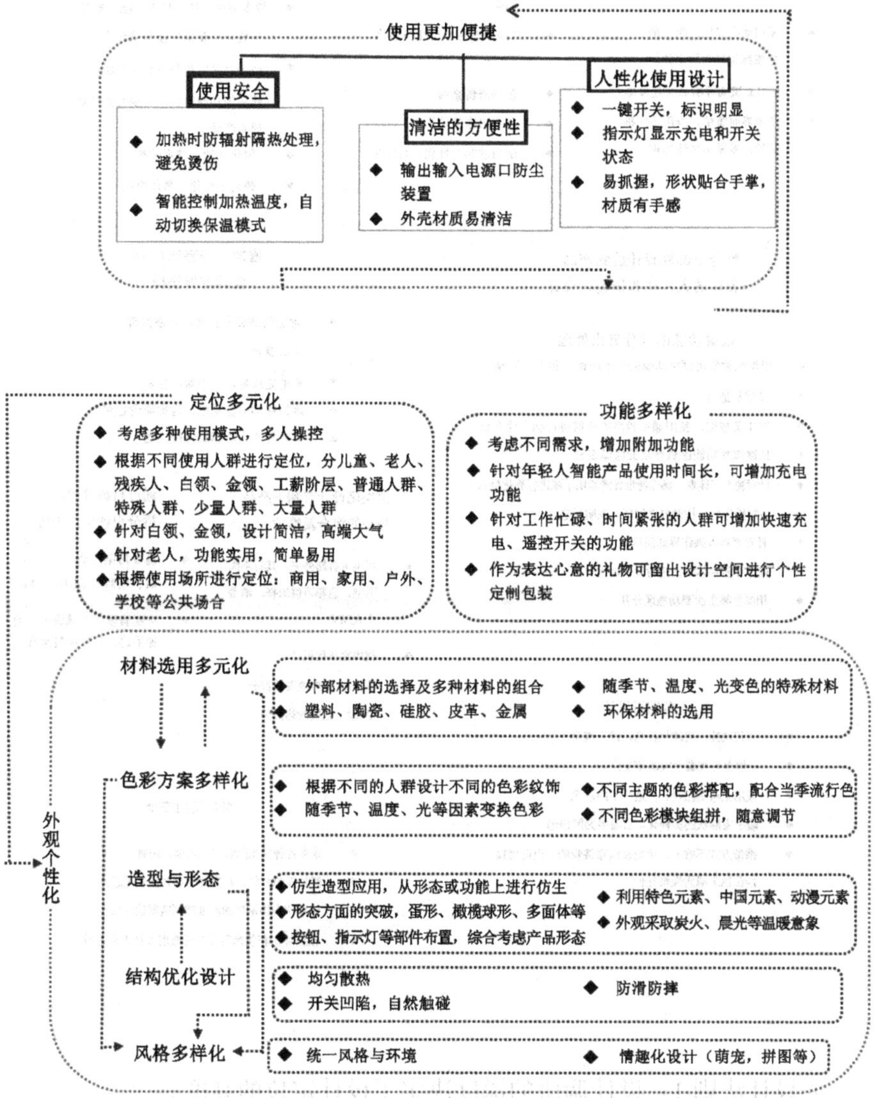

（2）KJ 法问题分析 2。

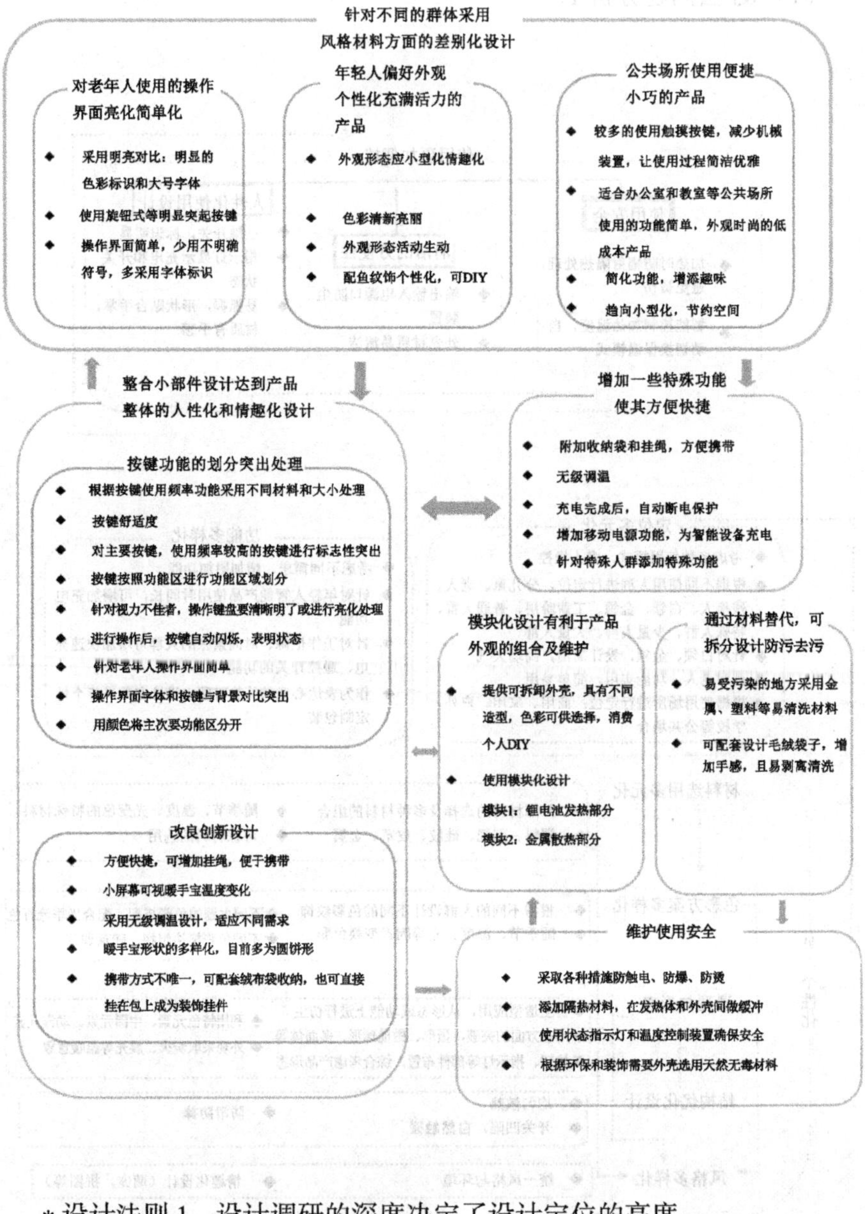
针对不同的群体采用
风格材料方面的差别化设计
对老年人使用的操作
界面亮化简单化
采用明亮对比：明显的
色彩标识和大号字体
使用旋钮式等明显突起按键
操作界面简单，少用不明确
符号，多采用字体标识
年轻人偏好外观
个性化充满活力的
产品
外观形态应小型化情趣化
色彩清新亮丽
外观形态活动生动
配色纹饰个性化，可DIY
公共场所使用便捷
小巧的产品
较多的使用触摸按键，减少机械
装置，让使用过程简洁优雅
适合办公室和教室等公共场所
使用的功能简单，外观时尚的低
成本产品
简化功能，增添趣味
趋向小型化，节约空间
整合小部件设计达到产品
整体的人性化和情趣化设计
按键功能的划分突出处理
根据按键使用频率功能采用不同材料和大小处理
按键舒适度
对主要按键，使用频率较高的按键进行标志性突出
按键按照功能区进行功能区域划分
针对视力不佳者，操作键盘要清晰明了或进行亮化处理
进行操作后，按键自动闪烁，表明状态
针对老年人操作界面简单
操作界面字体和按键与背景对比突出
用颜色将主次要功能区分开
改良创新设计
方便快捷，可增加挂绳，便于携带
小屏幕可视暖手宝温度变化
采用无级调温设计，适应不同需求
暖手宝形状的多样化，目前多为圆饼形
携带方式不唯一，可配套绒布袋收纳，也可直接
挂在包上成为装饰挂件
增加一些特殊功能
使其方便快捷
附加收纳袋和挂绳，方便携带
无级调温
充电完成后，自动断电保护
增加移动电源功能，为智能设备充电
针对特殊人群添加特殊功能
模块化设计有利于产品
外观的组合及维护
提供可拆卸外壳，具有不同
造型，色彩可供选择，消费
个人DIY
使用模块化设计
模块1：锂电池发热部分
模块2：金属散热部分
通过材料替代，可
拆分设计防污去污
易受污染的地方采用金
属、塑料等易清洗材料
可配套设计毛绒袋子，增
加手感，且易剥离清洗
维护使用安全
采取各种措施防触电、防爆、防烫
添加隔热材料，在发热体和外壳间做缓冲
使用状态指示灯和温度控制装置确保安全
根据环保和装饰需要外壳选用天然无毒材料

＊设计法则 1：设计调研的深度决定了设计定位的高度。

＊设计法则 2：选择一项合理的分析工具，能使设计分析事半功倍。

7.1.2 设计目标

7.1.2.1 设计定位

以年轻人（18~35 岁）作为设计对象，对暖手宝进行设计。

年轻人追赶潮流时尚，对新事物、新的操作方式学习接受能力强，注重个性的体现。现在的年轻人也崇尚自然健康，追求低碳生活，注重精神层次的体验和感受。不仅要满足功能上的需求，还要满足审美的需求。

使用环境：普通暖手器对使用环境没有特殊要求，平时工作、学习、休息等日常生活的任何时候都可使用。在公共场合要考虑其品味个性的体现，考虑使用者静止或走动时抓握、取暖是否方便。

针对以上用户分析，可见设计适合年轻人的暖手炉需做到：

- 功能实用，可增加附加功能，实现多功能化
- 造型时尚，精致高端，体现个性与品位
- 对使用环境适应性强

随着生活质量的提高，人们越来越崇尚自然健康、返璞归真，以及生活品位的提升，更加注重精神层面的享受。这就对暖手器的设计提出了更高的要求，不仅仅要满足暖手宝的基本取暖需求，更应该满足人们的审美需求。材料、造型、色彩……这些因素相互制约、相互影响，如何用最简洁的造型传达出最丰富的内涵，已经成为现代设计的一个流行趋势。

从造型与色彩的角度入手，实现暖手器设计的时尚化、人性化，为消费者的生活添加一抹亮色。

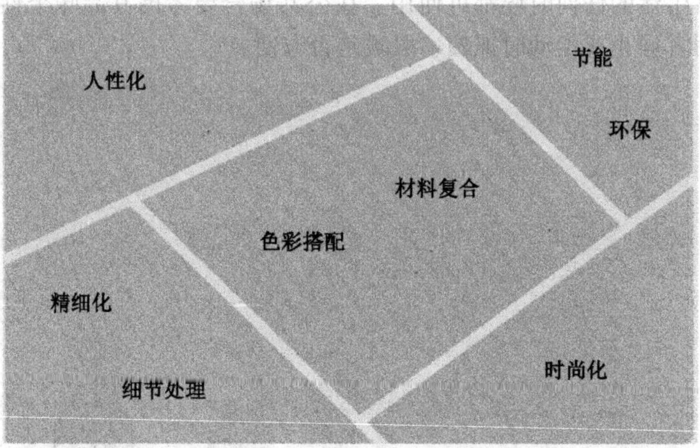

从现有的各种暖手器来看，也存在一些潜在性的问题。

暖手炉：形状过于圆润，不易抓握，手背和指尖取暖不方便。

暖手袋：液体分布不均，温度不均，要不时调整位置，且容易烫伤；里面有液体，有不安全的感觉。手背和指尖取暖不便。

从形态和材质的角度入手，着重设计外观和颜色及材料的选择，使之更加人性化，使得人们视觉上、心理上感觉到舒适。

暖不是热，产品要能区分热和暖。要给人心理上温暖的感觉，视觉上，颜色用暖色调；材料可选择磨砂质感的，毛绒、硅胶、凝胶等（如：凝胶半流动半透明状态，手摸着和捏握着有完全不同的感觉）形状圆润，无尖锐棱角，增加供手背、指尖取暖的部分。

7.1.2.2 使用环境

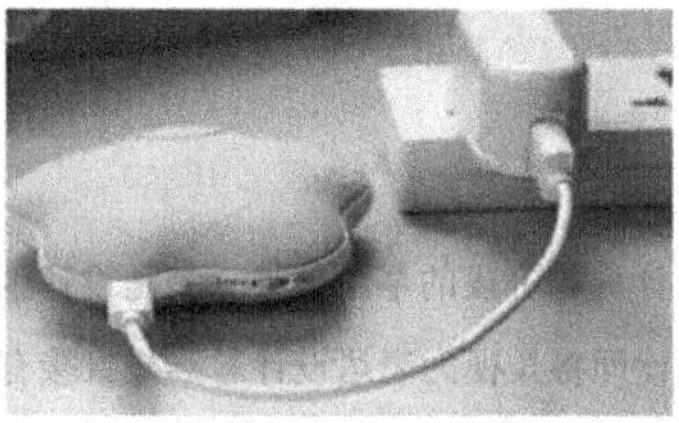

（1）初次使用，需仔细阅读产品说明书，进口产品需确认电压是否符合；

（2）通电前需检查产品接头和插座，并保证其干爽；

（3）通电加热时最好不要离开，并注意观察指示灯，指示灯熄灭即拔下插头；

（4）暖手器持续加热时间过长（超出正常时间）时应该主动切断电源；

（5）发现升温过快、升温后不断电等现象时应该马上停用；

（6）两次加热时间不宜过于接近；

（7）加热暖手器时应将产品裸露在外，不可放入棉被中加热或抱在怀中；

（8）当暖手器外部过热时应注意套好绒布、棉布套再使用；

（9）使用暖手器时要注意避免对产品的磕碰、摔落与水浸；

（11）收纳时注意避免对暖手器的挤压和防潮；

（12）尽量不要让12岁以下的儿童独立操作暖手器。

7.1.3 设计展示

7.1.3.1 设计构思草图

设计构思阶段的草图常被认为是设计创意思考的实践、记录和整合表现的重心。大多数设计师将其视为表达设计思维最直接有效和激动人心的手段。对设计师而言，设计是在草图中成长起来的。美国一位设计师曾这样描述草图的作用：一方面反复绘画草图，同时又用一种几乎像佛教禅宗的方式，用直觉去领悟用手刚刚画出来的草图中的现实境界。对于我来说，这就是在设计。

在设计过程中，从分析环境、收集数据开始，形式各异的设计草图便随之出现。这时草图有记录性的、分析性的，也有对随之而来的感受、联想的勾画。草图可以最大限度地快速捕捉设计灵感，表达各种构思创意，是概念设计中反映思维冲动、赋予设计对象以外观和形式的重要表现手段。并且设计构思草图还成为概念设计中创造性思维的真实记录，体现了设计灵感和创意的发生和发展过程，同时还与各类环境艺术设计图纸一起构成了全面表达设计思维活动形成和完善的系列文件。

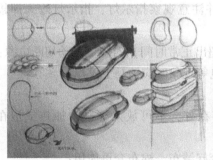

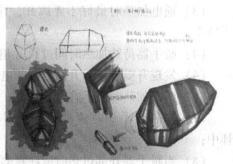

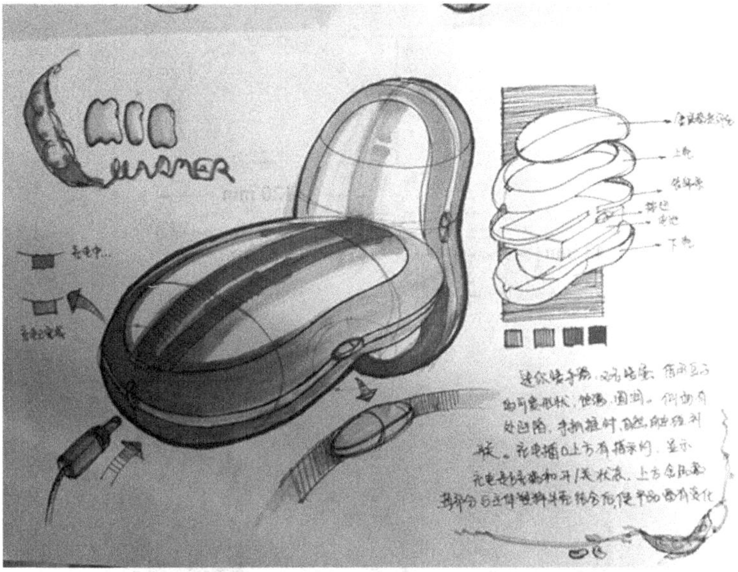

7.1.3.2 计算机二维效果图展示

计算机二维效果图是在创意草图基础上进一步的深入，相对于前期创意草图来说，二维平面效果图能快速、准确的表达产品各部分之间的比例、尺度，进一步的推敲产品形面转折关系，也是由创意草图向三维模型转化的过渡。

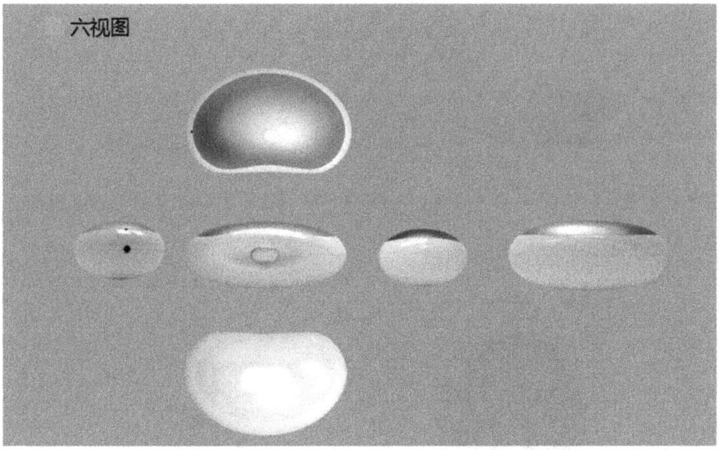

设计展示是设计师与客户之间沟通的桥梁，设计二维平面效果图的过程中能有效避免设计项目中的不确定因素，为从二维草图走向三维模型架起桥梁。

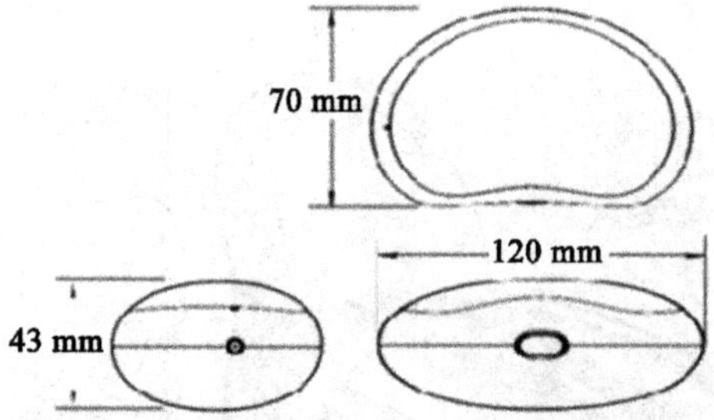
70 mm
120 mm
43 mm

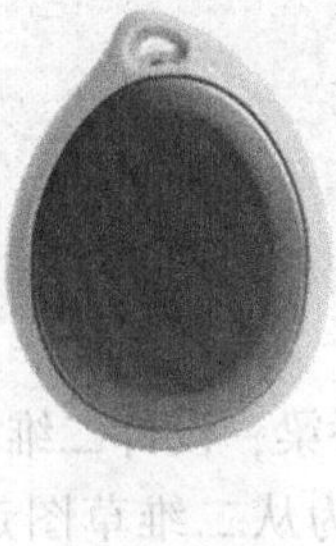

7.1.3.2 计算机三维效果图展示

（1）建模过程。详见图7-3所示。

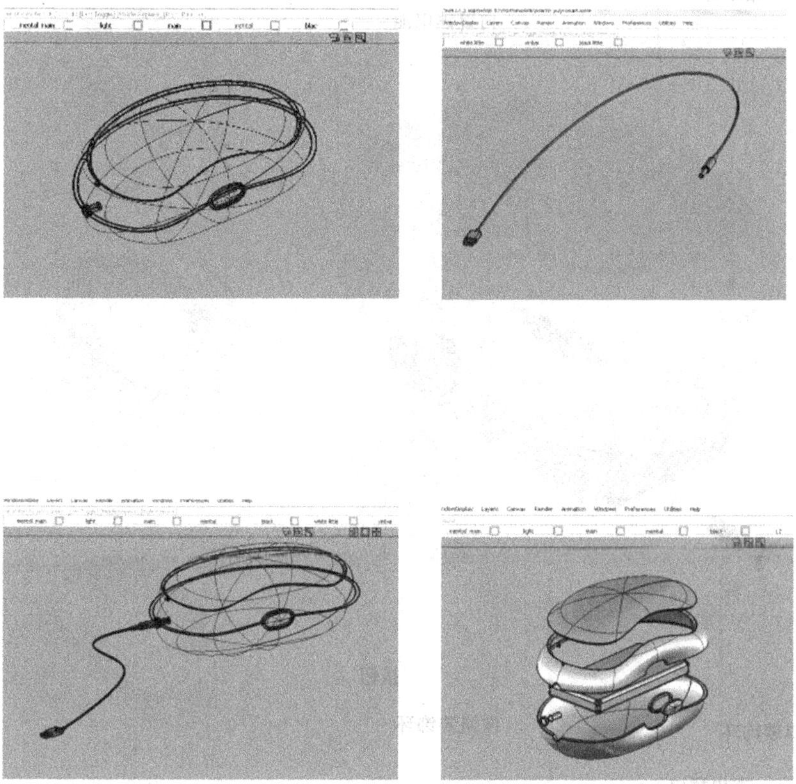

图7-3 建模过程

设计说明：

年轻人追赶潮流时尚，对新事物、新的操作方式学习接受能力强，注重个性的体现；同时也崇尚自然健康，追求低碳生活，注重精神层次的体验和感受。因此设计上，不仅要满足功能上的需求，还要满足审美的需求。

本设计形状圆润，无尖锐棱角。没有十分明确的暖手器的形状，它给人的感觉是安全、柔软、温暖的，会让人想去触摸。触动凸起的开关可使其发热。其尺寸有手掌大小，人们会很自然地捧在手里、抱在怀里。

（2）结构爆炸图，如图 7-4 所示。

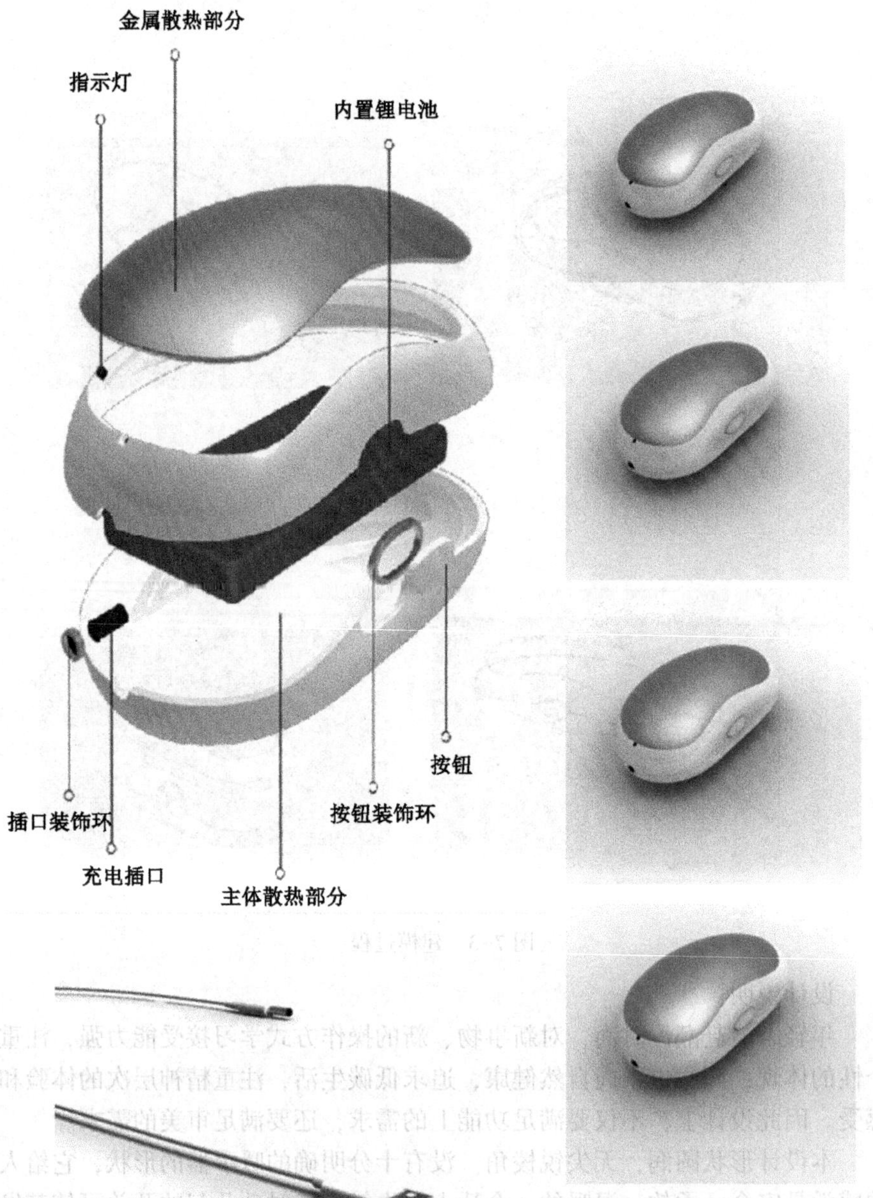

图 7-4　结构爆炸图

（3）展板实例，见图 7-5 所示。

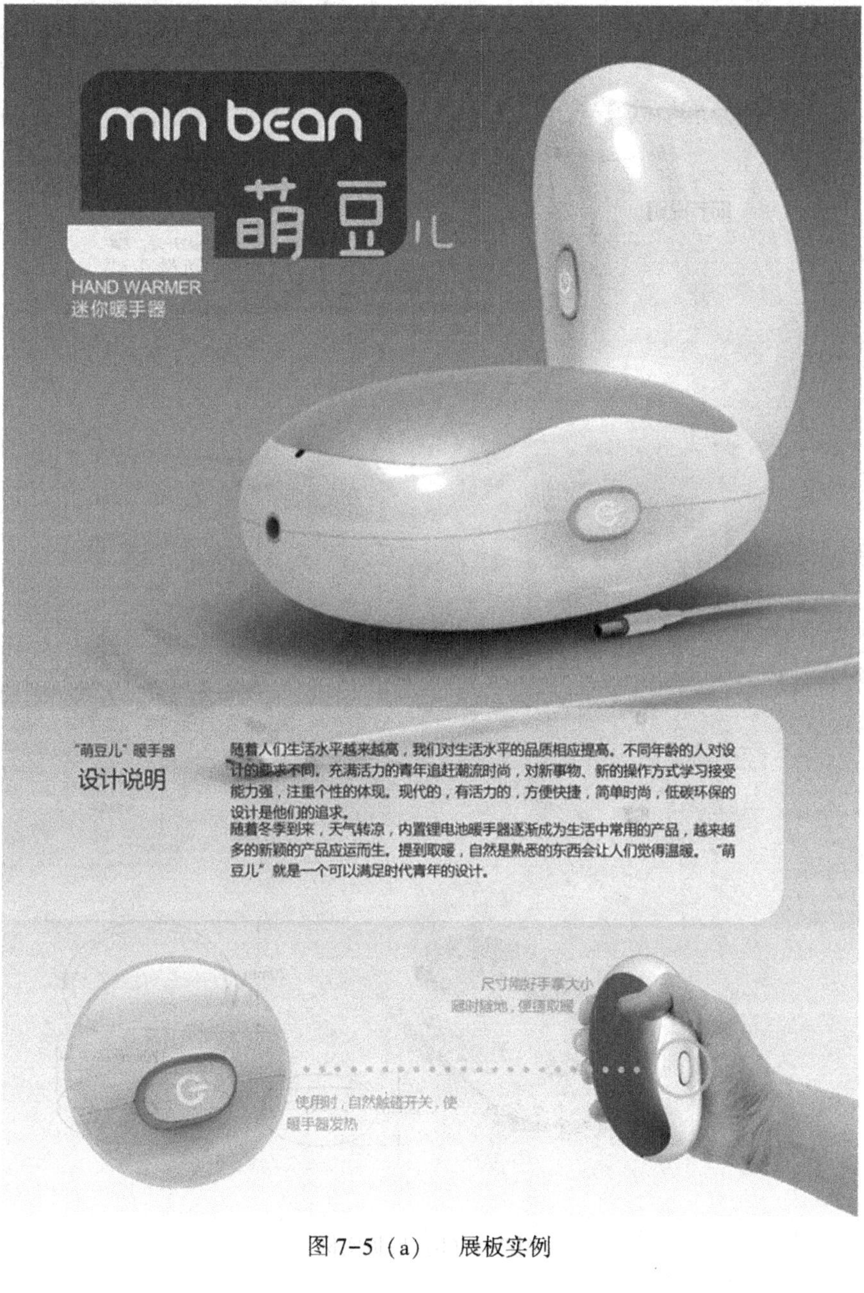

图 7-5（a） 展板实例

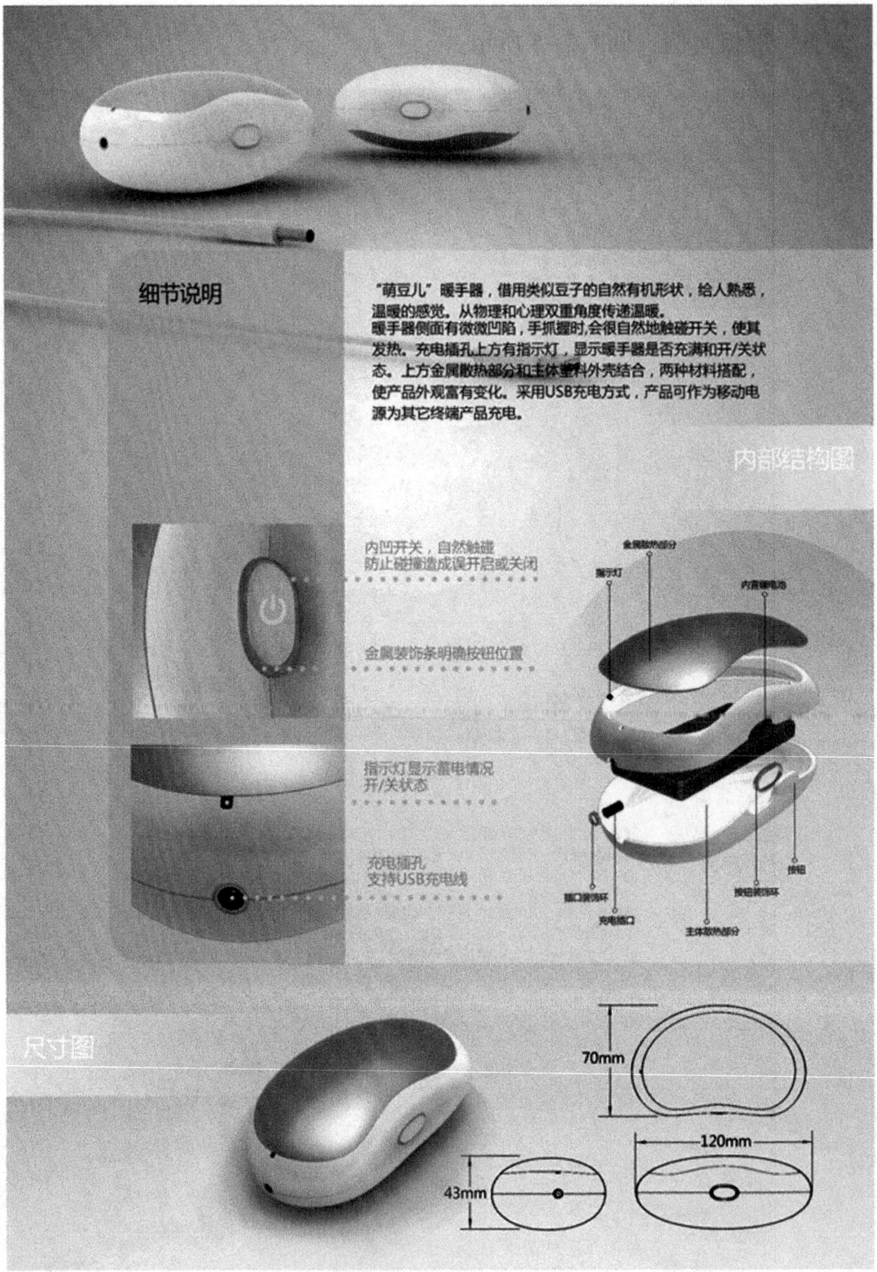
细节说明
“萌豆儿”暖手器，借用类似豆子的自然有机形状，给人熟悉，温暖的感觉。从物理和心理双重角度传递温暖。
暖手器侧面有微微凹陷，手抓握时,会很自然地触碰开关，使其发热。充电插孔上方有指示灯，显示暖手器是否充满和开/关状态。上方金属散热部分和主体塑料外壳结合，两种材料搭配，使产品外观富有变化。采用USB充电方式，产品可作为移动电源为其它终端产品充电。
内部结构图
内凹开关，自然触碰
防止碰撞造成误开启或关闭
金属装饰条明确按钮位置
指示灯显示蓄电情况
开/关状态
充电插孔
支持USB充电线
金属散热部分
指示灯
按钮
按钮装饰环
插口装饰环
充电插口
主体散热部分
尺寸图
70mm
120mm
43mm

图7-5（b）展板实例

7.2 听觉障碍儿童趣味电话机设计案例

7.2.1 设计调研

（1）调研思路：

①了解听力损伤儿童的心理特点。

②了解听力损伤儿童的生理特点。

③寻找恰当解决幼儿时期听力损伤生理缺陷的办法。

国际标准组织和世界卫生组织（WHO）听力障碍标准

听力残疾等级	听觉系统的结构和功能方面	较好耳平均听力损失	在无助听设备帮助下	在参与社会生活方面存在
一级	极重度损伤	≥91dBHL	不能依靠听觉进行言语交流，在理解和交流等活动上极度受限	极严重障碍
二级	重度损伤	在81-90dBHL之间	在理解和交流等活动上重度受限	严重障碍
三级	中重度损伤	在61-80dBHL之间	在理解和交流等活动上中度受限	中度障碍
四级	中度损伤	在41-60dBHL之间	在理解和交流等活动上轻度受限	轻度障碍

中国听力残疾标准（2006年）

等级	听力损失dB（分贝）
正常	0—25dB
轻度听力障碍	26—40dB
中度听力障碍	41—55dB
中重度听力障碍	56—70dB
重度听力障碍	71—90dB
极重度听力障碍	91—110dB
全聋	110dB以上

（2）目标人群定位：“听觉障碍儿童”。

听觉障碍的名词解释：听觉障碍，也称听力残疾、听觉损伤或听觉缺陷。

听觉障碍的定义：是指由于先天或后天原因，导致听觉器官的构造缺损，功能发生部分或者全部的障碍，导致对声音的听取或辨识有困难。

（3）目标人群的心理研究。

人群现状：听觉损伤儿童相对于正常儿童，往往表现出行为固化，以自我为中心等特点。听力薄弱儿童也与正常儿童有差，但不同于完全听不到的失聪儿童。听觉的薄弱使得儿童往往只能听见只言片语或者模糊的语句。

隐性影响：听觉损伤容易带来沟通困难，词不达意。对于学龄前儿童，他们获得信息的途径主要靠聆听和模仿，长此以往，可能会引起儿童为寻求补偿而表现得特别浮躁、焦虑。他们的心理健康可能也会受到影响，总是“会错意”“不知道别人在跟自己说话”“要很努力才能听清”，对于身心都很脆弱的儿童来说或有导致抑郁的可能性。

（4）目标人群的生理研究。

感知觉特点：知觉信息加工不完整，对事物理解有一定偏差，感知觉活动缺乏言语活动的参与，听觉的损伤限制了儿童的感知范围和深度，听力的薄弱使他们的感知觉活动与学习语言的活动不能同步进行，造成他们接触的东西多，能表达出来的却很少。

注意力特点：在整个学龄期，听力障碍儿童注意力的发展都比正常儿童缓慢，且无意注意占优势。

记忆力特点：无意记忆占优势，学前期的听觉障碍儿童可能对背诵儿歌等需要有意记忆参与的活动会有困难，但是如果是他们感兴趣的活动，那么他们对这个活动的印象会比较深刻。

语言与思维：听觉损伤儿童的语言理解和表达方面会受到影响。严重的话，口语和书面表达上经常是不通顺；抽象思维活动受语言影响，具有明显的形象性；多数听觉损伤儿童在学业成就方面有缺陷；尤其是与语言有关的语文能力。

观察力与想象力：听觉障碍儿童的想象力非常丰富，观察力也极为敏锐。视觉补偿在其认知上起着至关重要的作用。

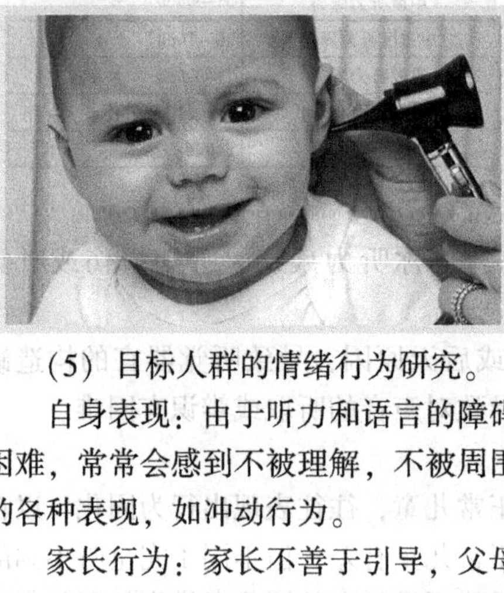

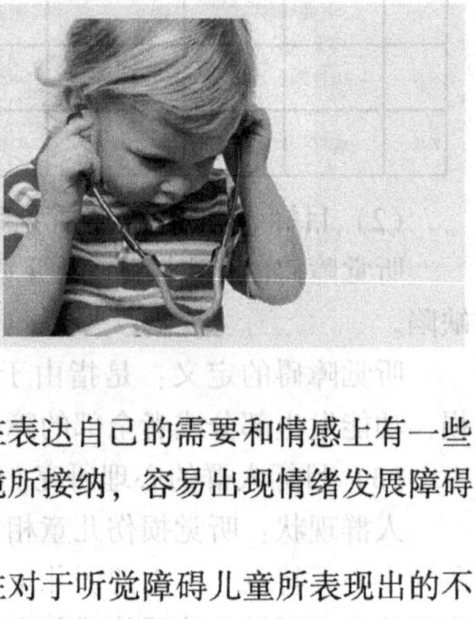

(5) 目标人群的情绪行为研究。

自身表现：由于听力和语言的障碍，在表达自己的需要和情感上有一些困难，常常会感到不被理解，不被周围环境所接纳，容易出现情绪发展障碍的各种表现，如冲动行为。

家长行为：家长不善于引导，父母往往对于听觉障碍儿童所表现出的不适应环境、不擅长交往、学习能力较差等现象无所适从。“更高音量的说话”被作为唯一的解决办法，可是长此以往，父母所表现出的焦虑、急躁的情绪，会给儿童心理带来负面影响，家庭氛围会变得紧张、吵闹、不和谐，不利于儿童的健康成长。

过分信赖助听器：不可否认的是，助听器是目前重度、极重度听力损失儿童进行听力重建的有效方法。但对于轻度听障儿童来说，听力的轻微损伤往往并不需要佩戴助听设备。佩带助听器给耳朵带来的不适感，还有强烈的心理压迫感都是不能忽视的。也可能会使孩子过分依赖助听器，导致听觉的进一步退化。

（6）儿童听觉障碍患者面临的问题。

A. 接受信息能力有限，较同龄儿童接受教育更困难。

B. 容易影响日常的交友和社交活动。

（7）解决方案。

设计一件不仅仅是儿童玩具，还要有教育功能的交流产品。——告诉小孩子，我们愿意认真聆听你的声音，也愿意耐心温柔地跟你讲悄悄话。

7.2.2 思维导图

图 7-6 为思维导图。

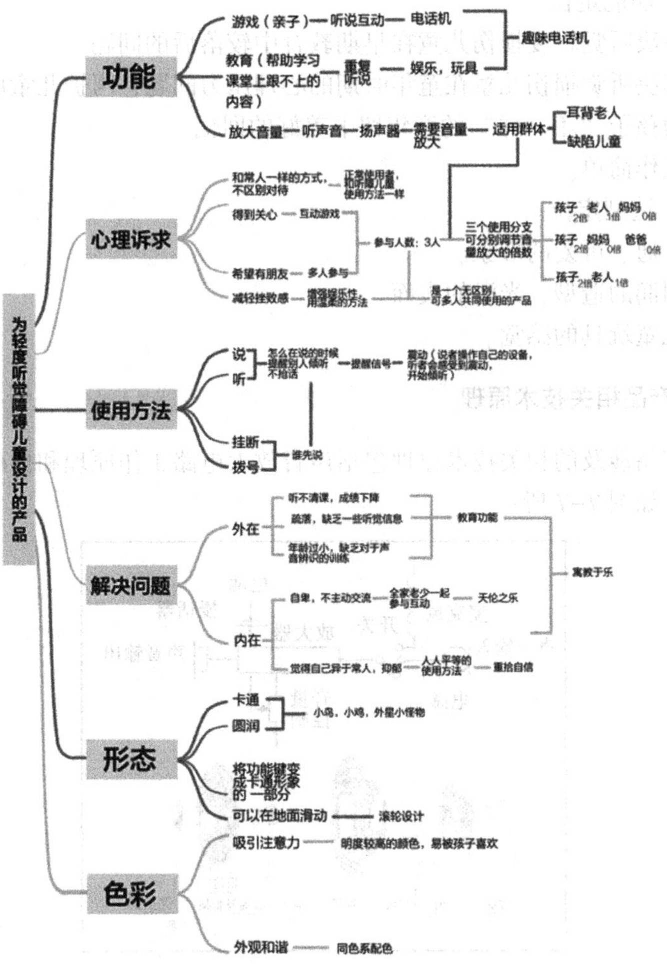

图 7-6 思维导图

7.2.3 产品设计计划

根据 7. 2. 1 的调研结果和 7. 2. 2 思维导图，制定了听觉障碍儿童趣味电话机的设计计划。

（1）设计定位。

针对听力轻度或中度损伤的儿童，他们在理解和交流中轻度受限。较正常儿童平均听力损失为 40~60 dBHL 之间。

（2）设计关键词。

可爱，温暖，趣味，陪伴，关爱，平等。

（3）功能定位。

①解决听觉轻度损伤儿童在早期教育中较落后的问题。

②解决听觉损伤儿童在童年时期的心理压力问题，呵护儿童成长。

③为孩子“不一样”的童年留下美好的回忆。

④操作简单。

（4）造型定位。

①卡通、可爱的形象。

②圆润的造型，光滑的表面。

③儿童玩具的感觉。

7.2.4 产品相关技术原理

本产品涉及的相关技术原理包括声音放大电路工作原理和扬声器的基本构造等，如图 7-7 所示。

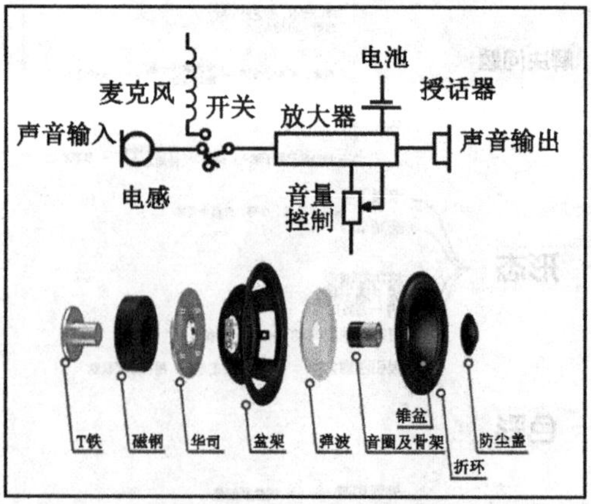

图 7-7 声音放大电路和扬声器的基本构造

7.2.5 设计草图

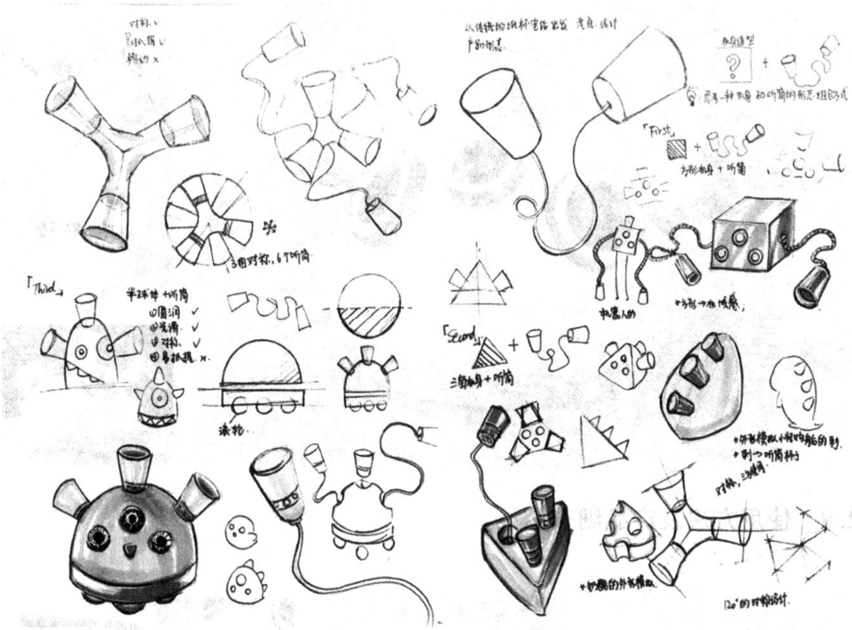

7.2.6 计算机二维效果图展示

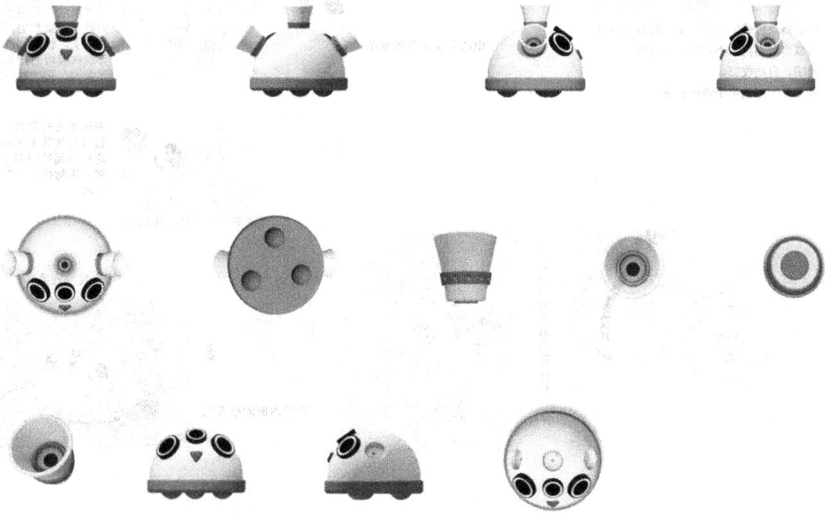

7.2.7 计算机三维效果图展示

7.2.8 使用方法及产品细节图

可以自动伸缩的电线，使用时拉出即可，可以自动固定。不用时，向外拉一点，松手，自动收回。
外面是一层透明绝缘保护套。

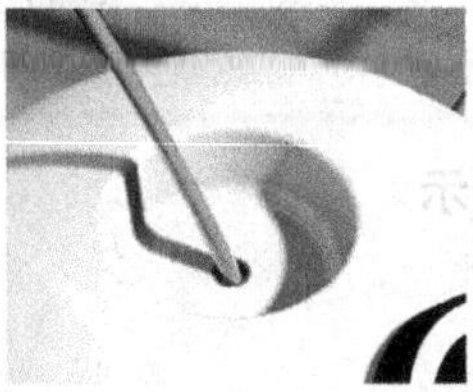

电线孔及听筒槽细节展示

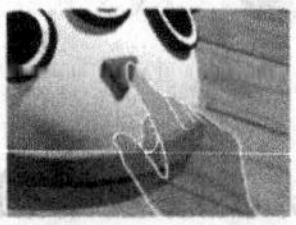

电源开关的形态是小鸟的嘴。按下按钮，趣味电话即可启动。

听筒上橙色部分是防滑套，采用橡胶材质。说话前，旋转橙色防滑套，可"震动"其他参与者的杯子，提醒他们你要说话了，使他们自然的将放在嘴边的话筒放在耳朵旁，开始聆听。

旋转小鸟的眼睛，可以调节音量放大的程度。随机亮起的LED灯，直观的提醒操作者放大的程度。

音频分贝放大器内部结构

听筒内部的拾音孔

下图为夜视效果

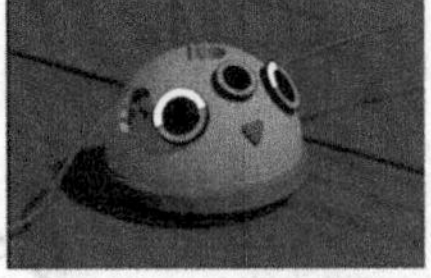

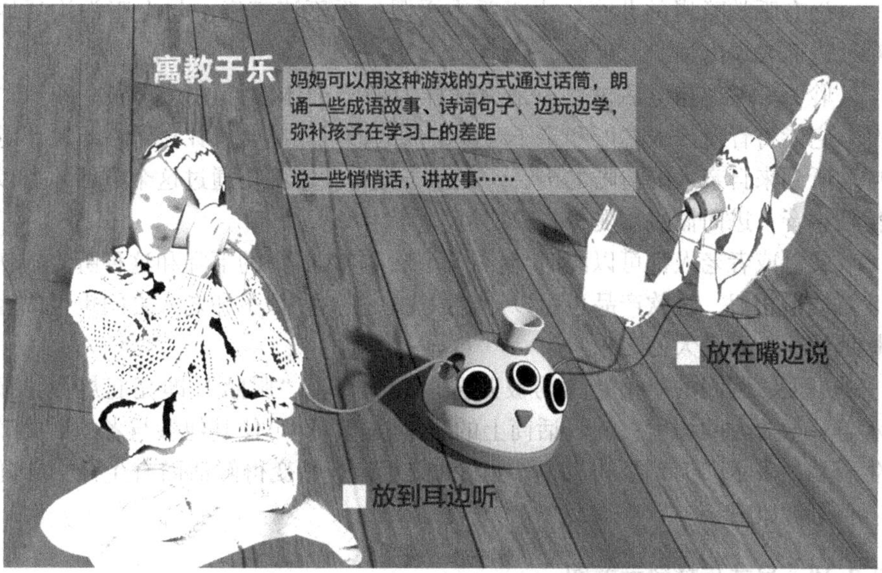
寓教于乐
妈妈可以用这种游戏的方式通过话筒，朗诵一些成语故事、诗词句子，边玩边学，弥补孩子在学习上的差距
说一些悄悄话，讲故事……
放在嘴边说
放到耳边听

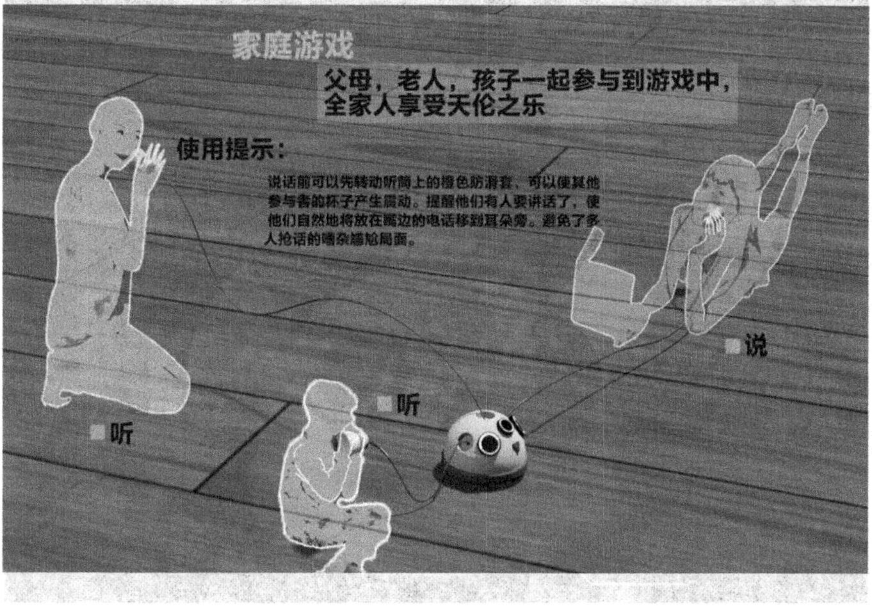
家庭游戏
父母，老人，孩子一起参与到游戏中，全家人享受天伦之乐
使用提示：
说话前可以先转动听筒上的橙色防滑套，可以使其他参与者的杯子产生震动。提醒他们有人要讲话了，使他们自然地将放在嘴边的电话移到耳朵旁。避免了多人抢话的嘈杂尴尬局面。
说
听
听

7.2.9 设计说明

患有听觉障碍的儿童，由于听力受限，听不清声音，与人正常沟通困难，进而表现出烦躁、愚钝。

聆听——趣味电话机，正是为这样的弱势群体设计的一款家庭趣味产品。它能将音量放大功能和亲子互动游戏的形式相结合，让孩子在不知不觉中聆听到来自亲人的清晰的声音。让孩子觉得大家都得通过这个电话才可以传播声音，进而愉悦接受、轻松交流。

父母或者老人都可以同时与孩子交流，老人听力的下降和这种听力损伤儿童情形相似，这款产品也可以让老人融入互动，孩子和老人之间也可以轻松地沟通，享受天伦之乐。

可爱、圆润的小鸟造型易被儿童接受，旋转“眼睛”即亮起灯带，显示着音量放大的程度；旋转话筒上的防滑胶套，即可使其他参与者的话筒产生震动，表示“有话要讲”；有趣人机交互让产品变得鲜活而有生命，伴随着孩子健康成长。

7.2.10 尺寸与材料示意图

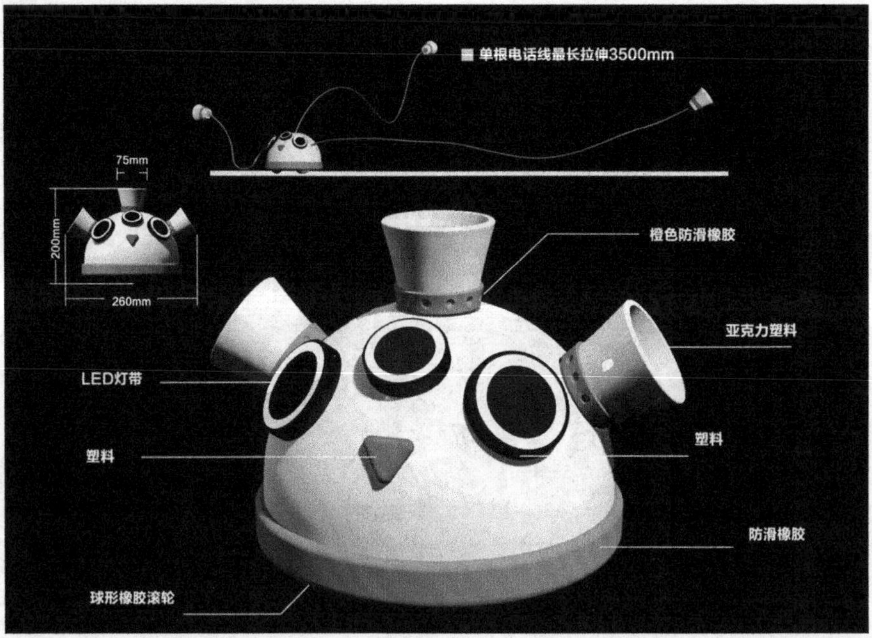

7.2.11 整体展示

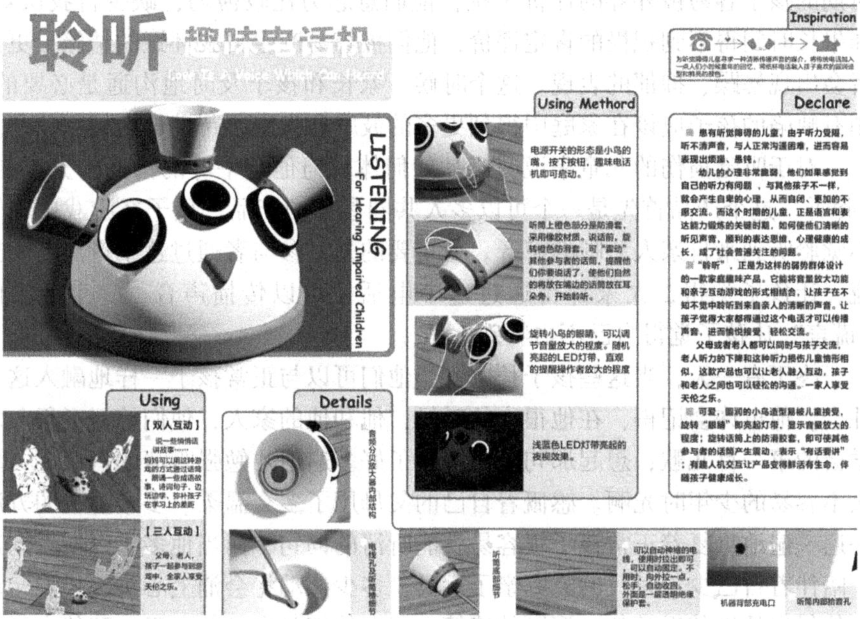

7.2.12 设计总结

在进行产品设计之前，想到了接触过的听觉损伤者：他们有与我同龄的同学，还有家里的老人。其实他们与正常人无异，甚至我的同学学习成绩还名列前茅。他们只不过在与人交谈时容易听不清，可是当你坐下来，心平气和的放大音量时，他们和我们是一样的。

然而儿童的心理相对脆弱，当他们发觉自己的听力有问题，与其他孩子不一样时，就容易产生自卑的心理，从而自闭，更加不愿意交流。这种情况在耳背的老人身上也很常见，他们沟通时常存在障碍，老人慢慢会觉得自己很累赘，话越来越少。

由很多公益广告的启发——家，亲情是最宝贵的。我将产品的方向定位为一个可以供老中少三代一起玩的“亲子家庭玩具”；同时这个儿童产品要结合“教育 + 娱乐”两种目的。它不仅可以促进家庭成员之间的无障碍沟通，也可以用“寓教于乐”的方式，父母通过趣味电话机朗读诗词、课文，让孩子清楚的聆听。用这种轻松的方式，促进孩子记忆、弥补学业上的差距。

儿童时期是一个很敏感且脆弱的时期，稍有缺陷的孩子更是如此。这个时期的孩子容易被外界的评价干扰，他们意志力比较薄弱，缺少自我认知。如果长时间得不到积极的肯定评价，他们极容易产生自我怀疑的情绪，更甚者会出现暴躁、抑郁的表现。这个时候，家长和孩子及时地沟通是必要的，稍有缺陷的孩子应该在家庭中得到更多的鼓励和肯定，帮助他们树立信心。

对于听觉损伤的儿童来说，产品如何体现与他们平等的沟通十分重要，“聆听”这个产品首先是一个可以多人共同参与的产品，孩子在游戏中不知不觉聆听到来自亲人清晰的声音。更重要的是，参与者通过这个产品互相交流，让孩子觉得，大家都得通过这个电话才可以传播声音。一个温柔的“谎言”让孩子觉得自己不再特殊……

终于有一天，当这些孩子长大，当他们可以与正常孩子一样地融入这个社会。他也许会记得，在他很小的时候，他和他的家人，他们练习了很久才学会的第一首儿歌；想起那句妈妈解释了好多遍他才勉强听清的古诗……多么不容易的少年时光啊。感慨着自己的父母用了多么温柔、多么温暖的方法一遍一遍地重复着正常孩子很容易就能听清的词句。而当他多年以后看到这个陪伴着自己少年时代的家庭亲子玩具，多少感动将会涌上心头，想着父母为他付出的极其平凡却又深厚的感情，留在他们和自己的心里，陪伴自己走过一生。

我们要秉承着这样的信念，让每一个产品背后都有一个温暖的故事，让爱成为一种可以传递的声音。

参考文献

[1] 何人可. 工业设计史 [M]. 北京：高等教育出版社，2004.

[2] 刘永翔. 产品设计 [M]. 北京：机械工业出版社，2008.

[3] Cagan J，Vogel C M. 创造突破性产品——从产品策略到项目定案的创新 [M]. 辛向阳，潘龙，译. 北京：机械工业出版社，2012.

[4] 杨向东. 工业设计程序与方法 [M]. 北京：高等教育出版社，2008.

[5] 金涛，闫成新，孙峰. 产品设计开发 [M]. 北京：海洋出版社，2010.

[6] 程能林. 工业设计概论 [M]. 北京：机械工业出版社，1999.

[7] 曾富洪. 产品创新设计与方法 [M]. 成都：西南交通大学出版社，2009.

[8] 张展，王虹. 产品设计 [M]. 上海：上海人民美术出版社，2002.

[9] 陈汗青. 产品设计 [M]. 武汉：华中科技大学出版社，2005.

[10] 李亦文. 产品设计原理 [M]. 北京：化学工业出版社，2011.

[11] 马澜，马长山. 产品设计规划 [M]. 长沙：湖南大学出版社，2010.

[12] 刘刚田. 产品造型设计方法 [M]. 北京：电子工业出版社，2010.

[13] 李彬彬. 设计效果心理评价 [M]. 北京：中国轻工业出版社，2005.

[14] 简召全. 工业设计方法学 [M]. 北京：北京理工大学出版社，2010.

[15] 陈国强. 产品设计程序与方法 [M]. 北京：机械工业出版社，2011.

[16] 李亦文. 产品开发设计 [M]. 南京：凤凰出版传媒集团，2008.

[17] 陈根. 工业设计创新案例精选——创造数亿销量的国际工业设计法则 [M]. 北京：化学工业出版社，2010.